START-UP SKILLS

Sebastian Pioch
Hauke Windmüller

Unter Mitarbeit von Tina Sternberg
Mit einem Vorwort von Marcell Jansen

START-UP SKILLS

Der Guide für Entrepreneure & Querdenker

Campus Verlag
Frankfurt/New York

ISBN 978-3-593-51267-9 Print
ISBN 978-3-593-44493-2 E-Book (PDF)
ISBN 978-3-593-44505-2 E-Book (EPUB)

Umschlaggestaltung: © Arndt Benedikt GmbH, Magic hands for magic brands, www.arndt-benedikt.de
Satz: Publikations Atelier, Dreieich
Gesetzt aus: Minion und Futura
Druck und Bindung: Beltz Grafische Betriebe GmbH, Bad Langensalza
Printed in Germany

www.campus.de

INHALT

VORWORT

Als ich meine Fußballkarriere schon mit 29 Jahren beendete, habe ich mich nicht gegen den Fußball entschieden, sondern für eine neue Laufbahn: als Unternehmer. Über der Karriere eines Fußballprofis schwebt nämlich immer die Frage: »Was bin ich eigentlich ohne den Sport?« Während einer längeren Verletzungspause hatte ich sehr viel Zeit, darüber nachzudenken. Was ist, wenn die Verletzung schlimmer wird? Was ist, wenn die Trainer keine Lust mehr auf mich haben oder ich selber keine Lust mehr auf das Profigeschäft habe? Wer bin ich dann?

Auf dem Fußballplatz habe ich viel gelernt, das mich auf diese Rolle vorbereitet hat. Zum Beispiel erlebt man auch als Leistungssportler extreme Höhen und Tiefen. Dass ich 2006 im Trikot der Nationalmannschaft das Sommermärchen miterleben durfte, war eines dieser Highlights, für die man sich auf dem Platz nach vorne kämpft. Es braucht viel Disziplin, Reflexions- und vor allem Durchhaltevermögen, um so weit zu kommen. Vor allem braucht es aber das Gefühl, mit Leidenschaft für eine Sache zu kämpfen. Ein starkes Motiv ist auch die Basis, um eine Firma aufzubauen: Was spornt Euch an? Wofür lohnt es sich, zu kämpfen? Und bis zu welcher Grenze geht Ihr für Eure Idee? Mich zum Beispiel treibt es an, dass Menschen unabhängig von Einkommen oder Beruf eine genauso gute Gesundheitsversorgung bekommen können wie privilegierte Leute. Aus dieser Vision sind inzwischen eine ganze Reihe von Unternehmen rund um die Themen Sport, Gesundheit und Ernährung hervorgegangen.

Mir ist aber auch schnell bewusst geworden, dass man als Gründer die eigenen Kernkompetenzen kennen sollte. Ihr könnt nicht in allen Dingen gleich gut sein. Das müsst Ihr aber auch gar nicht. Genauso wenig wie als Sportler. Ich habe zum Beispiel auf der linken Seite gespielt und konnte dort nützlich sein. Rechts außen können andere dafür viel besser für die Mannschaft kämpfen. In meiner Rolle als

Unternehmer bin ich eher der Visionär als der Betriebswirt. Aber nur so ergänzt man sich im Team. Deshalb: Findet Menschen, die den Weg mit Euch gehen. Ein Partner oder eine Partnerin kann fehlende Kompetenzen perfekt ausgleichen. Außerdem gibt es nichts Schöneres, als Erfolg zu teilen!

Wenn ich zurückblicke, war mein Weg mit Sicherheit nicht der eines typischen Start-up-CEOs. In diesem Buch werdet Ihr aber lernen, dass die meisten Unternehmer genauso ungewöhnliche Storys zu erzählen haben. Die vielen Praxisbeispiele bieten eine Menge Inspiration, die man als Gründer nicht nur am Anfang zu schätzen weiß. Der Austausch untereinander ist einfach in allen Phasen enorm wichtig und macht den meisten von Euch wahrscheinlich mehr Spaß, als Lehrbücher zu studieren. Man sollte aber so früh wie möglich verstehen, wann aus einer Idee ein echtes Geschäftsmodell wird, wie man ein Unternehmen gründet und wie man es finanzieren kann. Deshalb kommt man ganz ohne theoretische Grundlagen eben doch nicht aus. Dieses Buch bringt beide Welten zusammen. Wenn Ihr es durchgelesen habt, werdet Ihr gelernt haben, wie Ihr Eure Ziele erreichen könnt und wie es andere Gründer geschafft haben, mit Niederlagen umzugehen. Ein Gefühl, das ich auch früh kennengelernt habe – auf dem Platz und im Business. Das ist vielleicht eine der wichtigsten Lektionen: Ihr könnt eben weder als Sportler noch als Gründer ständig gewinnen. Ihr dürft nur nicht vergessen, wieder aufzustehen.

Marcell Jansen
Unternehmer und ehemaliger Fußballnationalspieler

EINLEITUNG

»Schade, dass es so ein Buch noch nicht gab, als wir gegründet haben.« Diesen Satz haben wir häufig gehört, als wir Gründerinnen und Gründern von unserer Idee erzählten: einen Guide für Entrepreneure zu verfassen, der die wichtigsten Aspekte aus der Entrepreneurship-Lehre mit Anekdoten aus der Start-up-Praxis verbindet. Denn als Professor steht man immer vor der Herausforderung, die manchmal recht trockene Theorie möglichst anschaulich zu machen. In einer Hochschule gibt es für diesen Zweck Vorlesungen, in der Gründer wie Hauke von ihren Erfahrungen berichten. Deshalb beleuchten wir nicht nur alle relevanten Gründungsphasen aus diesen beiden Perspektiven, sondern besprechen sie auch in einem interaktiven Dialog, statt Euch mit einem monotonen Fachbuch zu ermüden. Ihr könnt uns also wie in einem Kamingespräch quasi dabei zuhören, wie wir uns über Methoden und Erlebnisse austauschen.

Wenn wir eines in den vergangenen Jahren lernen durften, dann aber, dass es da draußen nicht die eine Wahrheit gibt. Es existieren vermutlich genauso viele alternative Wege, wie es erfolgreich am Markt platzierte Start-ups gibt – also tausende. Jeder Markt ist anders, jedes Produkt unterscheidet sich vom nächsten, und die Bedürfnisse einer jüngeren Zielgruppe aus den USA sind mit denen einer älteren Zielgruppe aus der Türkei nicht zu vergleichen. Wenn Ihr also eine Blaupause sucht, die sich eins zu eins auf jede Gründungsidee anwenden lässt, dann müssen wir Euch leider enttäuschen. Die kennt niemand, auch wir nicht. Womit wir uns allerdings auskennen, sind Methoden und Strategien, die schon sehr häufig erfolgreich waren. Diese möchten wir euch in den folgenden Kapiteln vorstellen und Euch herzlich einladen, sie aktiv auszuprobieren.

Wir starten mit dem Weg zur zündenden Idee und dem optimalen Team-Setup, erklären Euch, wie Ihr Märkte umfassend recherchiert und was Ihr tun müsst, um erste Kunden zu gewinnen. Darüber hinaus erfahrt ihr, wie nationales und internationales Wachstum gelingt, wie Ihr Investoren von Euch und Eurem Produkt überzeugt und was notwendig ist, damit ein Exit funktioniert. Gleichzeitig ist der Erfahrungsaustausch mit anderen Gründern und Führungspersönlichkeiten in allen Phasen der Unternehmensgründung eine wichtige Inspirationsquelle, um sich weiterzuentwickeln und eine Geschäftsidee zu beschleunigen. Dass wir Euch in diesem Buch zu jedem Kapitel gleich mehrere Unternehmer-Storys vorstellen können, ist der Verdienst von 16 erfolgreichen Frauen und Männern, die uns zu den jeweiligen Themen mit großer Offenheit ihre Erlebnisse und Learnings verraten haben. Dafür sind wir unglaublich dankbar und wünschen euch an dieser Stelle schon einmal viel Spaß beim Blick hinter die Start-up-Kulissen!

Mit unserem Buch richten wir uns an alle innovativen Geister, die es drängt, mit ihren Ideen die Business-Welt zu erobern und sich jetzt fragen: Wie werde ich selbst zum Gründer? Du bist hier richtig, wenn Du Lust hast, einmal ein eigenes Start-up zu gründen, oder bereits damit begonnen hast. Du bist hier richtig, wenn Du Dir vorstellen kannst, neben dem Studium oder dem Beruf im Angestelltenverhältnis freiberuflich tätig zu sein oder als Sidepreneur ein Unternehmen aufzubauen. Du bist hier aber auch goldrichtig, wenn Du gar keine eigenen Gründungsabsichten hegst, sondern als angestellter Intrapreneur in einer Firma unternehmerisch tätig bist. Euer gemeinsamer Nenner ist die Leidenschaft für ein spezifisches Thema und der Wunsch, etwas Neues zu schaffen oder etwas Bestehendes zu verbessern. Euch eint die Eigenschaft, den Status quo infrage zu stellen und Dinge nicht so hinzunehmen, wie sie sind.

Ihr könnt dieses Buch an einem Stück lesen oder es als Nachschlagewerk nutzen. Es eignet sich aber auch als Arbeitsbuch, um die vorgeschlagenen Methoden und Rahmenwerke Schritt für Schritt umzusetzen. Wir geben außerdem an mehreren Stellen Hinweise auf Links zu spannenden Webseiten oder Videos. Besucht gern auch unsere Homepage www.startup-skills.com, auf der ihr weiterführende Inhalte findet und Zugang zu Experten erhaltet.

Zu guter Letzt noch ein Hinweis, der uns am Herzen liegt: In der Abwägung zugunsten einer nutzerfreundlichen Lesbarkeit verzichten wir in diesem Buch auf gendersensible Schreibweisen mit * und Binnen-Is. Stattdessen haben wir versucht, so oft wie möglich geschlechtsneutrale Benennungen zu finden. An dieser Stelle sei dennoch einmal betont, dass wir im gesamten Buch explizit auch alle Gründerinnen meinen und ermutigen wollen, unternehmerisch tätig zu werden.

Wir wünschen Euch viel Erfolg auf dem Weg in die wahrscheinlich aufregendste Zeit Eures Lebens und viel Freude beim Erlernen unserer Start-up-Skills.

Sebastian Pioch und Hauke Windmüller
Hamburg, Oktober 2020

KAPITEL 1

ALLER ANFANG IST SCHWER: DER WEG ZUR ZÜNDENDEN IDEE

> »Eine Idee ist nur eine Idee. Wann und wie du sie angehst, bestimmt, was daraus wird.«
>
> *Justin Mateen, Co-Gründer von Tinder*

Ich würde ja gern gründen, habe aber keine Idee. Ich habe zwar eine Idee, aber wie soll ich damit Geld verdienen? Diese Antworten sind wahre Klassiker, wenn Menschen gefragt werden, ob sie sich eine Zukunft als selbstständige Unternehmer vorstellen können. Die damit verbundenen Unsicherheiten sind auch keineswegs von der Hand zu weisen. Die gute Nachricht ist aber: Sie sind lösbar. Um eine erfolgversprechende Idee zu finden, muss man nicht Steve Jobs heißen. Viele gute Ideen entstehen im Alltag und resultieren aus der Unzufriedenheit mit existierenden Lösungen. Ob man dabei einem spontanen Einfall folgt oder sich doch lieber systematisch herantastet, ist aber nicht entscheidend. Hauptsache, die Idee passt zu Euch.

Um aus einer vagen Idee neue Ansätze oder innovative Produkte zu entwickeln, helfen Kreativitätstechniken wie das *Systematic Inventive Thinking*. Manchmal reicht es aber auch, aufmerksam zu beobachten und zuzuhören. Neugier und Aufmerksamkeit sind unserer Erfahrung nach oft viel wirksamere Instrumente, als sich in tagelange Brainstormings oder aufwendige Studien zu verbeißen.

Auch die Entwicklung eines tragfähigen Geschäftsmodells ist übrigens keine Raketenwissenschaft. Modelle wie das *Lean Canvas* eignen sich hervorragend, um Erlösmodelle und Kundenbindungsmaßnahmen durchzuspielen. Solche Fingerübungen sind enorm wichtig, um Begeisterung und Engagement perspektivisch in ein profitables Business zu verwandeln. Die Frage, wie Ihr mit Eurem Angebot Geld verdienen könnt, hat übrigens auch viel mit Eurer persönlichen Lebenseinstellung zu tun: Wer damit seinen Lebensunterhalt bestreiten möchte, muss in der Regel andere Kriterien anlegen als Menschen, die sich neben dem Job ein Herzensprojekt erfüllen.

Dieses Kapitel klärt alle wesentlichen Fragen, die Euch dabei helfen, eine Gründungsidee zu konkretisieren: Was bringt Menschen überhaupt dazu, ein Unternehmen zu gründen? Wie haben erfolgreiche Unternehmer den Weg von der Idee bis zum Geschäftsmodell beschritten? Und warum ist es sinnvoll, auch unausgereifte Ideen schon früh vor anderen Leuten zu pitchen?

Motiv für die Ideensuche

Warum ist das Motiv wichtig?

Prof. Sebastian Pioch: Zunächst stellt sich ja überhaupt die Frage, warum ich ein Unternehmen gründen sollte. Beziehungsweise muss ich überhaupt ein Unternehmen gründen, wenn ich unternehmerisch tätig sein will? Die Frage, warum Menschen sich selbstständig machen, ist natürlich schon vielfach untersucht worden. Motive, die immer wieder genannt werden, sind der Wunsch, die eigene Geschäftsidee zu verwirklichen, Leidenschaft und Begeisterung für die Sache oder aber die Kenntnis von einer unternehmerischen Gelegenheit. Was Letzteres ist, erkläre ich gleich. Es werden aber auch Motive genannt wie: Ich möchte mein eigener Chef sein, ich möchte zusätzliches Einkommen generieren oder aber ich habe das Bedürfnis, ein bestimmtes Problem lösen zu wollen.

Generell unterscheidet man in sogenannte Push- und Pull-Aspekte. Ein klassischer Push-Aspekt ist etwa, wenn die Arbeitslosigkeit droht oder wenn jemand mit den aktuellen Arbeitsbedingungen unzufrieden ist. Das sind dann meist externe Umstände, die jemanden zu einer Gründung veranlassen. Umgekehrt motivieren Pull-Aspekte meistens intrinsisch, das ist zum Beispiel der Wunsch nach Freiheit oder eben die Kenntnis einer unternehmerischen Gelegenheit.

Interessanterweise konnte bislang noch nicht nachgewiesen werden, dass es einen Zusammenhang gibt zwischen Motivation und Erfolg einer Gründung. Was man allerdings bestätigen konnte, ist, dass ein Zusammenhang existiert zwischen der Arbeitszufriedenheit und einer vorhandenen Motivation. Dass man noch keinen Zusammenhang zwischen dem Erfolg einer Unternehmung und den Motiven des Gründers nachweisen konnte, liegt wahrscheinlich auch einfach daran, dass eine erfolgreiche Gründung sehr komplex ist.

Push-Faktoren		Pull-Faktoren	
Merkmale	Exemplarische Beweggründe	Merkmale	Exemplarische Beweggründe
aktuelle Situation wird als unattraktiv empfunden	(drohende) Arbeitslosigkeit	Selbstständigkeit wird als attraktiv empfunden	selbst bestimmen können
negative Bedeutung für die Person	Unzufriedenheit mit vorherigen Arbeitsbedingungen	positive Bedeutung für die Person	sich selbst verwirklichen
Auslöser in der Umwelt	Unzufriedenheit mit vorherigen Arbeitsinhalten	Auslöser in der Person	Reiz der Aufgabe
gegenwartsbezogen	Selbstständigkeit von Freunden oder Familienangehörigen	zukunftsorientiert	Neugier, etwas Neues auszuprobieren
	Gehaltskürzung		finanzieller Anreiz
	Umzug des Betriebes		freie Zeiteinteilung
	Änderungen im Familienstatus		Statusverbesserung

Infobox 1.1: Unterteilung von Gründungsmotiven nach Push- und Pull-Faktoren
(Quelle: Kollmann 2019)

Man kann sich aber gut vorstellen, dass die Wahrscheinlichkeit, dass jemand mit etwas erfolgreich ist, wenn er es aus einem eigenen Antrieb heraus macht und Freude daran hat, auf Dauer auch automatisch erfolgreicher wird. Umgekehrt ist es häufig auch so, dass es eine ganze Menge von angestellten Arbeitnehmerinnen und Arbeitnehmern gibt, die sehr gut in dem sind, was sie tun. Allerdings bereitet ihnen das jedoch oft keine Freude, weil sie nicht aus eigenem Antrieb heraus handeln. Inwieweit das dann für die eigene Gesundheit und die eigene Lebensqualität zuträglich ist, kann man sich gut vorstellen.

Gehen wir noch kurz darauf ein, was eine unternehmerische Gelegenheit ist. Tatsächlich dreht sich im Entrepreneurship alles darum, unternehmerische Gelegenheiten zu identifizieren, sie zu bewerten und sie schließlich zu nutzen. Man könnte sagen, unternehmerische Gelegenheiten sind temporäre Möglichkeiten, eine Wertschöpfung zu erzielen. Oder einfacher ausgedrückt: Es gibt eine zeitlich begrenzte Chance, Geld zu verdienen. Auch hier unterscheiden wir in sogenannte

Push- und Pull-Gelegenheiten. So eine Push-Gelegenheit ist im Grunde genommen dann gegeben, wenn ein Start-up etwas Neues auf den Markt bringt, es also etwas in den Markt hineindrückt. Dann gibt es das noch nicht, die Kunden kennen es nicht, und ein Bedürfnis muss sozusagen erst mal geschaffen werden.

Ein Beispiel dafür ist Dropbox. Das gab es damals noch nicht, und die Gründer waren davon überzeugt, dass Menschen eine Lösung benötigen, um ihre Inhalte auf verschiedenen Geräten synchronisieren zu können. Auf der anderen Seite gibt es die sogenannten Pull-Gelegenheiten. Hier sieht es so aus, dass der Markt ein bestimmtes Bedürfnis äußert. Im Jahr der großen Flüchtlingswelle gab es zum Beispiel einen riesigen Bedarf an Containern, um die Menschen unterbringen zu können. Das war eine unternehmerische Gelegenheit, bei der man sehr viel Geld mit diesen Containern hätte verdienen können, heutzutage hat sich der Preis wieder auf ein normales Niveau reguliert. Oder jetzt, im Frühjahr 2020, wo man wegen des Corona-Virus vermutlich ein Vermögen mit diesen Atemschutzmasken verdienen könnte. An diesen Beispielen sieht man aber auch ganz gut, dass es vielleicht ethisch nicht angebracht ist, jede unternehmerische Gelegenheit tatsächlich auch zu nutzen.

Bei mir persönlich war das Motiv ganz klar die Leidenschaft für das Thema Entscheidungsfindung. Es ging uns initial mit dem proofler nicht darum, möglichst schnell viel Geld zu verdienen, sondern wir wollten eine Anwendung entwickeln, die Menschen dabei hilft, bessere Entscheidungen zu treffen. Dieses Motiv, die Begeisterung für ein Thema, findet man ganz besonders häufig bei sogenannten nebenberuflichen Gründungen, auch Sidepreneurship genannt. Über das Thema werden wir später noch umfassend diskutieren. Wie war das denn bei Euch, Hauke, was hat Euch motiviert, Familonet zu gründen?

Hauke Windmüller: Wir waren damals, im Jahr 2012, noch Studenten an der Universität Hamburg und in den letzten Zügen unseres Master-Betriebswirtschaftslehre-Studiums. Während des gesamten Studiums wurden wir auf eine Karriere in großen Konzernen vorbereitet. Selbstständigkeit oder Unternehmertum war damals kein Thema. Ich persönlich hatte jedoch bereits Blut geleckt während meines Auslandsaufenthalts in Bangkok, wo ich an einem MBA-Studium teilnahm und spannende Leute aus aller Welt kennenlernte, die an ihren eigenen Ideen tüftelten.

Zurück in Hamburg hatte ich dann die Chance, tiefer in die Materie einzusteigen, da ein Betriebswirtschaftslehre- und Marketingprofessor ein freiwilliges

Entrepreneurship-Seminar anbot. In dem Seminar lernte ich zunächst meinen Mitgründer Michael Asshauer kennen. Wir entwickelten gemeinsam die ersten Ideen zu Familonet, die wir dann kurze Zeit später mit meinem zweiten Mitgründer David Nellessen weiter konkretisiert haben. Innerhalb kürzester Zeit wurde uns klar, dass wir statt einer Konzernkarriere lieber ein eigenes Unternehmen anstreben wollten. Wir waren sofort begeistert von der Möglichkeit, etwas Eigenes zu machen und uns nicht in einen vordefinierten Rahmen pressen zu lassen. Noch während des Studiums hatten wir dann unser erstes Unternehmen gegründet, und die spannende Reise begann.

Meine Motivation war damals dieselbe, wie sie heute ist: Unternehmerische Freiheit, Selbstbestimmtheit und Unabhängigkeit. Ich wollte mein eigener Chef sein und die Dinge so umsetzen, wie ich sie für richtig halte. Dabei war mir vor allem wichtig, etwas zu bewegen und einen gesellschaftlichen Beitrag zu leisten, anstatt nur ein kleines Rädchen zu sein. Damals noch etwas desillusioniert, weiß ich heute, dass dies wesentlich schwerer ist als gedacht. Es ist aber trotzdem ein toller Antrieb.

Nicht leugnen möchte ich natürlich auch die finanziellen Aspekte. Es kamen damals die ersten großen Erfolgsgeschichten von Internet- und digitalen Start-ups auf, und auch in Deutschland entwickelte sich eine noch kleine, aber immer stärker werdende Start-up-Szene. Uns war schnell bewusst, dass wir als Unternehmer auf lange Sicht finanziell wesentlich erfolgreicher sein könnten als Angestellte in einem Unternehmen. Mit der Erfahrung von heute weiß ich: Wo ein Wille ist, ist auch ein Weg, und meine unternehmerische Freiheit ist mir wesentlich wichtiger als ein geregeltes Einkommen.

Was bedeutet mein Motiv für die Ideensuche?

Hauke Windmüller: Das persönliche Motiv hat einen erheblichen Einfluss auf die Ideensuche. Was ist das eigene Ziel? Möchte ich nur ein Side Project (Nebenprojekt) umsetzen oder ein Unternehmen gründen, mit dem ich langfristig meinen Lebensunterhalt bestreiten kann? Es ist enorm wichtig, das eigene Motiv zu hinterfragen, um Klarheit zu erlangen. Mit einem klaren Motiv und Ziel vor Augen gelingt auch die Umsetzung besser.

Mit meinen beiden Mitgründern habe ich nicht nur zu Beginn der Unternehmensgründung unsere jeweiligen Motive abgeglichen, sondern wir haben dies jährlich getan, da sich Motive über die Zeit auch verändern können. Neben den Motiven haben wir auch Anforderungen und Lebensplanungen abgeglichen, damit wir nicht in gegensätzliche Richtungen arbeiten. Folgende Fragen haben uns dabei geholfen:

- Möchten wir ein Unternehmen mit festem Sitz an einem oder mehreren Orten aufbauen, oder möchten wir räumlich und zeitlich unabhängig sein und ein Remote-Unternehmen erschaffen?
- Soll es ein stark wachsendes Unternehmen mit hoher Risikoaffinität sein oder lieber ein solides und langsam wachsendes Unternehmen mit mehr Sicherheit?
- Soll es ein klassisch profitorientiertes Unternehmen werden oder eine NGO (Non-Profit-Organisation)?
- Möchten wir ein Familienunternehmen aufbauen oder streben wir einen künftigen Verkauf der Firma (Exit) an?

Wir sind damals zu dem Entschluss gekommen, dass wir ein schnell wachsendes Start-up mit einem skalierenden digitalen Geschäftsmodell entwickeln möchten, das das Potenzial hat, weltweit zu expandieren und sehr groß zu werden. Uns war klar, dass wir dafür externes Kapital durch Investoren benötigen und in der Folge die Wahrscheinlichkeit groß ist, dass das Unternehmen später verkauft wird. Das Bedürfnis, vermehrt zeitlich und räumlich unabhängig zu arbeiten, hat sich erst später stärker ausgeprägt.

Prof. Sebastian Pioch: Ich bin auch der Meinung, dass das persönliche Motiv einen erheblichen Einfluss darauf hat, welche Idee letztlich umgesetzt werden soll. Man kann sich zum Beispiel vorstellen, dass das Motiv eines Gründers oder einer Gründerin ist, das Unternehmen der Eltern fortzuführen, dann ist schon mal klar, was die Idee letztlich ist. Ein weiteres Szenario könnte sein, dass jemand das Motiv hat, die Welt ein Stückchen besser zu machen. Gerade heute, in Zeiten von Greta Thunberg, können wir beobachten, wie stark mobilisierend das Thema Klima sein kann und dass, wenn man sich dort einbringen möchte, die Ideen natürlich in gewisser Weise vorgegeben sind.

Wege zu einer Idee

Wie finde ich eine Idee?

Prof. Sebastian Pioch: Es gibt sehr viele Möglichkeiten, eine Idee zu finden. Schauen wir uns doch mal die gängigsten Varianten an. Es gibt Menschen, die den Wunsch haben, ein Unternehmen zu gründen, die aber auf keine zündende Idee kommen. Und es gibt Menschen, die eigentlich gar nicht vorhaben zu gründen, die aber auf eine Idee stoßen, zum Beispiel, indem ihnen eine solche unternehmerische Gelegenheit schlicht vor die Füße fällt.

Letzteres kann zum Beispiel entstehen, wenn jemand an einer Universität in einem Forschungsprojekt steckt und über diese Forschung auf eine Idee stößt, die er dann vielleicht umsetzen möchte. Eine zweite Möglichkeit könnte sein, dass jemand in einem Gründungs-Workshop verschiedene Ideen entwickelt, und ihm eine davon so gut gefällt, dass er daraufhin beschließt, die Idee auch umzusetzen.

Mir sind keine Zahlen bekannt, wie häufig zuerst die Idee da war oder der Wunsch, etwas zu gründen, aber ich könnte mir vorstellen, dass häufig eher Letzteres der Fall ist. Das heißt, jemand entwickelt den Wunsch, aus den vorher genannten Motiven heraus ein Unternehmen zu gründen oder als Freiberufler unternehmerisch tätig zu sein.

Man könnte Ideen im Umfeld von Unternehmen suchen. Zum Beispiel ist bekannt, dass in Krankenhäusern oftmals Keime verschiedene Probleme verursachen. In diesem Umfeld hat etwa das Unternehmen Orbel ein Produkt entwickelt, das auf natürliche Weise medizinisches Personal dabei unterstützt, sich die Hände zu desinfizieren. Auf das Beispiel Orbel werden wir später noch detaillierter eingehen, wenn es darum geht, ein Geschäftsmodell zu entwickeln.

Spannend ist es aber, bereits an dieser Stelle darauf einzugehen, welche Methode sich eignet, um etwa im Umfeld von Unternehmen oder Organisationen auf gute Ideen zu stoßen. Die Methode *Fly on the wall* hat nämlich zum Hintergrund, dass man sich an einem öffentlichen Ort aufhält und lediglich beobachtet, ohne selbst aufzufallen und die Akteure in ihrem natürlichen Verhalten zu stören – halt wie eine Fliege an der Wand, die stört uns meistens auch nicht.

Den Gründern von Orbel fiel nämlich im Krankenhaus auf, dass sich die Menschen permanent ihre Hände an ihrer Kleidung auf Hüfthöhe abwischen. Nun muss man kein Virologe sein, um darauf zu kommen, dass dieses Verhalten

Keime eher verteilt als sie zu entfernen. So entstand die Idee, ein Gerät zu entwickeln, das man einfach per Clip an der Kleidung befestigt. Bei einer Berührung gibt es Desinfektionsmittel ab und reduziert so auf natürliche Weise den Prozess der Keimverteilung.

Eine weitere sehr gute Möglichkeit, auf Ideen zu kommen, besteht darin, eigene Probleme zu reflektieren und sich zu überlegen, wie eine gute Lösung dafür aussehen könnte. Es ist nämlich zu vermuten, dass man nicht allein dieses Problem hat, sondern dass auch andere Menschen sich hierfür eine Lösung wünschen würden.

Hier fällt mir das Beispiel des Unternehmens 37signals ein. Ursprünglich hat 37signals Webseiten entwickelt. Um mit ihren Kunden das Projektmanagement für die Webseiten kommunizieren zu können, hat das Unternehmen nach einem geeigneten Projektmanagement-Tool gesucht, aber keines gefunden, das ihre Anforderungen erfüllt. Daraufhin wurde dann einfach ein eigenes Projektmanagement-Tool entwickelt, aus dem dann später basecamp entstanden ist. Im Anschluss an die Webprojekte haben die Kunden von 37signals oft gefragt, wie denn das Projektmanagement-Tool heißt, das sie benutzt haben, und wo man es kaufen könne. Nachdem es diese Frage mehrmals hörte, hat sich das Team dazu entschieden, das betreffende Tool weiterzuentwickeln und daraus letztlich ein eigenes Produkt zu machen. Dieses Beispiel zeigt auch, dass es auch zum Unternehmersein gehört, stets offen für Impulse aus dem Markt zu sein, weil sich daraus spannende Ideen entwickeln können, wie Sie auch im ganzen Buch immer wieder lesen werden.

Weitere gute Quellen für Ideen sind Trendforschungen wie etwa die des Zukunftsinstituts aus Frankfurt, oder wenn man einfach auf https://trends.google.com danach recherchiert, wonach die Menschen aktuell googeln.

Last, but not least möchte ich gern noch kurz auf eine Methode zu sprechen kommen, die sich besonders für Intrapreneure eignet, also für Leute, die innerhalb eines Unternehmens unternehmerisch tätig sind. Die bisher genannten Ansätze waren ja eher für Menschen geeignet, die etwas Neues gründen möchten und kein existierendes Unternehmen im Rücken haben.

Wir sprechen ja später noch ausführlich über das Thema Geschäftsmodelle, und da wird uns auffallen, dass es eine besondere Herausforderung ist, dafür zu sorgen, dass diese immer wieder infrage gestellt und neu gedacht werden. Eine Methode, mit der das gut gelingen kann, ist das sogenannte *Systematic Inventive Thinking (SIT)*, das in den 1990er-Jahren unter anderem von Jacob Goldenberg in

Israel entwickelt wurde und im Kern auf dem TRIZ-System des Russen Genrich Altshuller basiert. Dem SIT liegen die Techniken *Subtraktion, Division, Multiplikation, Aufgaben-Vereinigung* und der *Abhängigkeit* zugrunde.

Wie funktioniert die SIT-Methode?	
Im Kern geht man immer nach demselben Muster vor: Man schreibt die wesentlichen Eigenschaften eines Produkts auf, das man verbessern möchte – und in dessen Zusammenhang man eine neue Idee sucht. Im Falle der Subtraktion entfernt man nun von dem Produkt eines dieser wesentlichen Merkmale. Nehmen wir ein Fahrrad. Die wesentlichen Teile sind zum Beispiel die Räder. Man fragt sich als Nächstes, welchen Vorteil es haben könnte, wenn die Räder nicht mehr da sind. Der Vorteil wäre u. a. Platzersparnis, und mit ein wenig Kreativität entsteht dann das Konzept vom Indoor Cycling Bike, wie es heute in jedem Fitnessstudio zu finden ist.	
SIT-Technik	Beispiele für generierte Ideen
Subtraktion	Wesentliches Element wird entfernt. Zum Beispiel das Wasser aus der Suppe – ergibt Tütensuppe.
Division	Wesentliches Element wird funktional geteilt. Zum Beispiel die Elemente Harz und Härter in Klebstoff – ergibt den Zweikomponentenklebstoff.
Multiplikation	Wesentliches Element wird in seiner Funktion verdoppelt. Zum Beispiel beim Klebeband – ergibt doppelseitiges Klebeband.
Aufgaben-vereinigung	Funktionen verschiedener Produkte werden in einem gebündelt. So ist ein Smartphone bei Bedarf auch eine Taschenlampe, ein Spiegel oder ein Radio.
Abhängigkeit	Wesentliche Funktionen des Produkts treten nur in Abhängigkeit von äußeren Umständen auf. Beispiel: Flaschen für Babymilch verfügen über einen Ring, der sich grün färbt, wenn die Milch die ideale Trinktemperatur für das Baby erreicht hat.

Infobox 1.2: Das Konzept der SIT-Methode
(Quelle: Boyd u. Goldenberg, 2019)

Das waren nun einige Möglichkeiten, eine Idee zu finden, aber selbst dabei handelt es sich zunächst nur um einen ersten Überblick. Wie seid Ihr auf die Idee mit Familonet gekommen?

Hauke Windmüller: Die Idee zu Familonet haben wir wie gesagt in einem Entrepreneurship-Seminar an der Universität Hamburg entwickelt. Dort war es die Aufgabe, ein tragfähiges, digitales und skalierbares Geschäftsmodell zu entwickeln und darüber einen Business-Plan zu schreiben. Wir haben uns der Ideensuche von vielen Seiten genähert und vor allem geschaut, wo wir in unserem Alltag Probleme oder Herausforderungen sehen, für deren Lösung es eine Zahlungsbereitschaft gäbe. Dazu sind wir mehrmals eine typische Woche von Montag bis Sonntag im Kopf durchgegangen. Wir haben uns dazu jeden einzelnen Schritt vom Aufwachen übers Zähneputzen bis zum Wochenendbesuch unserer Eltern bildlich im Kopf vorgestellt. Mein Mitgründer Michael hat damals erzählt, dass er genervt davon ist, dass er jedes Mal Bescheid geben muss, wenn er von einem Heimatbesuch wieder gut zu Hause angekommen ist. Das Problem kannte ich auch, der: »Ich-bin-gut-angekommen-Anruf« war auch bei mir allgegenwärtig. Nachdem wir eine Mini-Umfrage bei unseren Freunden und Bekannten gestartet haben, war uns relativ schnell klar: Das Problem haben nicht nur wir, und es lohnt sich, eine Lösung dafür zu finden. Unsere Idee war es dann, eine Smartphone-App zu entwickeln, mit der Familienmitglieder automatisch an vorher eingestellten Orten wie zum Beispiel der Schule oder dem Zuhause ein- und ausgecheckt werden. Statt eines lästigen Telefonanrufs wurde stattdessen eine automatische Push-Mitteilung, zum Beispiel »Emma ist an der Schule angekommen«, versendet.

Es gibt tatsächlich viele Methoden, die einem bei der Ideensuche behilflich sein können. In der Praxis sehe ich, dass vor allem die eigene Persönlichkeit sehr wichtig ist. Was sind die individuellen Interessen und Stärken, und gibt es eine Idee, wo ich diese ausleben kann? Wofür habe ich eine Leidenschaft oder kann ich eine Leidenschaft entwickeln, was kann ich sogar besser als andere? Nach diesen sehr individuellen Eigenschaften zu gehen hilft bei der späteren Umsetzung enorm. Denn es hat noch einen anderen Vorteil: In schwierigen Zeiten hilft einem die eigene Leidenschaft für das Thema, nicht aufzugeben und weiter am Ball zu bleiben. Nach Familonet war es bei mir persönlich meine Leidenschaft fürs Verkaufen, also Sales. Ich bin ein extrovertierter Typ, sehr kommunikativ, und ich stehe gerne in Kontakt mit vielen Menschen. Daher fiel es uns extrem leicht, ein zweites Standbein im B2B-Umfeld (Business to Business, also Beziehung zwischen Geschäftspartnern und kein Endkundengeschäft) aufzubauen. Mir hat es einfach Spaß gemacht.

> »
> ***»Meine Mitgründer und ich hatten anfangs keine Lust auf Sales, also haben wir ein Produkt entwickelt, das so viel Traffic auf unserer Website generiert hat, dass sich die werbetreibenden Unternehmen von alleine bei uns gemeldet haben.«***
>
> ***Rolf Schrömgens, trivago***

Wenn Ihr nicht direkt eine komplett ausgereifte Idee habt, ist das gar nicht schlimm. Es reichen auch Fragmente für den Anfang, zu denen Ihr Euch über Euer Umfeld Feedback einholt, und aus denen sich dann langsam eine Idee formt. Es hilft, sich mit anderen erfahrenen Gründern zu unterhalten, um deren Inspirationen einzusammeln, und diese in Eure noch vage Idee einfließen zu lassen. Mir hat der Austausch mit anderen Gründerinnen und Gründern enorm geholfen, meine Vorhaben weiter zu festigen, denn jeder hat einen etwas anderen Blickwinkel auf das Produkt, den Markt, den Wettbewerb und das Geschäftsmodell. Übrigens: Du brauchst keine Angst zu haben, dass deine Idee geklaut wird. Ideen gibt es viele, es kommt vor allem auf die Ausführung an. Aber dazu später mehr.

Ich habe mehrere Ideen: Kann es sinnvoll sein, mit mehreren Ideen ins Rennen zu gehen?

Prof. Sebastian Pioch: Wer das Glück hat, gleich mehrere Ideen zur Auswahl zu haben, dem ist zu empfehlen, das einer internen und einer externen Begutachtung zu unterziehen. Was bedeutet das? Mit interner Begutachtung ist gemeint, dass man zunächst reflektieren sollte, welche der entwickelten Ideen am besten zu einem passen, welche am ehesten mit den eigenen Werten matchen, sprich – nach der Idee suchen, mit der man sich am stärksten identifizieren kann.Eine Methode, mit der man sehr gut herausfinden kann, was gut zu einem passt, ist der japanische Ikigai-Ansatz. *Iki* bedeutet Leben, und *Gai* steht für Wert. Das Tolle daran ist, dass die Elemente Leidenschaft, Mission, Job und Berufung so miteinander kombiniert werden, dass man am Ende für sich die Frage beantworten kann, warum man morgens aufsteht beziehungsweise was einen umtreibt.

Mit externer Begutachtung meine ich, dass man die entwickelten Ideen ganz niederschwellig am Markt testet. Bei einer digitalen Idee eignet sich da zum Beispiel ein *Landingpage*-Test. Da entwickelt man eine einfache Webseite pro Idee, sorgt mittels kleiner Facebook- und SEA-Kampagnen für etwas Traffic und wertet das dann anschließend qualitativ sowie quantitativ aus. Auf welches Angebot klicken die Leute häufiger? Auf welcher Landingpage verweilen sie länger? Wo tragen sich mehr Personen für einen Newsletter ein?

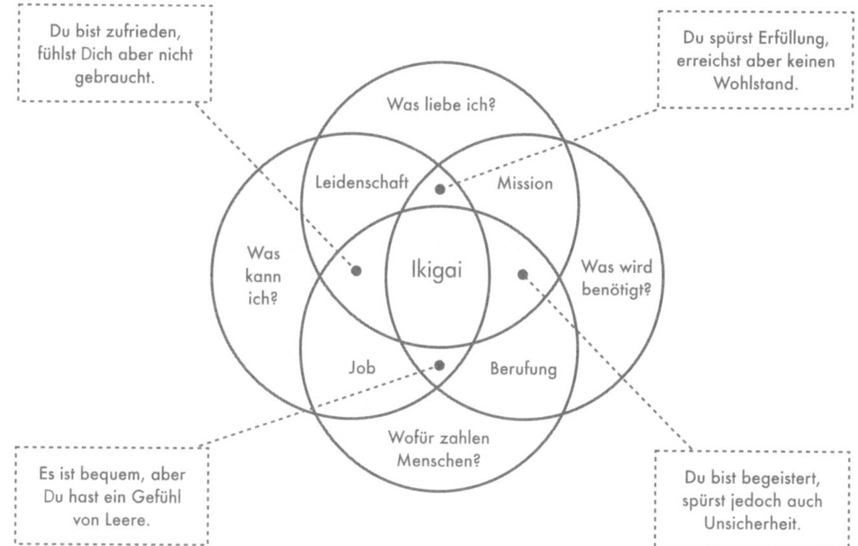

Abb. 1.1: Das Ikigai-Konzept

Bei einem physischen Produkt kann man auch ein sogenanntes *Hollywood-Schild* im Netz aufstellen. Das bedeutet, man behauptet einfach, dass es die XYZ-Box gibt, beschreibt, was sie kann, und bietet sie in einem Online-Shop zum Kauf an. Wenn die Interessenten dann tatsächlich im Bestellprozess sind, muss man das natürlich auflösen und dafür sorgen, dass die Leute nicht zu sehr frustriert sind. Dazu kann man ihnen zum Beispiel anbieten, sich für einen Newsletter anzumelden, durch den sie dann erfahren, wann die Box tatsächlich verfügbar ist. Für ihre Enttäuschung, dass sie sie jetzt noch nicht bekommen, bietet man ihnen einfach einen Nachlass von 30 Prozent an, dann hat sich das für beide Seiten gelohnt.

Wenn Ihr das auswertet, könnt Ihr allein oder im Team abstimmen. Ihr vergebt entsprechende Kriterien, wie zum Beispiel *Marktinteresse* und *eigene Identifikation,* und benutzt ein klassisches Scoring-Modell, für das es kostenlose Excel-Vorlagen im Netz gibt. Man kann aber gern auch Tools wie ideafox.io oder den proofler.com verwenden, der erfragt sogar noch das Bauchgefühl der Nutzer und kostet auch nichts. Gab es bei Euch auch mehrere Ideen, die im Rennen waren?

Hauke Windmüller: Wir hatten nicht komplett unterschiedliche Ideen, sondern wussten, dass wir ein bestimmtes Problem lösen wollten. Meine Erfahrung ist auch, dass es in den meisten Fällen nicht die eine Idee gibt, sondern unterschiedliche Ideen beziehungsweise Abwandlungen einer Idee. Herausforderung dabei ist es, so schnell wie möglich herauszufinden, welche Idee den größten Kundennutzen hat und welches Geschäftsmodell am besten funktioniert. Einen guten Testlauf könnt Ihr, wie von Sebastian eben schon erwähnt, zum Beispiel mithilfe einer Landingpage machen. Wenn Ihr darüber hinaus sogar die Möglichkeit habt, schon ein Minimum Viable Product (MVP, siehe Kapitel 4) zu entwickeln, könnt Ihr noch tiefer ins Detail gehen und die konkreten Mechaniken Eures Produkts oder Angebots überprüfen. Über den Zeitraum verändert sich die initiale Idee dann relativ schnell und kann immer wieder durch sogenannte A/B-Tests, bei denen die Originalidee mit einer leicht abgewandelten Idee vertestet wird, verglichen werden. Ziel ist es dabei, eine hohe Abstoßgeschwindigkeit zu erreichen, das heißt, Ideen auch schnell zu verwerfen, wenn diese nicht funktionieren.

Meine Empfehlung ist, dass diese Phase – mehrere Ideen parallel zu verfolgen – nicht allzu lange anhalten sollte. Es ist schwierig, verschiedene Bälle gleichzeitig in der Luft zu halten, und ab einem gewissen Zeitpunkt wird der Fokus auf eine Idee immer wichtiger.

Die Idee gibt es schon, was nun?

Prof. Sebastian Pioch: Das ist ja im Prinzip bereits der erste Schritt einer Marktrecherche – sozusagen eine Marktrecherche light. Tatsächlich ist es natürlich hochgradig sinnvoll, sehr früh schon mal zu googeln, ob es die entwickelte Idee bereits am Markt gibt. Es wäre schließlich schade, wenn man Zeit und womöglich auch Geld in etwas investiert, nur um wenig später festzustellen, dass es exakt dieses Produkt bereits gibt. Womöglich mehrfach. Wie Du schon gesagt hast, dürfte es tatsächlich höchst selten vorkommen, dass es eine Idee beziehungsweise ein Produkt noch gar nicht gibt. Und wenn dem so wäre, würde mir das eher Sorgen bereiten, als dass ich mich darüber freue. Das könnte nämlich ein Hinweis darauf sein, dass das eine dieser berühmten Lösungen ist, für die gar kein echtes Problem vorliegt.

Im Grunde genommen ist das wie mit der Musik: Alle guten Songs sind bereits geschrieben. Worauf es jetzt ankommt, ist, dass der Gründer beziehungsweise das Team seine persönliche Note in das Produkt mit einfließen lässt und sich dann über ein kluges Alleinstellungsmerkmal vom Wettbewerb abgrenzt.

Hauke Windmüller: Es ist mittlerweile extrem schwer, das Rad neu zu erfinden. Ihr werdet relativ schnell feststellen, dass es die meisten Ideen auf irgendeine Art und Weise bereits schon gab oder gibt. In fast allen Fällen gibt es Wettbewerb, dem Ihr gegenübersteht. Das ist aber nicht weiter schlimm. Die Frage ist: Was unterscheidet die eigene Idee von all den anderen? Was ist Euer unfairer Vorteil? Hier sind einige Beispiele, wie ein unfairer Vorteil aussehen kann, mit dem ihr euch vom Wettbewerb absetzen könnt:

- Ein besonderer Marktzugang
- Eine spezielle Technologie
- Ein in Bereichen besonders erfahrenes Gründerteam
- Ein Preisvorteil, den Ihr generieren könnt
- Eine besondere Finanzierung Eures Unternehmens

Im Fall von Familonet hatten wir auch von Anfang an einen sehr großen Wettbewerber aus den USA. Life360 hatte eine Eltern-Überwachungs-App entwickelt, mit der Eltern ihre Kinder live auf einer Karte orten konnten. Wir wussten damals, dass dieses Konzept nicht in Europa funktionieren würde, da die Europäer und vor allem die Deutschen viel stärker auf Datenschutz und den Schutz der Privatsphäre achten. Wir hatten daraufhin eine spezielle Lokalisierungssoftware entwickelt, die es ermöglichte, dass Kinder nur an vorher definierten Orten automatisch ein- und ausgecheckt werden. So konnten Eltern erfahren, dass ihr Kind gut in der Schule angekommen ist, ohne dass die Kinder sich kontrolliert und beobachtet fühlen. Wir haben unser Produkt also lokalisiert und auf den lokalen Markt und Bedürfnisse angepasst. Dies war damals unsere Secret Sauce, durch die wir so stark in Deutschland und Europa gewachsen sind.

Sebastian, wie war es beim proofler, als Ihr direkt am Anfang einen Wettbewerber entdeckt hattet?

Prof. Sebastian Pioch: Ich erinnere mich noch sehr gut daran, dass ich mich zunächst ziemlich erschrocken habe, als mir einer meiner Studenten mitteilte, dass es da einen Wettbewerber gäbe, der nahezu das Gleiche anbietet wie das, wofür der proofler steht. In der Wissenschaft gibt es nicht die eine Methode, die besagt, wie man nun damit umgehen sollte. Zu unterschiedlich sind die Angebote, die Märkte oder die Gründerteams, als dass sich da ein Standardmodell ableiten ließe. Aber wie sind wir damit umgegangen? Tatsächlich höre ich oft, dass es da ein Tool X oder eine App Y gibt, mit der man Entscheidungen treffen kann. Wenn ich mir das dann selbst ansehe, stelle ich fast immer wieder fest, dass es erhebliche Unterschiede zwischen diesen Apps und dem proofler gibt.

Die App, die der Student gefunden hatte, war aber tatsächlich sehr nah an dem dran, was wir auch entwickelt hatten, deshalb hatte ich mir zuerst schon etwas Sorgen gemacht. Ich habe mich dann aber einfach an einen Tipp von Peter Thiel erinnert, der in seinem Buch *Zero to One* sagt: Arbeitet nicht gegen-, sondern miteinander. Also schrieb ich den Founder von Choicemap, so hieß die App, einfach an und fragte, ob wir nicht einmal skypen wollen – die saßen in Seattle, sonst hätte ich natürlich einen Kaffee vorgeschlagen.

Es dauerte keine zwei Stunden, dann bekam ich eine Antwort und war zu einem Skype-Call verabredet. In dem Gespräch stellte sich dann heraus, dass Choicemap zunächst zwar ähnlich generisch angelegt war wie der proofler, aber deren Ziel war es, Patienten und Ärzte zu einer Entscheidung für eine geeignete Behandlungstherapie zu führen, und das auch noch für den speziellen Fall von Hirntumoren. Also waren meine Sorgen völlig unbegründet, und inzwischen gibt es Choicemap auch gar nicht mehr.

Die Idee ist da, wie geht's nun weiter?

Wie kann ich aus meiner Idee ein Geschäftsmodell entwickeln?

Hauke Windmüller: Aus einer Idee ein tragfähiges Geschäft zu machen ist der anfänglich schwierigste Teil der Unternehmung. Der etwas saloppe Spruch »Ohne Geschäftsmodell ist es kein Unternehmen, sondern ein Verein« bringt es ganz gut auf den Punkt. Ich sehe ziemlich häufig, dass Gründer sich zu wenig Gedanken über das Geschäftsmodell und das Geldverdienen machen. Denn nicht für jede Lösung eines Problems besteht auch eine Zahlungsbereitschaft. An der Stelle ist natürlich wieder die Frage wichtig, was ich mit der Idee bezwecken möchte. Soll mein Lebensunterhalt damit bestritten werden, oder soll es nur ein Hobby-Nebenprojekt sein.

Gehen wir an dieser Stelle einmal davon aus, dass ein wirtschaftliches Interesse besteht und mit der Idee auch Geld verdient werden soll. Viele Beispiele zeigen, dass Unternehmer, die nicht direkt fremdfinanziert sind, sondern das Unternehmen aus eigener Kraft und mit eigenen Mitteln aufgebaut haben (Bootstrappen), von Anfang an immer das Geschäftsmodell im Blick haben, da sie gezwungen sind, Geld zu verdienen. Dort heißt die Devise »Money first«, denn jeder Euro muss erst verdient werden, bevor er anschließend reinvestiert werden kann. Daher sagen viele Gründer, dass es für sie retrospektiv wichtig war, am Anfang einen starken Fokus auf das Erlösmodell zu legen und die Kosten im Blick zu behalten. Diese Einstellung zum Business hat ihnen später bei der Skalierung mit Fremdkapital geholfen.

Wo sinnvoller Mehrwert geschaffen wird, ist auch meistens eine Zahlungsbereitschaft vorhanden. Im B2B wird zum Beispiel dann ein Mehrwert geschaffen, wenn ein Unternehmen durch ein digitales Tool, einen Service oder eine Dienstleistung effizienter arbeiten kann, Geld einspart oder den Umsatz erhöhen kann. Im B2C (Business to Consumer, also das Geschäft mit Endkunden) ist auch dann die Zahlungsbereitschaft am höchsten, wenn der Endkunde einen deutlichen Mehrwert erhält. Die extrem gut funktionierenden Geschäftsmodelle rund um die eigene Selbstoptimierung veranschaulichen dieses Prinzip besonders. Die Menschen geben viel Geld aus für Trainings-Apps, weil sie sich dadurch scheinbar körperliche Fitness erkaufen. Durch Sprachlern-Tools lassen sich bequem online Sprachen lernen, weshalb dort eine hohe Zahlungsbereitschaft besteht.

Prof. Sebastian Pioch: Aus einer Idee ein Geschäftsmodell zu entwickeln ist vielleicht tatsächlich der heikelste Schritt überhaupt. Um es vorwegzunehmen, die ungeschönte Wahrheit ist leider: Keine wissenschaftliche Theorie vermag derzeit zu erklären, warum einige Geschäftsmodelle funktionieren und andere wiederum nicht. Wer etwas anderes behauptet, erzählt leider Unfug. Geschäftsmodelle sind viel zu komplex, als dass sich genau vorhersagen lässt, was ein Gründer X zu einem Zeitpunkt Y in einem Markt Z unternehmen muss, um ein erfolgreiches

Unternehmen aufzubauen. Insbesondere bei digitalen Geschäftsmodellen spreche ich gern von einer *Prognoseintoleranz*.

So weit die ernüchternde Wirklichkeit, aber keine Sorge, es gibt einige Modelle und Rahmenwerke, die oft sehr erfolgreich waren und die die Wahrscheinlichkeit signifikant erhöhen, dass man durch deren Anwendung an sein Ziel gelangt. Bevor ich aber gleich einige der bekanntesten dieser Modelle vorstelle, möchte ich gern noch mal auf einen Aspekt eingehen, den ich an dieser Stelle sehr wichtig finde.

Steve Blank sagt, dass ein Start-up eine temporär existierende Organisation ist, die nach einem nachhaltig funktionierenden, skalierbaren und erfolgreichen Geschäftsmodell sucht. Das bedeutet im Umkehrschluss, dass es auch viele Ideen gibt, die schon seit Langem funktionieren und die sich tausendfach im Markt bewährt haben.

Wenn ich zum Beispiel ein Faible fürs Backen habe oder gerne Räume gestalten möchte, oder wenn ich einfach eine Leidenschaft dafür entwickle, Menschen als Heilpraktiker zu helfen, dann sind das erprobte Geschäftsmodelle, für die ich nicht zwingend eines der Modelle benötige, über die wir gleich sprechen. Tatsächlich ist es sogar zu empfehlen, wenn man noch nie etwas gegründet hat, zunächst mit einem Geschäftsmodell zu beginnen, das bereits wiederholt funktioniert hat. Gründen ist, wie schon mehrfach angedeutet, ein sehr komplexer Prozess, bei dem es viele Dinge gibt, an denen man scheitern kann.

Von daher ist es ja vielleicht eine schlaue Idee, zumindestens eine Konstante in diese Gleichung zu integrieren, in der es sehr viele Variablen gibt, nämlich ein funktionierendes Geschäftsmodell. Wenn man dann mit so einer Idee erfolgreich war und viele Erfahrungen gesammelt hat, kann man versuchen, eine neue Idee in einem Markt zu platzieren, für die man dann auch ein funktionierendes Geschäftsmodell entwickeln muss. Damit möchte ich natürlich keineswegs jemanden ausbremsen, der direkt etwas Neues starten möchte.

Dann schauen wir uns einmal an, wie tatsächlich vorgegangen wird, wenn man aus einer neuen Idee ein funktionierendes Geschäftsmodell entwickelt. Beginnen wir doch kurz mit der Frage, was ein Geschäftsmodell überhaupt ist. Es gibt da natürlich diverse Definitionen. Mir persönlich sagt aber besonders der Ansatz von Bock und George zu, die zum Schluss kommen, dass ein Geschäftsmodell beschreibt, wie eine Organisation gestaltet sein muss, um eine Chance zu nutzen und Wert zu schaffen. Wenn man sich nun fragt, was ein gutes Geschäftsmodell ausmacht, dann geht es unter anderem darum, ein Kundenbedürfnis zu befriedigen, sich vom Wettbewerb abzuheben, effizient zu sein und über wertvolle Fähigkeiten beziehungsweise Ressourcen zu verfügen. Ich weiß, das klingt etwas kryptisch, deshalb brechen wir das Ganze doch mal etwas herunter.

Ein Geschäftsmodell beschreibt vereinfacht gesagt, welches Produkt ich anbiete, an welche Zielgruppe sich das richtet, wie ich damit Geld verdiene und welche Kosten dem gegenüberstehen. Da kommen noch einige Sachen dazu, aber das soll uns hier zunächst genügen. Um aus einer Idee also ein Business zu machen, benötige ich zuallererst den sogenannten *Product-Market-Fit*, also den Nachweis, dass es da draußen Leute gibt, die mein Produkt haben wollen und die bereit sind, dafür zu zahlen. Denn wie sagte Tim O'Neill schon so schön: »*Gegen ein mieses Produkt hilft auch kein noch so perfektes Geschäftsmodell.*« Hauke, in Kapitel 4 sprechen wir ja noch ausführlich über das Thema Produktentwicklung, aber erinnerst Du Dich noch an den Moment, in dem Ihr Euren Product-Market-Fit gefunden habt?

Hauke Windmüller: Wir hatten damals ein Problem erkannt, das wir zunächst bei uns selber festgestellt hatten. Also mussten wir relativ schnell herausfinden, ob es auch anderen so geht und vor allem Eltern eine App nutzen würden, mit der sie automatisch benachrichtigt werden, wenn ihr Kind gut in der Schule angekommen ist. Mit unseren damals begrenzten Mitteln sind wir stufenartig vorgegangen und haben iterativ aus einer Idee ein Produkt entwickelt:

1. Qualitative und quantitative Umfrage mit unserer Zielgruppe sowie Fokusgruppengespräche
2. Tests mit nicht funktionstüchtigen Click Dummys aus PowerPoint-Präsentationen (heutzutage würde man eher dedizierte Wireframe Tools benutzen).
3. Funktionstüchtige Alpha-Version unserer App, die wir mit 20 Testfamilien getestet haben.
4. Größerer und fortlaufender Beta-Test mit hunderten Familien, die uns kontinuierlich wertvolles Feedback gegeben haben und Funktionen getestet haben, bevor diese offiziell veröffentlicht wurden

Durch diese Vorgehensweise hat sich unser Produkt extrem verbessert und an die Anforderungen unserer Zielgruppe angepasst. Über die Zeit haben wir so unseren

Product-Market-Fit gefunden, der uns auch gleichzeitig vom Wettbewerb absetzte: Wir positionierten uns als die datenschutz- und privatsphäreschonende Familien-Tracking-App, die auf Freiwilligkeit und Spaß beruht und nicht auf Kontrolle.

Prof. Sebastian Pioch: Okay, spannend! Das heißt: Wenn ich ein Produkt habe, das die Leute nutzen wollen, habe ich schon eine ganze Menge erreicht, aber noch kein Geschäftsmodell entwickelt. Denn es könnte ja sein, dass die Kosten für die Einnahmen so hoch sind, dass sich das nicht rechnet – sprich, ich nicht profitabel bin. Für die einzelnen Phasen der Geschäftsmodellentwicklung eignen sich verschiedene Modelle, von denen ich zwei vorstellen möchte. Das sehr bekannte Business Model Canvas von Alexander Osterwalder und Yves Pigneur eignet sich allerdings eher für die Analyse und die Optimierung von Geschäftsmodellen.

Wenn es jedoch darum geht, ein funktionierendes Geschäftsmodell zu entwickeln, eignet sich eher ein anderes Framework, nämlich das *Lean Canvas* von Ash Maurya. Dabei handelt es sich um ein Framework, das an das besagte Business

Problem Was genau stört Deine Zielgruppe?	**Lösung** Wie funktioniert Dein Angebot?	**Alleinstellungsmerkmal** Wie lässt sich Deine Lösung von anderen Angeboten abgrenzen?	**Unfairer Vorteil** Worüber verfügst nur Du, das andere schwer kopieren können?	**Kundengruppen** Wem bietest Du Deine Lösung an?
	Kennzahlen Wie kannst Du messen, dass Deine Lösung funktioniert?		**Kanäle** Wodurch erfährt Deine Zielgruppe, dass es Dich gibt?	
Kosten Welche Ausgaben sind nötig, damit Dein Geschäftsmodell funktioniert?		**Einnahmequellen** Welches Erlösmodell nutzt Du, um Geld zu verdienen?		

Abb. 1.2: Das Lean Canvas nach Ash Maurya

Model Canvas von Osterwalder und Pigneur angelehnt ist. Maurya hat jedoch erkannt, dass es in der frühen Start-up-Phase noch andere Aspekte gibt, und daher einige Elemente geändert. Idealerweise arbeitet man mit dem Lean Canvas so, dass man es sich auf A0 ausdruckt und mitten im Büro aufhängt. Für reine Digitalisten gibt es auch den *canvanizer.com*.

Man sollte die Inhalte des Canvas nie als endgültig, sondern vielmehr als Experiment verstehen, das es zu testen gilt. Daher sollte man die Felder auch nicht beschriften, sondern stattdessen Post-its draufkleben, die Inhalte werden sich nämlich noch häufig ändern. Wenn sich ein Geschäftsmodell ändert, sprechen wir von einem *Pivot*, der Begriff wird uns bestimmt auch noch einige Male begegnen.

Lean Canvas Familonet		
Element	Bedeutung	Am Beispiel von Familonet
Probleme	Hier beschreibt man das Problem (der Kunden), das man gern lösen möchte. Alternativ kann man auch den Nutzen beziehungsweise den Bedarf ausformulieren, da Sacher-Torte ja im Kern kein Problem löst, sondern eher einen Genuss erzeugt.	Kinder haben das Problem, dass sie nicht ständig von ihren Eltern kontrolliert werden wollen, und sie nervt der »Ich bin gut angekommen«-Anruf. Eltern haben das Problem, dass sie gerne wissen möchten, dass es ihren Kindern gut geht, wenn sie draußen alleine unterwegs sind.
Lösungen	Hier wird nun beschrieben, wie das zuvor skizzierte Problem gelöst oder der Bedarf befriedigt wird. Hier bietet es sich auch an, nicht nur die Lösung als solche zu beschreiben (zum Beispiel Saugroboter entfernt Schmutz), sondern auch den konkreten Nutzen zu formulieren, der daraus entsteht (Kunde muss nicht selbst saugen und spart somit Zeit). Diese Methode wird auch als »*Jobs to be done*« bezeichnet.	Lösung ist eine Familien-Lokalisierungs-App, die Eltern automatisch benachrichtigt, wenn die Kinder einen vorher definierten Ort erreichen. Sie kontrolliert die Kinder nicht dauerhaft, sondern sendet nur eine Push-Benachrichtigung an die Eltern, mit beispielsweise dem Text, »Emma ist gut in der Schule angekommen«.
Kennzahlen	Welches sind die entscheidenden Kennzahlen der entwickelten Idee? Beispiele für wichtige Kennzahlen sind etwa die *Kundenzufriedenheit*, die *Klickrate* oder die *Gewinnmarge*.	Entscheidend ist die Aktivität der Kunden. Wie viele Kunden nutzen wöchentlich die Familonet-App und wie viele automatische Check-Ins an eingespeicherten Orten werden beispielsweise durchgeführt?

Lean Canvas Familonet		
Element	Bedeutung	Am Beispiel von Familonet
Kunden-segmente	Hier wird beschrieben, wie die ideale Kundengruppe aussieht, die man adressiert. Hier bietet es sich an, in B2B (Geschäftskunden) oder B2C (Privatkunden) zu unterscheiden und bei Letzteren darzulegen, ob es sich um einen Massenmarkt (zum Beispiel Getränkehandel) oder um einen Nischenmarkt (Musikunterricht für Maultrommel) handelt.	Kernzielgruppe sind Eltern mit Kindern zwischen 8 und 17 Jahren, die über ein Smartphone verfügen. Weitere Kundensegmente sind ältere Personen wie Großeltern, die über Familonet ihren Kindern und Enkelkindern Bescheid geben können, dass es ihnen gut geht.
Kanäle	Hier wird zum einen beschrieben, über welche Kanäle (TV, Instagram) die Zielgruppe von dem Angebot erfährt, und zum anderen, wie die Produkte geliefert werden.	Hauptkanäle sind zunächst PR und Social Media. Später kommen bezahlte Marketingmaßnahmen wie Werbeanzeigen bei Facebook hinzu.
Unfairer Vorteil	Dies könnte etwas Einzigartiges wie ein Patent, ein Rezept, eine besondere Fähigkeit oder die Kenntnis spezieller Insights sein. Der unfaire Vorteil sollte schwer kopiert werden können und schützt somit vor Nachahmern.	Der unfaire Vorteil ist die eigens entwickelte Lokalisierungs-technologie, die stromsparender und genauer als herkömmliche Technologien ist.
Alleinstellungs-merkmal	Hier sollte eine überzeugende Botschaft formuliert werden, die Kunden verdeutlicht, was man anders als der Wettbewerb macht und warum man die Aufmerksamkeit der Zielgruppe verdient.	Das Alleinstellungsmerkmal von Familonet ist, dass alles automatisch im Hintergrund passiert, ohne dass Kinder oder Eltern aktiv werden müssen.
Einnahme-quellen	Beschreibt, welches Erlösmodell die Organisation nutzt, um Geld zu verdienen.	Einnahmequelle ist ein Freemium Modell. Einige Funktionen der App sind kostenfrei nutzbar und für Premium-Funktionen muss ein kostenpflichtiges Abo abgeschlossen werden.
Kostenstruktur	Hier werden die wichtigsten Kosten aufgeführt, die nötig sind, damit das beschriebene Geschäftsmodell funktioniert. Diese Kosten ändern sich in der frühen Phase sehr häufig. Stehen zunächst Kosten für Recherche an, muss später in einen Prototyp investiert werden, dann Leute bezahlt beziehungsweise das Marketing finanziert werden.	Kosten sind vor allem Personalkosten für die Entwicklung der Software, Server-Hosting-Kosten für den Betrieb der App sowie Marketingkosten für die Nutzerakquisition.

Infobox 1.3: Das Konzept des Lean Canvas am Beispiel von Familonet

Welche Erlösmodelle gibt es und welche eignen sich für welche Angebote?

Prof. Sebastian Pioch: Vielleicht noch mal kurz zur Erinnerung: Das Erlösmodell ist der Teil des Geschäftsmodells, der beschreibt, wie eine Organisation Geld verdient. Bevor ich gleich einige bekannte Erlösmodelle vorstelle, möchte ich gern kurz noch einmal auf die Unterschiede eingehen, die zwischen analogen und digitalen Geschäftsmodellen bestehen. Es ist nämlich so, dass sich für analoge Geschäftsmodelle zum Teil andere Erlösmodelle eignen als für digitale Geschäftsmodelle. Analoge Produkte werden klassischerweise oft per Direkterlös zum Beispiel am Point of Sale oder im eCommerce von den Kunden beim Erwerb bezahlt.

Bei digitalen Produkten ist es häufig auch so, dass zum Teil zwischen Kunden und Nutzern unterschieden werden muss. Da fällt mir zum Beispiel Facebook ein. Alle Menschen, die Facebook verwenden und dort mehr oder weniger gehaltvolle Nachrichten posten, sind Nutzer und zahlen für dieses Angebot kein Geld. Facebooks Kunden hingegen sind Unternehmen, die auf der Plattform Werbung schalten, um uns, die Nutzer, zu erreichen. Und für diese Werbekampagnen zahlen diese Unternehmen dann, woraus sich ein Erlösmodell für Facebook ableiten lässt.

Dieses Erlösmodell wird auch als *hidden revenue* bezeichnet und ist eines von 60 Geschäftsmodellmustern, das Kollegen der Uni St. Gallen in dem Konzept des *Business Model Navigators* beschrieben haben. Die meisten dieser 60 Muster sind entweder Erlösmodelle oder dienen der Kundenbindung. Ähnlich wie die israelischen Forscher, die mit der SIT-Methode einen Ansatz zu Ideengenerierung entwickelt haben, ließen sich auch die Schweizer von der bereits angesprochenen TRIZ-Methode Genrich Altschullers inspirieren. Diesem war es seinerzeit gelungen, in zahllosen Patenten immer wiederkehrende Muster zu erkennen, die man für neue Erfindungen nutzen kann.

Schumpeter hat bereits Anfang des 20. Jahrhunderts festgestellt, dass 80 Prozent aller Innovationen eine Rekombination bereits existierenden Wissens sind. Und so empfiehlt es sich, auch bei der Entwicklung von Erlösmodellen darauf zurückzugreifen, was bereits anderswo erfolgreich war.

10 Beispiele für Erlösmodelle		
Name Erlösmodell	Kurzbeschreibung	Wird eingesetzt bei:
1. Affiliation	Dritte für die Zuführung von Kunden nutzen. Entlohnung erfolgt über sogenannte Affiliates, i. d. R. über die Vermittlung eines Kunden oder anteilige Transaktion.	Amazon Affiliate Program: Online-User können Links zu Amazon-Produkten platzieren und erhalten Werbeprovisionen für qualifizierte Käufe
2. Auction	Ein Produkt oder eine Dienstleistung an den Höchstbietenden verkaufen. So gelingt es den Unternehmen, die höchste Zahlungsbereitschaft des Kunden abzuschöpfen.	Bestes Beispiel ist ebay, es ermöglicht Privatleuten und Unternehmen weltweit, eine Vielzahl von Waren und Dienstleistungen anzubieten, die Interessenten ersteigern können.
3. Cross selling	Unternehmen ergänzt sein Leistungsangebot um komplementäre Produkte und Dienstleistungen. Ziel ist es, Zusatzverkäufe zu generieren, die im Zusammenhang mit dem Kerngeschäft des Unternehmens stehen.	Ikea: Durch eine Vielzahl von angebotenen zusätzlichen Dienstleistungen und Produkten, wie z.B Innenausstattung, Wohndekoration, Instore-Restaurants und Autovermietung, steigert das Unternehmen seine Gewinne deutlich.
4. Digitalization	Beschreibt die Möglichkeit, bestehende Produkte oder Dienstleistungen in einer digitalen Variante anzubieten, welche vorteilhafte Eigenschaften gegenüber der physischen Variante aufweist wie zum Beispiel geringere Produktionskosten, höhere Aktualität, größere Reichweite oder schnellere Distribution.	Das Magazin SPIEGEL bietet neben seiner Print-Ausgabe auch eine digtale Version an, die man zum Beispiel auf dem iPad lesen kann. Sie erscheint früher, hat einen späteren Redaktionsschluss, enthält diverse Multimedia-Inhalte und ist im Vergleich zum Heft etwas günstiger.
5. Freemium	Die Basisversion eines Angebots wird gratis offeriert, wohingegen für die Premiumversion ein Aufpreis verlangt wird. Mit der kostenlosen Variante sollen genügend Nutzer gewonnen werden, sodass eine ausreichende Menge zahlt.	Eignet sich besonders für digitale Produkte. So bietet Dropbox etwa nur einen begrenzten Speicher kostenlos an. Wer mehr benötigt, muss dafür zahlen.
6. Hidden Revenue	Hier generiert ein Unternehmen seinen Hauptumsatz nicht durch ein Produkt, das es anbietet, sondern durch die Kommerzialisierung einer Werbefläche, die daran geknüpft ist.	Google ist in der Lage, seine kostenlosen Dienste durch eine Querfinanzierung über Ads aufrechtzuerhalten. Damit wird es Unternehmen ermöglicht, zielgerichtete Anzeigen zu kaufen, die in den Suchergebnissen von Google erscheinen

10 Beispiele für Erlösmodelle		
Name Erlösmodell	Kurzbeschreibung	Wird eingesetzt bei:
7. Leverage Customer Data	Im Zentrum dieses Musters steht das Sammeln von Kundendaten, um diese gewinnbringend nutzen zu können. Jene Kommerzialisierung geschieht entweder durch den direkten Verkauf an Dritte oder durch eigene Nutzung.	Facebook nutzt Kundendaten, um personalisierte Anzeigen Dritter auf Social-Network-Seiten effizient zu präsentieren.
8. Pay per use	Bedeutet, dass die Leistung nicht pauschal, sondern nach ihrer effektiven Nutzung abgerechnet wird. Hierdurch bezahlt der Kunde nur das, was er auch benötigt, und bleibt flexibel.	Share Now: Die Autovermietung berechnet den Kunden jede Minute Fahrzeit, wobei auch Stunden- und Tagessätze zur Verfügung stehen.
9. Revenue sharing	Bezeichnet die Praxis von Unternehmen, den Umsatz mit Stakeholdern zu teilen. Ziel ist der Aufbau einer symbiotischen Beziehung, durch die eine beidseitige Umsatzsteigerung erreicht werden soll.	Uber: Der revolutionäre On-Demand-Transportdienst betreibt eine Plattform, die es Menschen ermöglicht, Fahrdienste anzubieten, an denen Uber einen Teil mitverdient.
10. White Label	Hier erlaubt der Hersteller eines Produktes, dass auch andere Anbieter dieses in ihrem Design anbieten. So wird der Eindruck erweckt, als gehöre jenes Produkt zu seinem Portfolio. Beide profitieren – neuer Kanal beziehungsweise neues Produkt.	Foxconn: Das taiwanesische Technologieunternehmen stellt viele elektronische Geräte und Komponenten für bekannte Marken wie Apple, Dell und Intel her.

Infobox 1.4: Zehn Beispiele für erfolgreiche Erlösmodelle
(Quelle: Gassmann et al. 2017)

Hauke Windmüller: Familonet war von Anfang an ein Venture-finanziertes Start-up mit dem Ziel, schnell zu wachsen. Bei dem für Apps gängigen Geschäftsmodell von In-App-Einmalzahlungen und -Abonnements war klar, dass zunächst eine große Anzahl von Nutzern erreicht werden musste, um diese im zweiten Schritt zu monetarisieren. Das Geschäftsmodell war angelehnt an die Geschäftsmodelle von Social Networks wie Facebook, Instagram oder Tinder, bei denen erst eine kritische Masse erreicht werden musste, damit das Geschäftsmodell funktioniert. Unser Erlösmodell war ein *Freemium*-Modell, das heißt, die Grundfunktionen der App waren kostenlos nutzbar (Free), und weitere Zusatzfunktionen waren kostenpflichtig (Premium). Dies hatte den enormen Vorteil, dass wir mit einem kostenlosen Produkt zunächst stark wachsen konnten. Denn die Akquise von neuen Nutzern für ein kostenloses Produkt ist günstiger und geht schneller.

In der ersten Wachstumsphase war Familonet komplett kostenlos. Wir haben damals das Erlösmodell im Kleinen getestet, um es später größer skalieren zu können. Dabei haben wir uns die sogenannten Unit Economics angeschaut und das Erlösmodell so lange optimiert, bis die Unit Economics positiv waren.

Die Betrachtung der Unit Economics bedeutet, dass ich mir nicht die Gewinn- und Verlustrechnung des gesamten Unternehmens anschaue, sondern nur von einer einzelnen Einheit. Die Hypothese dahinter: Wenn beispielsweise eine McDonald's-Filiale in sich profitabel ist und Gewinn erwirtschaftet, werden es auch zehn weitere Filialen können. Bei vielen digitalen Geschäftsmodellen lässt sich eine sehr einfache Metrik heranziehen. Der Customer Lifetime Value (CLV) muss größer sein als die Customer Acquisition Cost (CAC), damit sich ein langfristig tragfähiges Geschäft entwickeln lässt. Die beiden Einheiten lassen sich wie folgt definieren:

Customer Lifetime Value (CLV) = Durchschnittlicher Umsatz pro Kunde x Kaufhäufigkeit über die gesamte Dauer der Kundenbeziehung x Marge

Abb. 1.3 Customer Lifetime Value

Customer Acquisition Cost (CAC) = Alle Marketingkosten/Anzahl der gewonnenen Kunden

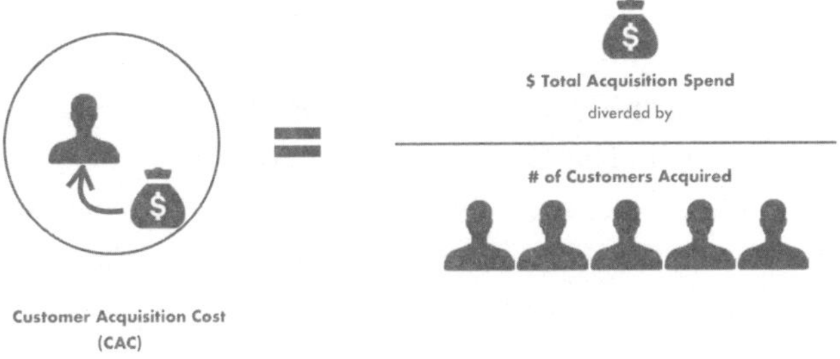

Abb. 1.4 Customer Acquisitions Cost (CAC)

Aus diesen beiden Größen kann nun die CLV:CAC-Ratio berechnet werden: CLV:CAC Ratio = CLV/CAC

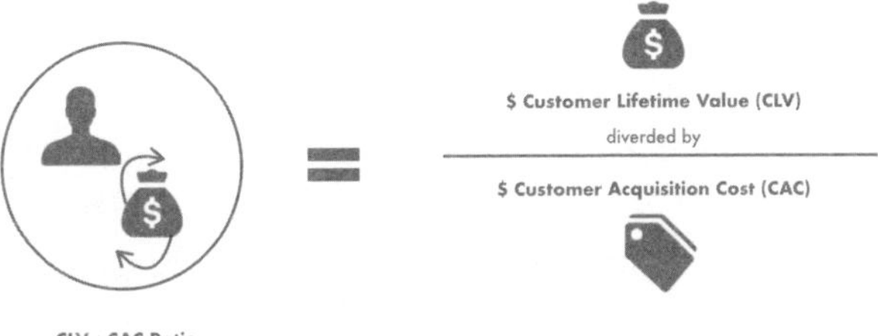

Abb. 1.5 CLV:CAC Ratio

Ziel dabei ist es, eine CLV:CACRatio von größer 1:1 zu haben. Bei 1:1 würde genau der Umsatz pro Einheit die angefallenen Kosten pro Einheit ausgleichen, und es gäbe keinen Profit. Der ist aber notwendig, um alle anderen Kosten des Unternehmens tragen zu können, die unabhängig von den Unit Economics sind (zum Beispiel weitere Personalkosten oder Overhead-Kosten wie Miete, Buchhaltung et cetera). Viele Unternehmen versuchen eine CLV:CAC-Ratio von 3:1 zu erzielen.

Infobox 1.5: Unit Economics

Im Fall von Familonet konnten wir anhand der Unit Economics das Erlösmodell optimieren, beispielsweise die Dauer der Premium-Abonnements (drei, sechs oder zwölf Monate) und deren jeweiliger Preis. Zu beachten ist, dass Unit Economics immer abhängig vom Markt und somit auch länderspezifisch sind. Konnten wir in Brasilien verhältnismäßig günstig neue Nutzer gewinnen, war die Zahlungsbereitschaft dort geringer als in Deutschland oder den USA. Auch Skaleneffekte müssen berücksichtigt werden. Nur weil die Unit Economics anfänglich positiv sind, heißt dies nicht, dass sie dies auch über die Zeit bleiben. Skaleneffekte können sowohl positiv als auch negativ ausfallen. Bei Familonet war klar, dass Marketing über die Zeit teurer wird. Der ersten Nutzer sind noch einfach zu akquirieren, über die Zeit wird es aber immer kostspieliger, die Zielgruppe in der Masse zu erreichen.

Im Nachhinein muss ich mir eingestehen, dass wir viel zu lange mit dem Start der Monetarisierung und der echten Implementierung der Premium-Abonnements gewartet haben. Wir hatten Angst, dass wir das Wachstum verlangsamen und Nutzer vergraulen würden, und haben die Monetarisierungtests immer nur theoretisch mit einer kleinen Anzahl von Testnutzern gemacht. Dies war aber vollkommen unbegründet. Der Start der Monetariserung nach etwa zwei Jahren hat zu keinerlei Wachstumseinbußen geführt und im Gegenteil sofort Umsatz in die Kassen gespült. Mit echten Nutzern in der breiten Masse ließen sich dann natürlich wesentlich genauere Tests durchführen, sodass wir das Erlösmodell weiter optimieren konnten. Heutzutage würde ich daher umso mehr nach der Devise *Money First* handeln und von Tag eins an Umsatz generieren.

Wie pitche ich meine Idee?

Hauke Windmüller: Die eigene Idee zu pitchen gehört zum Grundhandwerkszeug aller Gründer. Die Kunst ist es, dem Gegenüber in wenigen klaren Sätzen die Idee näherzubringen, sodass er die wichtigsten Fakten kennt, um die Idee zu verstehen und um Feedback geben zu können. Aufgrund der Vielzahl der Informationen und der Komplexität ist dies erfahrungsgemäß sehr schwer, weshalb einem eine bewährte Struktur helfen kann. Über die Zeit hat sich der sogenannte Elevator Pitch als sehr nützlich erwiesen. Elevator – also Fahrstuhl – deshalb, weil es während einer kurzen Fahrstuhlfahrt über ein paar Stockwerke hinweg möglich sein soll, einem Investor die Idee so vorzustellen, dass er Interesse für tiefer gehende Gespräche zeigt. Es muss natürlich nicht immer ein Investor sein, aber vor allem vor Investoren ist ein Elevator Pitch ein beliebtes Mittel, schnell die eigene Idee zu präsentieren. Mittlerweile ist der Elevator Pitch ein Standard-Tool, das jeder Gründer perfektioniert haben sollte. Es gibt einige Variationen wie ein guter Elevator Pitch aufgebaut sein kann. Hier ist ein bewährtes Beispiel:

1. Ich löse dieses Problem
2. mit dieser Magic (unfairer Vorteil + Geschäftsmodell)
3. in diesem großen Markt
4. mit diesem großartigen Team.

Einige der größten und bekanntesten Acceleratoren (Institution, die Start-ups in einem bestimmten Zeitraum durch Coaching zu einer schnellen Entwicklung verhilft) für Start-ups aus den USA, wie zum Beispiel das Founder Institute, machen heruntergebrochen nichts anderes, als den Pitch über Monate hinweg einzustudieren. Denn darin sind alle wichtigen Komponenten enthalten, die das Geschäftsmodell ausmachen und die für eine Bewertung relevant sind. Am Ende heißt es dann nur noch üben, üben, üben, bis der perfekte Pitch sitzt. Und ihn ständig anzupassen und zu optimieren. Denn mit jedem Feedback und mit jeder Bewertung des eigenen Vorhabens können die Idee und der Pitch geschärft werden. Erfahrungsgemäß ist die häufigste Reaktion zunächst kritisch. Jeder versucht einen Fehler oder Grund zu finden, weshalb eine Idee nicht funktioniert. Je häufiger Ihr pitcht, desto schlagkräftiger werdet Ihr aber auch und habt immer eine passende Antwort zur Hand.

Die eigene Idee zu pitchen war für mich jedes Mal etwas Besonderes, hat mir Spaß bereitet und sofort meine Augen zum Funkeln gebracht. Ich habe meinen Elevator Pitch fast täglich vor Freunden, Bekannten, der Familie, auf Start-up-Veranstaltungen, auf Investorentreffen oder beim Warten in der Schlange beim Brötchenholen erzählt. Über die Zeit entwickelt sich der eigene Pitch zu einem Storytelling, das über den Elevator Pitch hinaus ausgeschmückt werden kann. Der umfangreichere Pitch enthält dann mehr Informationen zu dem *Warum*, also zu der Vision und Mission der Unternehmung. Das Familonet-Storytelling hat beim Investoren- oder Kunden-Pitch oftmals den entscheidenden Unterschied gemacht. Aus diesem Grund haben wir viel Wert auf gut designte und durchdachte Präsentationen gelegt. Ein Investment, das sich in jedem Fall auszahlt.

Prof. Sebastian Pioch: So ein Pitch hat neben dem Umstand, dass man damit potenzielle Investoren oder Kunden überzeugen möchte, auch noch einen ganz anderen Vorteil – er sorgt für Struktur im Kopf der Gründer. Getreu dem Motto, dass man nichts aussprechen kann, was man nicht durchdacht hat, ist ein Pitch eine großartige Hilfe, wenn es darum geht, sich auf die wesentlichen Dinge zu fokussieren. Selbst wenn man in der glücklichen Situation ist, vor keinem Investor pitchen zu müssen, würde ich immer empfehlen, dennoch an einem guten Pitch zu arbeiten. Warum? Aus dem gleichen Grund, warum man selbst dann einen Business-Plan schreiben sollte, wenn man gar keinen braucht.

Auch ein Business-Plan ist im Grunde genommen eine Zusammenfassung der Unternehmensstrategie, nur eben umfassender als ein Pitch. Es ist einfach ein sehr hilfreicher Prozess, all die Dinge einmal aufzuschreiben, die man in den kommenden Monaten und Jahren vorhat. Unabhängig davon, wie realistisch das Ganze ist, wird es jedoch für sehr viel Klarheit im Team und im eigenen Kopf sorgen. Ähnlich wie beim Namen sollte auch ein Pitch nicht darüber sprechen, was etwas ist, sondern vielmehr darüber, was etwas tut, welchen Nutzen es bei wem verursacht.

Eine Methode, komplexe Dinge strukturiert zu kommunizieren, die ich sehr empfehlen kann, ist die sogenannte *Minto-Pyramide*. Barbara Minto war die erste Beraterin von McKinsey, und sie hat eine Methode entwickelt, mit der man komplexe Sachverhalte einfach kommunizieren kann. Die Argumentation im Pitch sollte also immer in Form einer Pyramide erfolgen. Ganz oben steht die Empfehlung, das Produkt XY zu nutzen. Darunter folgen dann die Ebenen des *Warum* und des *Wie*, die wiederum darunter mit mehreren Aussagen beziehungsweise Argumenten belegt werden. Das könnte sich dann am Beispiel von Dropbox zum Beispiel so anhören:

Wir sind davon überzeugt, dass viele Leute einen großen Nutzen darin sehen, ihre Inhalte auf einer übergeordneten Plattform zu bündeln. So würden sie sicherstellen, dass sie auf all ihren Devices auf dieselben Dokumente zugreifen können. Dazu müssen sie nur einmal ein Konto bei uns erstellen und die Dropbox-App auf ihren jeweiligen Devices installieren – fertig.

Ich habe Angst, dass mir jemand meine Idee stiehlt

Hauke Windmüller: Ich bemerke immer wieder, dass viele angehende Gründer Angst haben, dass ihnen jemand die Idee klaut, und sie daher in der Anfangsphase lange Zeit nur sehr wenig Leuten davon erzählen. Wie bereits erwähnt ist diese Angst aber unbegründet, da die Umsetzung viel entscheidender für den Erfolg oder Misserfolg ist als die reine Idee. Es ist viel sinnvoller, mit so vielen Menschen wie nur möglich über die eigene Idee zu sprechen, um diese fortlaufend zu optimieren. Wie stark sich über die Zeit das auf der Idee basierende Produkt ändert, haben wir bei Familonet hautnah erlebt. Es hat sich beispielsweise die *User Experience (UX)*, also Bedienoberfläche der App, mindestens drei Mal komplett verändert während der Startphase, da wir kontinuierlich Feedback der Nutzer einfließen lassen haben. Das wäre nicht möglich gewesen, wenn wir vor Angst, dass uns jemand die Idee klaut, nicht an die Öffentlichkeit gegangen wären.

Wer dennoch Angst hat, von seiner Idee zu erzählen, weil beispielsweise eine patentierbare Erfindung dahintersteckt, die nicht an die Öffentlichkeit gelangen soll, kann eine Geheimhaltungsvereinbarung unterschreiben lassen. Diese auf englisch häufig mit NDA (non-disclosure agreement) abgekürzten Vereinbarungen bieten einen gewissen Schutz. Selten sind NDAs wirklich wasserdicht (wasserdicht sind sie meiner Erfahrung nach häufig nur mit definierten Geldstrafen, die Partner ungern unterschreiben), weshalb sie eher eine Signalwirkung haben. Diese Signalwirkung kann aber nützlich sein, um sich vor Nachahmern zu schützen.

Prof. Sebastian Pioch: Vielleicht sollten wir auch noch kurz unterscheiden, ob jemand eine Idee stiehlt oder ob ein funktionierendes Geschäftsmodell kopiert wird. Letzteres ist nichts Ungewöhnliches und wird *Copycat* genannt. Die Samwer-Brüder machen ja im Grunde genommen nichts anderes, als dass sie nach Geschäftsmodellen Ausschau halten, die in einem Markt A funktionieren, und dann versuchen, diese in einem Markt B ebenfalls zu etablieren. Das hat natürlich unter anderem den Vorteil, dass sich das Risiko einer Markteinführung reduziert und die Kosten für die Produktentwicklung sowie für Tests ebenfalls deutlich geringer ausfallen. Auf der anderen Seite gibt es dennoch keine Garantie dafür, dass das immer erfolgreich vonstattengeht, da die Bedürfnisse der Menschen in verschiedenen Märkten nun mal sehr unterschiedlich sein können. Darüber hinaus heißt kopieren nicht zwingend kapieren. Das weiß jeder, der einmal versucht hat, ein Gericht von Johann Lafer nachzukochen. Da scheitern viele, selbst wenn er es live und in Farbe im TV vorgemacht hat.

Neben der Strategie, einen unfairen Vorteil zu entwickeln, über den wir ja beim Lean Canvas gesprochen haben, kann man natürlich versuchen, in der sehr frühen Phase Ideen durch die Verwendung von Geheimhaltungsvereinbarungen wie von Hauke beschrieben oder im Hardwarebereich durch das Anmelden eines Gebrauchsmusters beziehungsweise sogar eines Patents zu schützen. Doch selbst da kann man nicht wirklich von einem garantierten Schutz sprechen. Im Softwarebereich genügen bereits minimale Änderungen der Anwendung, und schon ist es rechtlich ein anderes Produkt. Mir persönlich ist darüber hinaus kein einziges Beispiel bekannt, bei dem einem Start-up tatsächlich eins zu eins die Idee gestohlen wurde und die deswegen ihr Gründungsvorhaben abgebrochen haben. Insofern – nur Mut!

Warum ist es schlau, sich schon sehr früh einen Namen zu überlegen?

Prof. Sebastian Pioch: An dieser Frage kann man noch mal sehr gut veranschaulichen, dass der Aufbau eines Start-ups nicht nur chronologisch, also Schritt für Schritt, sondern in vielen Bereichen auch parallel stattfindet. Es gibt mehrere Gründe dafür, dass man dem Start-up schon sehr früh einen Namen gibt. Man hört ja immer wieder von Teams, dass sie von ihrem Start-up gleichzeitig wie von ihrem *Baby* sprechen. Naja, und da bietet es sich nur an, dass das Kind dann auch einen Namen bekommt. Man kann sich das in etwa so vorstellen, dass durch eine Namensgebung auch eine erste *Positionierung* stattfindet. Das Team überlegt sich einen Namen, mit dem die eigene Zielgruppe etwas anfangen kan, und findet hoffentlich heraus, dass der Name inklusive der Domain im Web noch nicht vergeben ist. Im Grunde genommen ist das ein weiterer Vorbote der Marktrecherche, auf die wir im Kapitel 3 intensiv eingehen.

Ein Name hilft dabei, ein kryptisches Produkt emotionaler aufzuladen und dadurch eine ganz andere Dynamik im Team zu erzeugen, als wenn man das Produkt einfach *Produkt* oder *Tool* nennt. Bei der Namensgebung selbst hilft erneut der Hinweis, dass es besser ist, etwas danach zu benenne, was es für den Kunden *tut*, als was es genau *ist*.

Uns hat damals der Gedanke geholfen, dass unser Tool den Kunden dabei hilft, eine Art Beweis für eine Annahme zu finden, deswegen kamen wir auf das Wort proofler. Wir sind dann auch sehr schnell dazu übergegangen, in Datenbanken zu recherchieren, in denen angemeldete Marken aufgelistet sind. Wir haben uns zudem dafür entschieden, uns die Markenrechte im europäischen Raum für das Wort proofler zu sichern. Interessanterweise hilft dieser Prozess der Suche nach einer angemeldeten Marke auch dabei, im Team die Entscheidung für einen Namen zu treffen. Schließlich gibt man nicht mehrere Hundert Euro für einen Namen aus, bei dem man sich nicht sicher ist, dass das Tool dann auch die nächsten Jahre genauso heißen soll. Hauke, wie seid Ihr auf den Namen Familonet gekommen?

Hauke Windmüller: Ich kann Deine Erfahrungen nur bestätigen. Dem eigenen Projekt relativ zeitnah einen Namen zu geben hilft für die erste kleine Marktrecherche und verleiht dem Ganzen einen persönlicheren Charakter, wodurch direkt eine stärkere emotionale Bindung zur eigenen Idee aufgebaut werden kann. Dies hilft allen Beteiligten, sich mit der Unternehmung zu identifizieren. Viele Unternehmer bezeichnen gerade die allererste Anfangsphase als die spannendste Zeit des Unternehmertums, da dort der künftige Charakter und die Kultur des Unternehmens geprägt werden. Ein Name in Verbindung mit einer *Corporate Identity (CI)*, zu der auch Logo, Farben und Schriftarten gehören, ist dabei ein wesentlicher Bestandteil.

Da die Entwicklung des Namens und der CI oftmals doch viel Zeit in Anspruch nimmt für die nationale und gegebenenfalls internationale Namensrecherche, Wettbewerbsrecherche, Recherche von Domains und Schutzrechten et cetera, ist es in vielen Fällen sinnvoll, mit einem Projektnamen zu starten. Gerade wenn noch mehrere Ideen im Rennen sind, eignen sich individuelle Projektnamen besonders gut. Der Projektname kann komplett fiktiv sein oder schon nah an den echten Namen heranreichen. Das könnt Ihr nach eigenem Ermessen entscheiden. Mit zunehmender Sicherheit, dass die Idee umgesetzt werden soll und eine tiefer gehende Namens- und Markenrecherche Sinn macht, kann der Projektname durch den echten Namen ausgetauscht werden.

Bei Familonet kamen wir glücklicherweise schon relativ schnell auf den Namen. Es ist ein Kunstwort, das die Abkürzung von **Fami**lien-**Lo**kalisierungs-**Net**zwerk darstellt. Die Idee dazu hatten wir noch während des Entrepreneurship-Seminars an der Universität, weil wir unserem Baby sofort einen passenden Namen geben wollten.

Learnings weiterer Gründer

Tarek Müller ist Mitgründer, Gesellschafter und Co-CEO bei *ABOUT YOU*, einem der am schnellsten wachsenden E-Commerce-Unternehmen in Europa, das mit einer Bewertung von mehr als einer Milliarde Dollar als das erste Unicorn in Hamburg gilt. Seit mehr als 15 Jahren entwickelt Tarek digitale Geschäftsmodelle für den Online-Handel. Das US-Magazin *Forbes* zählte Müller in der 2018 erschienenen Liste »30 under 30« zu den vielversprechendsten Unternehmern Europas.

Ich glaube tatsächlich, dass Ideenmangel der häufigste Grund dafür ist, dass Leute nicht gründen. Meine Erfahrung ist aber, dass das gar nicht notwendig ist: Wenn Dir zu Kapitel 1 nichts einfällt, fang einfach bei Kapitel 0 an und starte irgendwas. Um ein konkretes Beispiel zu nennen: Viele Schüler verdienen Geld mit Babysitting. Die Frage ist: Wie könnte man aus diesem Job mehr Geld herausholen, beispielsweise mit einem regionalen Babysitter-Vermittlungsdienst? Nach dem Motto »Sie suchen kurzfristig einen Babysitter? Rufen Sie mich an, ich besorge Ihnen einen.« Dann verteilt man auf der einen Seite Flyer an potenzielle Kunden, auf der anderen Seite baut man sich mithilfe von WhatsApp einen Personal-Pool auf. Und dafür nimmt man dann 20 Prozent Provision. Es gibt also sehr viele sehr simple Geschäftsmodelle, mit denen jeder unternehmerisch starten kann. Damit wird man zwar nicht auf Anhieb super groß und erfolgreich, aber der Vorteil ist, dass man sozusagen nur den eigenen Körpereinsatz braucht und von da aus neue Geschäftsideen entwickeln kann.

Mein eigener Lebenslauf beweist, dass man ruhig einfach ohne eine zündende Idee loslegen kann. Viele Menschen kennen mich heute zwar wegen meiner Erfolgsgeschichte mit ABOUT YOU. Aber davor habe ich 15 Jahre lang völlig andere unternehmerische Dinge gemacht. Angefangen hat alles mit der Ambition, das Website-Hosting meiner Computerspielgruppe zu finanzieren, als ich 13 Jahre alt war. Um die zwei Euro für die monatliche Servermiete zu verdienen, habe ich Werbebanner auf unserer Homepage geschaltet. Als ich bemerkt habe, dass man damit Geld verdienen kann, habe ich noch mehr Websites gebaut, um sie durch Werbung zu monetarisieren. Nach einem Jahr habe ich 3000 Euro Umsatz pro Monat gemacht, nach drei Jahren waren es 10000 Euro pro Monat. Irgendwann habe ich dann festgestellt, dass die Werbung auf meinen Websites vor allem von E-Commerce-Shops geschaltet wird, die viel mehr verdienten als ich. Deshalb habe ich dann selbst einen E-Commerce-Shop aufgebaut. Ich habe also angefangen mit Werbung, dann habe ich SEO entdeckt, dann E-Commerce, dann das Agenturgeschäft, danach Software as a Service, und dann habe ich ABOUT YOU gegründet.

Natürlich sind mir in all der Zeit auch Fehler passiert. Meine größte Fuck-up-Story habe ich mit 18 erlebt, als ich europäischer Marktführer im Online-Wasserpfeifen-Handel war. Ich wollte die gesamte Wasserpfeifenproduktion von Ägypten nach China verlegen und dort eine Fabrik bauen. Bei der Geschichte habe ich mehrere Hunderttausend Euro verloren, weil ich auf einen Betrug reingefallen bin. Das Geld für den Bau der Fabrik habe ich nie wiedergesehen, und die Fabrik wurde nie gebaut. So etwas kann passieren und das ist auch okay. Die meisten Dinge kann man sich eben nicht nur über das Lesen von Ratgebern aneignen, man muss sie einfach selbst erleben – und daraus lernen!

Also: Wenn Ihr direkt eine passende Idee und ein zuverlässiges Team habt, dann solltet Ihr EuerUnternehmen nach einem Prozess aufbauen, wie er zum Beispiel hier im Buch beschrieben wird. Wenn Ihr aber nichts habt, macht es wie ich und fangt einfach mit irgendwas an. Dadurch sammelt man zumindest Erfahrungen und kann besser auf Ideen oder Geschäftsmodelle aufmerksam werden. Schau, was Ihr für Hobbys habt oder was Ihr gut könnt, und prüft mal, was Euer Netzwerk so hergibt. Freelancing ist aus meiner Sicht dafür ein sehr guter Einstieg. Dabei lernt Ihr direkt, wie man ein Gewerbe anmeldet und eine Steuererklärung macht – und es nimmt Euch die Angst, ein Unternehmen zu gründen.

Matthias Henze ist CEO und Mitgründer von Jimdo. Die digitale Plattform für Website-, Shop- und Logo-Erstellung unterstützt Selbstständige und kleine Unternehmen wie ein erweitertes Team dabei, online erfolgreich zu sein. Jimdo wurde 2007 gegründet und beschäftigt heute mehr als 200 Mitarbeiter in Hamburg, München und Tokio. Bis heute wurden weltweit über 25 Millionen Websites mit Jimdo gebaut.

Eine gute Idee will etwas verändern. Ich glaube, das kann man auch als Ausgangspunkt von Jimdo verstehen. Wir hatten vorher zwar verschiedene Ideen durchgespielt, aber davon fühlte sich keine richtig an. Erst als uns das Konzept zu Jimdo einfiel, wussten wir: »Krass, das ist es!« Einfach gesagt war es zunächst einmal ein technisches Problem, das wir lösen wollten. Unsere Kunden waren kleine Unternehmen, für die wir damals Websites erstellten. Wir dachten uns irgendwann: »Das muss doch einfacher gehen.« Denn zu der Zeit konnten kein Update und keine Veränderung selber durchgeführt werden. Website-Baukästen gab es praktisch nicht. Von dieser Idee, all die kleinen Unternehmen und Selbstständigen da draußen zu unterstützen, waren wir drei getrieben.

2007 waren wir eines der ersten Unternehmen, das mit einem Freemium-Modell gestartet ist. Wir wollten jedem zeigen: Eine Website erstellen, das kannst Du auch! »Pages to the People« war damals unser Motto, und durch den kostenlosen Zugang konnten wir zum Glück schnell viele Nutzer erreichen und dann auch überzeugen. Wer mehr Funktionen brauchte, konnte ein passendes Bezahlpaket wählen. Und wir natürlich Cashflow generieren. Das Freemium-Modell hat von Anfang an funktioniert, wir waren auch in der Startphase nicht auf fremde Hilfe angewiesen, konnten Jimdo also bootstrappen und von Anfang an auf eigenen Beinen stehen.

Wir haben übrigens erst kürzlich unsere Story und unsere Vision für die Zukunft aufgeschrieben. Technisch und als Unternehmen sind wir heute natürlich viel, viel weiter als vor 13 Jahren. Das Ziel ist aber das gleiche geblieben: Wir wollen unsere Zielgruppe auf ihrem Weg und mit ihrem Business unterstützen. Wie ein erweitertes Team. Wir glauben, dass sie die Welt bunter und letztlich unsere Wirtschaft menschlicher machen. Sie alle sind Optimisten und wollen etwas verändern. Man kann also schon von einer echten Liebe für unser Kundensegment sprechen.

Damit wir möglichst nah an unseren Kunden sind, mache ich sogar Hausbesuche – ich weiß nicht, wie oft das in der Digitalbranche noch vorkommt, aber es bringt unheimlich viel! Letztes Jahr habe ich einen älteren Mann in seiner Wohnung in Hamburg besucht. Er ist Mitte 60 und war zuvor Leiter einer Niederlassung einer Krankenversicherung. Innerhalb eines Jahres hatte er dann sein ganzes Leben auf den Kopf gestellt und beschlossen, seiner Passion nachzugehen und selbstständig Immobilien zu vermitteln. Er hat mir erklärt, dass er ein gutes Gespür für die richtigen Käufer hat und statt 6,25 Prozent nur 2,5 Prozent Provision fordert, weil es ihm zum Leben reicht. Solche Gespräche sind unheimlich wichtig, weil sie uns zeigen, was die Zielgruppe braucht und wie sie tickt. Und sie geben mir ein unvergleichliches Gefühl: »Wahnsinn, den darf ich jetzt unterstützen.« Er hatte von Websites keine Ahnung, und wir konnten ihm helfen, damit einen Teil seines Traums zu verwirklichen.

Mein größtes Learning aus 13 Jahren Jimdo ist: Man muss wissen, warum man etwas macht. Nur dann kannst Du wirklich etwas verändern. Du brauchst eine innere Verbindung zu Deinem Thema – und zu Deiner Zielgruppe. Hätten wir diese Bindung verloren, hätten wir vermutlich nicht immer das gleiche Durchhaltevermögen und diese Innovationskraft gehabt. Aus meiner Erfahrung kommt man in der Findungsphase immer zu den Ideen zurück, die für einen selbst die größte Bedeutung haben. Ich finde es deshalb extrem wichtig, aufs Herz zu hören und dem Bauchgefühl Raum zu geben.

Peter Lutsch ist Mitgründer der Plattform sidepreneur.de, die nebenberuflichen Gründern dabei hilft, sich ein zweites finanzielles Standbein aufzubauen oder ein unternehmerisches Herzensprojekt zu realisieren. Davor verantwortete er unter anderem das digitale Marketing eines Axel Springer Corporate Start-ups. Für sein Engagement mit sidepreneur.de wurde er 2019 mit dem »XING New Work Award« ausgezeichnet.

Ich habe schon immer neben dem Hauptjob als Sidepreneur eigene Projekte umgesetzt. Schon in der Schule und im Studium habe ich nebenher Events organisiert. Irgendwann wollte ich mich mit anderen austauschen, die nebenberuflich tätig sind, habe aber keine Anlaufstelle gefunden. Deshalb habe ich mit meiner Mitgründerin Juliane Benad eine Plattform gegründet, auf der sich Sidepreneure austauschen können. Unsere Daten aus dem KfW-Gründungsmonitor zeigen sogar, dass nebenberufliche Gründungen in Deutschland mit 300 000 sogar deutlich über der Anzahl hauptberuflicher Gründungen liegt – dort sind es nur 250 000.

Die Motive sind dabei ganz unterschiedlich. Viele nebenberufliche Gründungen finden in einem Alter von 40+ Jahren statt, wenn Leute noch einmal etwas völlig anderes machen möchten als den Job, dem sie seit Jahrzehnten nachgehen. Die zweite Motivation ist oft, dass sie sich ein zweites Standbein aufbauen möchten, um sich durch Zusatzeinnahmen abzusichern. Rund 60 Prozent der Sidepreneure haben vor, irgendwann Fulltime-Gründer zu werden. Rund 40 Prozent sind vollkommen happy mit ihrer nebenberuflichen Tätigkeit. Das liegt unter anderem daran, dass sehr viele Social Start-ups nebenberufliche Gründungen sind, mit denen sich der Lebensunterhalt nicht bestreiten lässt. Diese werden dann primär aus Überzeugung gemacht und über den Hauptberuf querfinanziert.

Eine große Herausforderung von Sidepreneuren ist die Organisation der Teams. Meistens gibt es kein eigenes Büro, deshalb findet vieles Remote statt. Außerdem muss man sich als Team darauf einstellen, dass jeder seine eigene Arbeitsaufteilung hat. Die einen arbeiten lieber morgens zwei Stunden vor der regulären Arbeit am Projekt, die anderen lieber abends. Eine guter Organisationsaufbau mit verschiedenen Tools zur Kommunikation und Projektorganisation ist daher essentiell. Viele Sidepreneure lernen sich dadurch extrem gut zu organisieren.

Auch mit Blick auf den Hauptjob ist das eine Herausforderung. Der Arbeitgeber hat ein Anrecht darauf, dass der Mitarbeiter mit voller Energie seinem Job nachkommt. Wer ständig die Nächte durchmacht und den Urlaub nicht zur Erholung, sondern für die Nebenprojekte nutzt, riskiert womöglich, dass er die Gutmütigkeit des Chefs ausnutzt. Meine Erfahrung ist aber, dass viele Arbeitgeber den nebenberuflichen Tätigkeiten sehr aufgeschlossen gegenüberstehen. Denn von dem zusätzlich angeeigneten Wissen und dem Organisationstalent profitiert auch der Arbeitgeber in vielen Fällen. Ich durfte so beispielsweise als erster Angestellter in einer Managementposition sogar auf eine Vier-Tage-Woche reduzieren, um mehr Zeit für die Sidepreneur-Plattform zu haben.

© Jennifer Fey

Susann Hoffmann ist Mitgründerin und Geschäftsführerin von Edition F, der Business-Lifestyle-Plattform für Frauen. Leidenschaft, Mut, Willen – diese Eigenschaften tragen und treiben Susann als Unternehmerin und als Privatperson. Sie ist sich sicher: Wer etwas bewegen will, braucht diese Dinge, um nicht auf halber Strecke kehrtzumachen, um Hürden als Chance zu begreifen und Ideen Wirklichkeit werden zu lassen, die den Status quo unserer Gesellschaft und Wirtschaft hinterfragen.

Edition F war von Anfang an ein absolutes Herzensprojekt. Wir betreiben es bis heute eher aus Gründen der Weltverbesserung und weniger aus der Absicht, ein maximal skalierbares Unternehmen aufzubauen. Meinen letzten Job habe ich dafür direkt am ersten Tag nach drei Stunden wieder gekündigt. Mir ging das Gespräch mit meiner Freundin Nora vom Vorabend einfach nicht aus dem Kopf. Wir hatten die Idee für ein digitales Magazin – eine Plattform für Frauen – entwickelt, auf der Frauen, die Bühne erhalten, die sie verdienen, auf der wir die Themen unserer Gesellschaft breiter und auch aus feministischer Perspektive diskutieren, den öffentlichen Diskurs erweitern und Frauen ernst nehmen in ihrer Lebensrealität. Denn gerade die Medienwelt funktioniert heute noch stark nach Stereotypen. Frauen werden mit Mode und Diät abgespeist, Männer werden mitgenommen, wenn es um Politik und Wirtschaft geht. Auch in der Start-up-Welt gibt es eine starke Differenz: Nur rund 15 Prozent aller Gründer sind weiblich. Uns lag also immer am Herzen, den Weg zu mehr Gleichberechtigung mit unserer

Arbeit zu beflügeln und beschleunigen. Mich hat damals so sehr die Leidenschaft gepackt, dass ich wusste: Wir müssen das unbedingt gemeinsam aufbauen.

Uns war aber auch klar, dass wir diese Wahrnehmungsschranke nur durchbrechen können, wenn wir die notwendige finanzielle Kraft haben und ein funktionierendes Geschäftsmodell finden. Deshalb war das Online-Magazin nur der Einstieg. Einerseits haben wir uns ziemlich schnell zu einer Community weiterentwickelt. Andererseits haben wir mit vielen weiteren Geschäftsmodellen für diese Community experimentiert, um zu schauen, was der beste Hebel ist – von einer Jobbörse über Online Coachings bis hin zu Events. Das wichtigste Ziel dabei ist aber immer, die Verbindung zwischen Inhalt und Community zu halten – und das auf Augenhöhe. Natürlich sind wir auch mit einigen Projekten und Ideen gescheitert und haben gemerkt: Hier fehlt die Leidenschaft, da das Geld oder die Idee war nicht genau passend. Diese Agilität ist unbedingter Teil des Gründens – der Weg ist das Ziel ist sehr passend. Und da muss man immer wieder einmal links und rechts abbiegen. Am Ende sollte man aber auch die Erfolge im Blick halten – als ich auf unserer Female-Future-Force-Konferenz vor 5.000 Leuten auf der Bühne stand, habe ich eine so starke Euphorie und ein so starkes Gemeinschaftsgefühl verspürt, dass ich wusste: Wir sind an der richtigen Sache dran, hierfür lohnt sich die Arbeit.

Weiterführende Literatur

Adam J. Bock u. Gerard George: *Das Business Model Buch – Wie Sie innovative Geschäftsideen entwerfen und erfolgreich in die Tat umsetzen.*

Drew Boyd · Jacob Goldenberg: *Inside the Box – Warum die besten Innovationen im Geschäftsleben direkt vor Ihren Füßen liegen*

Oliver Gassmann, Karolin Frankenberger, Michaela Csik: *Geschäftsmodelle entwickeln: 55 innovative Konzepte mit dem St. Galler Business Model Navigator*

Dark Horse: *DIGITAL INNOVATION PLAYBOOK – Das unverzichtbare Arbeitsbuch für Gründer, Macher und Manager.*

Barbara Minto: *Das Prinzip der Pyramide: Ideen klar, verständlich und erfolgreich* kommunizieren

KAPITEL 2

ERFOLG DURCH TEAMWORK: ERSTKLASSIGE MITSTREITER FINDEN UND AUFBAUEN

> »Ein Unternehmen zu gründen bedeutet, gemeinsam durch dick und dünn zu gehen – ähnlich wie bei einer Ehe.«
>
> *Gründerweisheit*

Das Team ist die wichtigste Ressource eines Unternehmens. Fehlt ihm der Tatendrang oder das notwendige Know-how, können selbst vielversprechende Ideen zum Scheitern verurteilt sein. Umgekehrt kann ein starkes Team auch mittelmäßige Ideen zum Erfolg bringen. Deshalb beurteilen Investoren ein Unternehmen häufig mit Blick auf das Gründerteam, statt sich auf die Eigendynamik einer guten Geschäftsidee zu verlassen. Doch was macht überzeugende Teams aus? Gibt es so etwas wie ein Erfolgsrezept?

Die Frage nach eindeutigen Erfolgsfaktoren ist inzwischen sogar Gegenstand theoretischer Forschung. Die Entrepreneurship-Expertin Liv Jacobsen zum Beispiel hat untersucht, welche Eigenschaften erfolgreiche Unternehmer gemeinsam haben – leider mit eher mäßiger Bilanz. Zu komplex, zu wenig greifbar ist offenbar das Forschungsthema, um belastbare Aussagen machen zu können. Gleichzeitig herrscht in der Wissenschaft ebenso wie in der Praxis ein gewisser Konsens darüber, dass Kriterien wie Durchhaltevermögen, Neugier und Entschlussfreudigkeit eine essentielle Rolle spielen. Unsere wichtigste Erkenntnis jedoch ist so simpel wie einleuchtend: Ohne Leidenschaft geht es nicht. Alle Gründerinnen und Gründer, die wir kennen, brennen für ihre Idee und sind Meister darin, den glühenden Funken auf jeden noch so hartnäckigen Skeptiker zu übertragen.

Im Idealfall geht diese Begeisterungsfähigkeit nach der Gründung vom gesamten Team aus. Denn Start-ups punkten selten mit hohen Gehältern, sondern eher mit ihrer offenen Unternehmenskultur. Warum sonst schlagen sich engagierte Mitarbeiter für ihren Arbeitgeber die Nächte um die Ohren, arbeiten für weniger

Lohn als in etablierten Konzernen und lassen sich auch ohne die Sicherheit eines unbefristeten Arbeitsvertrages anstellen? Nur: Wo und wie findet man diese ehrgeizigen Menschen, die ihre Fähigkeiten und ihre Arbeitsfreude freiwillig in den Aufbau eines jungen Unternehmens investieren und deshalb für das Gründerteam so wertvoll sind? Wie erkennt man die Qualitäten eines Bewerbers? Und wie gelingt es, gemeinsam auch Krisen zu überstehen?

Business-Partner finden

Wodurch zeichnen sich gute (Mit-)Gründer aus?

Prof. Sebastian Pioch: Die Frage danach, wen ich für mein Gründerteam überhaupt brauche und welche Persönlichkeitstypen meinen eigenen Charakter am besten ergänzen, ist ganz essentiell. Dafür ist es hilfreich, sich mal damit auseinanderzusetzen, welche Eigenschaften viele erfolgreiche Gründerpersönlichkeiten ausmachen. In der Forschung unterscheidet man drei Aspekte: Persönlichkeit, Motivation und Kompetenz. Mir ist es wichtig, zu betonen, dass es natürlich auch erfolgreiche Gründerinnen und Gründer gibt, die nicht in dieses Muster passen. Trotzdem referenziert die Literatur gern auf eine Vielzahl von Charakteristika, die eine Tätigkeit als Gründer begünstigen. Am häufigsten begegnet man den folgenden:

Top-Skills erfolgreicher Gründer

- **Leistungsmotivstärke**: Der Wille, eine Leistung zu erbringen.
- **Kontrollüberzeugung**: Der Glaube, die Ergebnisse für sein eigenes Schicksal aktiv beeinflussen zu können.
- **Unabhängigkeitsstreben**: Der Drang, sich von Autoritäten unabhängig zu machen.
- **Problemorientierung**: Eine klare Fokussierung und Umgang mit Nicht-Routine-Aufgaben.

- **Risikoneigung**: Eine gesunde Resilienz (Widerstandsfähigkeit), mit durch Risiko erzeugtem Stress umzugehen.
- **Ungewissheitstoleranz**: Die Fähigkeit, auch bei unklaren kurzfristigen Zukunftsprognosen die gesetzten Ziele zu verfolgen.
- **Belastbarkeit**: Die Fähigkeit, viele Dinge parallel zu erledigen und zum Teil mit hohem Arbeitspensum umzugehen.
- **Emotionale Stabilität**: Die Anlage, Frustrationen schneller zu verarbeiten.
- **Durchsetzungsbereitschaft**: Die Fähigkeit, für eigene Überzeugungen gegebenenfalls auch gegen den Widerstand Dritter einzustehen.
- **Soziale Anpassungsfähigkeit**: Die Fähigkeit, emphatisch zu agieren und gegebenenfalls die Argumentation (zum Beispiel den Duktus) an das Gegenüber anzupassen.

Infobox 2.1: Top-Skills erfolgreicher Gründer

Diese Aspekte bilden freilich nur einen Teil der Merkmale ab, die vielen erfolgreichen Gründern gemein sind. Einige können vielleicht vernachlässigt, andere verstärkt werden, wenn sie woanders im Team existieren oder fehlen.

Die Gründungsmotivation kann aus zwei Richtungen erfolgen: Personen, die zum Beispiel durch eine drohende Arbeitslosigkeit zur Gründung »gezwungen« werden, unterliegen dem sogenannten Push-Motiv. Umgekehrt spricht die Forschung vom Pull-Motiv, wenn Menschen eine unternehmerische Gelegenheit nutzen oder den Wunsch nach Unabhängigkeit umsetzen wollen.

Bei den Kompetenzen wird zwischen harten und weichen Merkmalen unterschieden. Zu den harten Kompetenzen zählen insbesondere der Ausbildungsgrad (Fach- und Spezialwissen) und die Branchenerfahrung (wichtig, um Trends und Märkte adäquat einzuschätzen und um mit Markteintrittsbarrieren zielführend umgehen zu können). Zu den weichen Kompetenzen zählen Kriterien wie Zeitmanagement, die Fähigkeit, Nein sagen zu können, Konfliktmanagement, Umgangstoleranz mit Fehlern, Stressmanagement, Mitarbeiterführung und kommunikative sowie strategische Kompetenzen.

Ein weiterer spannender Aspekt ist das Alter. Es dürfte ziemlich einleuchtend sein, dass ein Gründer mit Ende 30 über mehr Erfahrung und Branchenkenntnisse verfügt als jemand in seinen frühen 20ern. Umgekehrt werden mit dem Alter Aspekte wie finanzielle Verpflichtungen wichtiger, die auch erfahrene Gründer vor ganz neue Herausforderungen stellen. Dieses Phänomen wird als Periode der Wahlfreiheit bezeichnet.

Übrigens: Das beste Alter, ein Unternehmen zu gründen, liegt Forschungsergebnissen zufolge zwischen 27 und 37 Jahren. Das passt in etwa auch zur Statistik: Dem *Deutschen Start-up Monitor* zufolge sind deutsche Gründer im Schnitt 35,3 Jahre alt.

Hauke, wie siehst Du das: Gibt es Kriterien, nach denen man potenzielle Mitgründer bewerten kann? Wie war das bei Familonet?

Hauke Windmüller: Ein Unternehmen zu gründen bedeutet, gemeinsam durch dick und dünn zu gehen – ähnlich wie bei einer Ehe. Man ist aneinander gebunden, vor allem auch rechtlich, und verbringt manchmal sogar mehr Zeit mit seinen Mitgründern als mit der Freundin oder dem Freund. Ob jemand ähnliche Überzeugungen hat, lässt sich allerdings nur schwer beurteilen, wenn man sich erst kennenlernt oder die Marschrichtung noch nicht klar ist. Passende Mitgründer zu finden ist deshalb eine extrem schwierige Aufgabe, gleichzeitig aber auch die allerwichtigste.

Als wir Familonet gründeten, kannte ich meinen ersten Mitgründer Michael eher flüchtig aus der Uni. Die Idee zu Familonet war dort im Rahmen eines Seminars entstanden. Zwischenmenschlich haben wir uns gleich super verstanden. Und obwohl wir beide BWL studiert hatten, konnten wir uns fachlich gut voneinander abgrenzen. Aber uns war von Anfang an klar, dass der Erfolg unseres Produkts maßgeblich von seiner technischen Entwicklung abhängt. Deshalb haben wir uns bewusst dazu entschieden, einen dritten Mitgründer mit technischem Background anzuheuern. Wir haben dann in unserem Freundes- und Bekanntenkreis nach Empfehlungen gefragt und konnten Hard Facts wie Ausbildung und Erfahrung dabei direkt abfragen. Um die weichen Kompetenzen zu beurteilen, muss man sich aber erst richtig kennenlernen. Insofern spielt das Bauchgefühl auch eine wichtige Rolle.

Für mich war es dann essentiell, dass wir alle dieselben Ziele verfolgen und meine Mitgründer mit der gleichen ehrlichen Leidenschaft und demselben Commitment für die gemeinsame Sache kämpfen wie ich. Im Nachhinein würde ich außerdem

Durchhaltevermögen als eine der wichtigsten Eigenschaften bezeichnen. Zumindest ansatzweise ließen sich solche Wesenszüge aus Gesprächen zu vorherigen Projekten und Jobs erahnen. Trotzdem haben wir erst mal eine gemeinsame Probearbeitszeit durchlaufen. Dazu aber später mehr (s. *Wie findet man heraus, ob es passt?*).

Wo und wie finde ich andere gründungsinteressierte Menschen?

Prof. Sebastian Pioch: Vielleicht sollten wir zunächst kurz einmal darüber sprechen, ob Teamgründungen überhaupt erfolgreicher sind als Einzelgründungen. Jeff Bezos hat das mit Amazon schließlich auch ganz gut allein hinbekommen. Tatsächlich ist man sich in der Forschung aber nahezu einig: Teamgründungen sind erfolgreicher als Einzelgründungen. Diese These belegen Studienergebnisse am eindeutigsten für technologiebezogene Gründungen. Das Argument: Erfolgreiche Unternehmen in der High-Tech-Industrie benötigen mehr Fähigkeiten, als eine einzelne Person jemals beitragen kann. Umgekehrt gibt es jedoch auch Branchen, wie zum Beispiel im Handel, in denen Einzelgründungen häufiger vorkommen. Forschungserkenntnisse zeigen außerdem, dass interdisziplinäre, heterogene Teams meist leistungsfähiger sind als homogene Teams. Unter Gleichgesinnten mag zwar ein harmonisches Miteinander herrschen, in der Regel fehlt es der Gruppe aber an unterschiedlichen Fähigkeiten und Kontakten – ein echtes Manko für agile, innovationsgetriebene Unternehmen.

Übrigens: Drei von vier Gründungen erfolgen im Team. 34,6 Prozent gründen zu zweit, 23,1 Prozent zu dritt, und 15,7 Prozent der Teams haben mehr als vier Gründungsmitglieder.

Das oberste Ziel muss es also sein, einen oder mehrere Mitgründer zu finden, die sowohl von der Persönlichkeit zueinander passen als auch möglicherweise noch fehlende Kompetenzen einbringen können. Am besten einschätzen kann man eine mögliche Übereinstimmung natürlich, wenn man sich schon kennt. So belegen einige Studien, dass solche Menschen am besten als Mitgründer geeignet sind, mit denen wir schon einmal zusammengearbeitet haben. Das können aktuelle oder ehemalige Kollegen sein, aber auch Kommilitonen. Der Vorteil gegenüber fremden Menschen liegt auf der Hand: Man weiß schon ziemlich genau, was die Person kann, wie sie arbeitet und wie sie in verschiedenen Situationen tickt. Und im Gegensatz zu Freunden oder Verwandten ist man weniger emotional miteinander verbunden. Wenn man sich nämlich zu gut kennt, überlagern persönliche Empfindungen häufig die geschäftlichen Interessen. Das kann nicht nur den Unternehmenserfolg kosten, sondern auch die Freundschaft.

Kommt aus dem weiteren Kollegen- oder Studentenkreis kein Kandidat infrage, können sich Gründungsinteressierte auf lokalen Veranstaltungen, wie zum Beispiel dem Hamburg Start-up Mixer, oder über Plattformen wie founderio.com, founderdating.com, Start-up-sucht.com oder cofounderslab.com finden. Interessanterweise sei vielleicht noch kurz erwähnt, dass sich viele Teams nach dem Prinzip der Homophilie finden – sie ähneln einander bezüglich des Charakters und der Fähigkeiten. Hauke, wie habt Ihr Euch denn gefunden?

Vorteile einer Teamgründung

Im Kern lassen sich die Vorteile einer Teamgründung auf drei Aspekte zusammenfassen:

1. **Soziopsychologische Vorteile**: Damit ist gemeint, dass die Arbeit in der Gruppe den Mitgliedern das Gefühl der gegenseitigen Unterstützung gibt. Außerdem wird der Vorteil gesehen, dass etwa auch bei privaten Problemen wie Krankheit keine Gefahr für den Fortbestand des Unternehmens besteht.
2. **Kapazitive Vorteile**: Gerade zu Beginn einer Gründung sind viele Dinge insbesondere auch parallel zu erledigen, weshalb es vorteilhaft ist, über entsprechende Kapazitäten zu verfügen.
3. **Fähigkeits- und Wissensvorteile**: Gerade in der frühen Phase eines Start-ups müssen viele Entscheidungen getroffen werden. Da bietet es sich an, diese im Team zu diskutieren und mithin vom Wissen und von den Erfahrungen aller zu profitieren.

Infobox 2.2: Vorteile einer Teamgründung

Hauke Windmüller: Die Idee zu Familonet ist im Rahmen eines Uni-Seminars entstanden, ich habe mich mit meinem damaligen Kommilitonen Michael zusammengetan. Nachdem wir entschieden hatten, dass wir unsere Idee unabhängig vom Seminar in die Tat umsetzen wollen, war uns, wie gesagt, auch schnell klar, dass wir noch einen Tech-Profi brauchen. Wir haben natürlich auch in den gängigen Social-Media-Kanälen wie Facebook, Xing, LinkedIn gesucht und diverse Gründungsveranstaltungen besucht. Die Suche über unser Netzwerk war am Ende aber am wirksamsten: Unseren dritten Mitgründer haben wir tatsächlich über eine persönliche Empfehlung kennengelernt. Wir hatten immer und überall offen kommuniziert, dass wir einen CTO suchen, der Lust hat, ein Start-up aufzubauen. Im Nachhinein war das für uns ein wesentliches Learning: Je offener wir mit dem Thema umgegangen sind, desto mehr Freunde und Bekannte haben uns ihre Empfehlungen ausgesprochen.

Die Start-up-Szene ist inzwischen aber auch stark gewachsen, dadurch hat sie in sehr kurzer Zeit enorm an Bedeutung gewonnen. Mittlerweile gibt es deshalb viel mehr Möglichkeiten, einen passenden Mitgründer zu finden, als beispielsweise noch vor sechs Jahren. Aus meiner Erfahrung haben sich folgende Anlaufstellen als erfolgreich erwiesen:

- Lokale Gründer-Netzwerkveranstaltungen
- Start-up-Konferenzen
- Meetups zu Start-up-Themen
- Gründeranlaufstellen an Universitäten und Hochschulen
- Pre-Seed Accelerators (zum Beispiel Founder Institute)
- Start-up Hackatons (zum Beispiel Start-up Weekend)

Auf solchen Veranstaltungen können Gründer, die noch kein Team haben, ihre Idee pitchen und sich am Ende mit einer Suchanfrage direkt ans Publikum wenden. Das Networking im Anschluss ist dann der ideale Rahmen, um mit interessierten Gesprächspartnern über eine mögliche Zusammenarbeit zu sprechen.

Wie findet man heraus, ob es passt?

Prof. Sebastian Pioch: Es gibt sicherlich viele Leute, die einem schnell mal sympathisch sind und die fachlich super drauf sind. Nur: Gründet man mit jedem von ihnen direkt ein Unternehmen? Wohl kaum. Meine persönliche Empfehlung lautet: Kann man sich nach den ersten Gesprächen eine Zusammenarbeit vorstellen, ist es hilfreich, mal ein Wochenende gemeinsam zu verbringen und die Zusammenarbeit zu proben. Man könnte erste Versionen eines Prototyps kreieren oder sich Gedanken über ein Geschäftsmodell machen. Auf diese Weise findet man ziemlich schnell heraus, ob man grundsätzlich auf einer Wellenlänge surft und wie gut man miteinander arbeiten kann. Es gibt auch einen Begriff dafür, wenn man ein entsprechendes Zusammengehörigkeitsgefühl entwickelt – die Kohäsion. Diese liegt dann vor, wenn innerhalb des Teams ähnliche Wertvorstellungen und gegenseitige Sympathie vorherrschen. Darüber hinaus treffen diese Teams zumeist auch bessere Entscheidungen.

Um potenzielle Kandidaten zu testen, gibt es übrigens auch verschiedene psychometrische Verfahren, zum Beispiel die *Profiling Values*. Mithilfe dieser Methode kann man versuchen, auf Basis der inneren Werte den passenden Mitgründer zu finden. Infos hierzu findet Ihr auf der Website www.profilingvalues.com. Empfehlenswert ist es außerdem, verschiedene Workshops durchzuführen, um das Matching zu überprüfen. Soweit vielleicht die Theorie.

Wie habt Ihr gemerkt, dass bei Euch die Chemie stimmt, Hauke?

Hauke Windmüller: Um zu testen, ob wir uns alle verstehen und gut zusammenarbeiten können, haben wir eine vierwöchige Probezeit vereinbart. Und die haben wir ernst genommen: Wir haben uns im Lagerraum eines befreundeten Unternehmers einquartiert und dort mehr oder weniger Tag und Nacht miteinander verbracht. In dieser sehr intensiven Zeit haben wir uns tatsächlich ziemlich schnell kennengelernt und gemerkt, dass wir zusammen funktionieren. Heute gehört diese kleine Etappe unserer Gründerzeit zu unseren schönsten Erfahrungen. Wir schwelgen gern mal in Erinnerungen an die Zeit, in der wir auf engstem Raum bei einer Portion Feuertopf-Suppe aus der Dose über das Konzept von Familonet gefachsimpelt haben.

Welche Rollen braucht ein Gründerteam?

Prof. Sebastian Pioch: Die Theorie hat eine genaue Vorstellung davon, welche Rollenverteilung es klassischerweise in Start-ups geben kann. In der Praxis kommt es dann darauf an, auf welche Personen die unterschiedlichen Kompetenzen verteilt werden müssen und welche Rollen das Geschäftsmodell am ehesten voranbringen.

Zum Kernteam gehören in jedem Fall der Chief Executive Officer (CEO) und der Chief Financial Officer (CFO). Als zentrale und geschäftsführende Person des Unternehmens trifft der CEO insbesondere die strategischen Entscheidungen und hat zumeist einen betriebswirtschaftlichen Hintergrund. Der CFO verantwortet den Finanzbereich und sichert die Liquidität des Unternehmens; für Investoren ist er meist der erste Ansprechpartner, wenn es um Zahlen geht. Auch er hat meistens BWL studiert.

Zum erweiterten Kernteam gehören außerdem der Chief Marketing Officer (CMO) und der Chief Technology Officer (CTO). Der CMO plant, steuert und analysiert sämtliche Marketingmaßnahmen. Man könnte auch sagen, dass er dem Unternehmen ein Gesicht gibt und dafür sorgt, dass es vom Kunden überhaupt wahrgenommen wird. Die meisten Menschen, die diese Aufgabe übernehmen, haben einen Medien- und Kommunikations-Background oder ebenfalls eine wirtschaftswissenschaftliche Ausbildung. Der CTO ist für die Übersetzung der Unternehmensvision in eine technische Struktur verantwortlich. In dieser Rolle ist er nicht nur für die Produktentwicklung zuständig, sondern auch für eine reibungslose Infrastruktur im Unternehmen. CTOs sind in der Regel gelernte Informatiker.

Etwas weniger typisch, aber je nach Organisationsstruktur äußerst wertvoll sind die Rollen des Chief Information Officer (CIO) und des Chief Operating Officer (COO). Der CIO pflegt – insbesondere in datengetriebenen Start-ups – die Data-Warehouse-Strukturen und koordiniert die Wissensressourcen (Knowledge-Management). In den meisten Fällen wird diese Position von Wirtschaftsinformatikern oder Informationswissenschaftlern besetzt. Last, but not least setzen einige Unternehmen auf die Unterstützung durch einen COO. Seine Aufgabe ist es, den CEO im Tagesgeschäft zu entlasten und die internen Arbeitsabläufe und Prozesse zu koordinieren. Auch COOs haben häufig einen wirtschaftswissenschaftlichen Hintergrund, können aber auch Wirtschaftsingenieure sein.

Hauke, wie war das bei Euch, welche Rollen und Kompetenzen waren für den Erfolg von Familonet wichtig?

Hauke Windmüller: Mit Blick auf das Produkt, das wir entwickeln wollten, war uns von Anfang an bewusst: Wir benötigen jemanden, der die technische Kompetenz hat, jemanden, der ein Gespür für das Produkt und die Kundenwünsche hat, und jemanden, der den kaufmännischen Teil übernimmt und gerne netzwerkt, um Geschäftsbeziehungen aufzubauen. Glücklicherweise konnten wir diese unterschiedlichen Kompetenzbereiche ziemlich schnell gut unter uns drei Gründern aufteilen. Bei vielen erfolgreichen Start-ups habe ich beobachtet, dass es von Vorteil ist, wenn die benötigten Kernkompetenzen direkt im Gründerteam verankert sind. Es ist also sinnvoll, sich anfangs zu fragen: Was habe ich vor und welche Kompetenzen benötige ich dafür im Gründerteam?

Ich finde aber auch, dass nicht alles von Anfang an bis ins kleinste Detail vordefiniert werden muss. Vieles ergibt sich erst mit den Erfahrungen, die man gemeinsam macht. Vor allem, wenn man das erste Mal gründet. Ein starkes Gründerteam muss deshalb lernen, sich gegenseitig schlau zu machen und weiterzuentwickeln. So ist gleichzeitig jeder Mitgründer motiviert, in seinem eigenen Kompetenzbereich zur Höchstform aufzulaufen.

Warum sind Mentoren wichtig?

Hauke Windmüller: In der extrem risikoreichen Frühphase von Familonet, in der wir auch noch wenig Personal hatten, haben uns an vielen Ecken und Enden die Erfahrung und zum Teil auch notwendiges Fachwissen gefehlt, zum Beispiel im Marketing. Gerade in dieser Zeit haben wir uns gern und oft Unterstützung durch unseren Mentor geholt. Zu wissen, dass wir einen erfahrenen Unternehmer um Rat fragen können, wenn wir vor neuen Herausforderungen standen, gab uns enorm viel Sicherheit – und manchmal auch einen Boost für unser Selbstvertrauen. Uns hat es aber nicht nur geholfen, dass unser Mentor seine Erfahrung und sein Wissen mit uns geteilt hat. Vor allem hat er immer wieder an den richtigen Stellen nachgebohrt und seinen Finger in offene Wunden gelegt, um uns auf die richtige Fährte zu führen und gleichzeitig zum eigenständigen Handeln zu zwingen.

Prof. Sebastian Pioch: Wichtig zu wissen ist auch, dass Mentoren nicht aktiv im eigenen Unternehmen arbeiten. Das hat den Vorteil, dass sie nicht betriebsblind sind und dem Unternehmer aus einer objektiven Perspektive wertvolle Hilfestellung bieten können. Besonders für die Rolle geeignet sind erfahrene Gründer, die bereits einige Jahre in unterschiedlichsten Unternehmensphasen Erfahrungen gesammelt haben.

Hauke Windmüller: Und natürlich hat kein Mentor der Welt die Weisheit mit dem Löffel gefressen. Deshalb ist zielführendes Mentorship eine sehr individuelle Sache. Nicht jeder Mentor passt zu jedem Gründer, und es ist – ähnlich wie bei den Mitgründern – empfehlenswert, die Entscheidung für oder gegen eine Person gründlich abzuwägen und diese sehr besondere Art von Beziehung sorgsam aufzubauen und zu pflegen. Je nach Unternehmen kann es sogar ratsam sein, sich nicht nur auf einen Mentor zu stützen. Ich kenne einige Start-ups, die sich sogar mit einem ganzen Beirat umgeben, der aus mehreren Erfahrungsträgern mit unterschiedlichen Stärken und Kompetenzen besteht.

Um Mentoren oder Beiräte für die eigene Unternehmung zu gewinnen, beteiligen die Gründer sie oft mit kleineren Anteilen am Unternehmen. Damit steigern sie das Interesse der Mentoren, einen aktiven Beitrag zum Unternehmenserfolg zu leisten. Bei Familonet haben wir unseren wichtigsten Mentor auch an unserem Unternehmen beteiligt.

Wie verteilt man die Geschäftsanteile?

Hauke Windmüller: Das Thema Geschäftsanteile ist extrem heikel, weil natürlich alle Beteiligten nach einer gerechten Verteilung streben. Findet man da nicht die richtige Balance, fühlt sich der eine oder andere vielleicht ungerecht behandelt. Auch der Zeitpunkt, wann über die Anteilsverteilung gesprochen wird, ist nicht unwichtig. Thematisiert man das nämlich zu früh, kann eine Diskussion sofort die Stimmung vergiften. Lässt man sich dagegen zu viel Zeit, verliert man schon mal aus den Augen, wer irgendwann mal welche Ideen eingebracht hat.

Bei Familonet haben wir uns von Anfang an dazu entschieden, dass wir die Anteile gerecht verteilen. Unser dritter Mitgründer David kam zwar erst nach ein paar Wochen dazu, nachdem Michael und ich schon die initiale Idee entwickelt hatten. Uns war aber sofort klar, dass wir nur dann in gleichem Maß motiviert sind, wenn wir auch die gleichen Incentives haben. Im Nachhinein hat sich die Entscheidung als goldrichtig erwiesen, weil wir auch in schwierigen Zeiten immer das gleiche Commitment hatten und nur dadurch wirklich auf Augenhöhe arbeiten konnten.

Ich kenne aber auch Gründer, die ihr Unternehmen allein gestartet haben und nach einem Jahr bereits einige Erfolge vorweisen konnten, bevor sie einen Mitgründer gefunden haben. Eine 50/50-Aufteilung war in diesen Fällen nicht unbedingt gerecht. Trotzdem wurden dem neuen Geschäftsführer immer ausreichend Firmenanteile zur Verfügung gestellt. Vielleicht kann man das als Faustregel so formulieren: Je mehr Anteile ein Gründer hält, desto verbundener fühlt er sich mit dem Unternehmen.

Dazu kommt, dass die eigenen Anteile durch Eigenkapitalfinanzierungsrunden weiter verwässert werden. Viele Inkubatoren oder Start-up-Schmieden, die externe Gründer hinzunehmen, vergeben mindestens 20 Prozent der Unternehmensanteile an ihre Gründer. Das hat sich als guter Schwellenwert herausgestellt. Wenn Gründer jedoch von Anfang an gemeinsam gründen, das gleiche Commitment von Zeit und Geld einbringen, empfehle ich eine Pari-Verteilung, bei der jeder Gründer gleich viele Anteile bekommt.

Prof. Sebastian Pioch: Schauen wir uns diese Frage auch noch mal aus der theoretischen Perspektive an. Um es vorwegzunehmen: Einen Universalschlüssel gibt es nicht, weder in der Theorie noch in der Praxis. Entscheidend sind in diesem Punkt sehr individuelle Kriterien, die sich im Kern anhand der folgenden drei Fragen beurteilen lassen:

- Was bringen die Gründer als »Mitgift« in die Gesellschaft ein? Damit kann sowohl die Geschäftsidee gemeint sein als auch persönliches Kapital.
- Fallen für einen Gründer Opportunitätskosten an? Verzichtet er zugunsten der Unternehmensgründung zum Beispiel auf einen gut bezahlten Job?
- Wie viel Arbeit steckt jeder Gründer in den Aufbau des Unternehmens? Es ist freilich ein Unterschied, ob ein Gründer in Vollzeit die Software für das MVP programmiert oder nebenbei zwei Stunden pro Woche die Buchführung macht.

Wenn nach der Gründung neue Mitgründer gewonnen und beteiligt werden sollen, geschieht das gern auch mal durch eine sogenannte *Sweat Equity.* In diesem Fall übernehmen Gründer bestimmte Aufgaben für eine vereinbarte Dauer, ohne dafür ein Gehalt zu kassieren. Der neue Mitgründer geht also in Vorleistung und investiert seine eigene Arbeitsleistung, um dafür anschließend Geschäftsanteile zu erhalten.

Wichtige Beteiligungsgrenzen im Überblick

- Eine Quote von unter 20 Prozent bezeichnet man als **Minderheitsbeteiligung**. Obwohl der Anteilseigner dadurch nur eine verringerte Beteiligungsquote hat, stehen ihm trotzdem wichtige Rechte zu. Ab 10 Prozent zum Beispiel darf er eine Gesellschafterversammlung einberufen.
- Von einer **Sperrminorität** spricht man, wenn der Umfang der Beteiligung einen Umfang von 25 Prozent überschreitet. Minorität bedeutet Minderheit, und ab 25 Prozent kann jemand eine Satzungsänderung verhindern.
- Als Nächstes folgt dann die **einfache Minderheitsbeteiligung**. Diese ist ab einem Beteiligungsumfang von 50 Prozent erreicht. Das führt dazu, dass prinzipiell jeder andere Anteilseigner überstimmt werden kann. Besitzt ein Anteilseigner mehr als 75 Prozent, spricht man von einer qualifizierten Mehrheit. Eine Sperrminorität ist dann nicht mehr möglich. Auf gut Deutsch – hält jemand mehr als 75 Prozent eines Unternehmens, hat er auch das Sagen.

Infobox 2.3: Wichtige Beteiligungsgrenzen im Überblick

Daher auch der Name (Sweat Equity), denn diese Phase kann ziemlich schweißtreibend sein. Bei Bedarf findet das auch gern mal in Form einer virtuellen Beteiligung statt, bei der der Anteilseigner keine tatsächlichen Anteile am Unternehmen hält (was Notarkosten spart), sondern gemäß einem vereinbarten Schlüssel am Gewinn beteiligt wird.

Grundsätzlich empfehlen wir aber dringend, sich in diesen Fragen juristisch beraten zu lassen. In der ganz frühen Phase stehen dafür die Juristen der lokalen *Industrie- und Handelskammern* (IHKs) zur Verfügung. Für die Ausformulierung von Verträgen sollten aber spezialisierte Kanzleien beauftragt werden.

Die Entscheidung, wer wie viele Geschäftsanteile erhält, ist deshalb wichtig, weil sich aus der Verteilung für jeden Gesellschafter (auch Anteilseigner genannt) rechtliche Folgen ergeben – vor allem in Bezug auf das Stimmrecht bei Entscheidungen und auf die Gewinnbeteiligung.

Welche Konflikte können zwischen Mitgründern entstehen?

Prof. Sebastian Pioch: Im Arbeitsumfeld sind Konflikte natürlich nie zu vermeiden. Für Gründerteams ist es aber besonders wichtig, Spannungen richtig zu deuten und Konflikte gemeinsam zu lösen – andernfalls steht der Unternehmenserfolg auf dem Spiel. Dabei macht es zum Beispiel einen erheblichen Unterschied, ob man über aufgabenrelevante Informationen diskutiert oder einen zwischenmenschlichen Konflikt austragen muss. Kognitive, also sachbezogene Konflikte, können nämlich durchaus positiv wahrgenommen werden und das Team voranbringen. Affektive, interpersonelle Konflikte, die zum Beispiel durch Misstrauen, Wut, Angst, Frustration und andere negative Empfindungen charakterisiert sind, blockieren die Zusammenarbeit dagegen eher.

Bei Gemeinschaftsgründungen ist vor allem Homogenität ein häufiger Konfliktherd, sowohl im Hinblick auf die fachlichen Kompetenzen als auch in Bezug auf Persönlichkeitsmerkmale. Wenn beispielsweise alle Gründer ähnlich dominant sind und in Entscheidungsfragen ihre Meinung durchboxen wollen, wird es schwierig, einen Konsens zu finden. Anders ausgedrückt: Drei Alphamännchen im Führungsteam sind schlicht und ergreifend ein Garant dafür, dass es häufiger kracht. Umgekehrt kann aber auch extreme Diversität zu Konflikten führen. Kulturell geprägte unterschiedliche Vorstellungen von Pünktlichkeit und Verbindlichkeit zum Beispiel können schnell mal zu Streitereien führen. Wir Deutsche übertreiben es da ja gern mal … Insofern sollten sich die Gründungsmitglieder zu Beginn einmal tief in die Augen schauen und gegenseitig ihre Erwartungshaltung abstecken.

Hauke Windmüller: Absolut. Gemeinsam gründen ist nämlich ein bisschen wie heiraten. Als Gründerteam committed man sich darauf, durch gute und schlechte Zeiten zu gehen. Unterschiedliche Meinungen, Stärken und Schwächen führen deshalb – wie in jeder anderen Beziehung auch – schon mal zu Reibereien. Das ist aber auch gut so! Wenn man es schafft, sie sachlich zu reflektieren, können sie das Geschäft sogar beflügeln. Bei Familonet hatten wir auch sehr intensive Konflikte und Meinungsverschiedenheiten unter uns Gründern. Die haben dem Geschäft aber geholfen, statt ihm zu schaden, da wir ein paar Regeln eingehalten haben:

- Konflikte nicht im Affekt austragen, sondern vorbereitet beim nächsten Management-Meeting.
- Das Thema ruhig und sachlich besprechen, Beleidigungen sind natürlich tabu.
- Konflikte nicht vor dem Team austragen. Unsere Devise war stets, dass wir geschlossen als Gründerteam vor den Mitarbeitern auftreten, um keine Unsicherheit zu verbreiten.
- Wenn wir wussten, dass eine Diskussion länger und intensiver wird, haben wir die berühmte Teichrunde gedreht. Unser erstes Office lag in der Nähe eines Sees, also haben wir zu dritt einen Spaziergang gemacht und dabei diskutiert. Es ist erstaunlich, was so ein räumlicher Wechsel bewirken kann.
- Wenn sich eine Diskussion festgefahren hatte oder drohte zu eskalieren, konnte sie jeder mit dem Wort »Anker« stoppen. Sie wurde dann am nächsten Tag mit klarem Kopf weitergeführt, und wir sind meistens schnell zu einem Ergebnis gekommen.
- Falls wir uns nicht einigen konnten, galt bei uns drei Gründern am Ende das Mehrheitsprinzip bei einer Entscheidung. So weit ist es aber selten gekommen, da wir stets versucht haben, eine sachliche Diskussion zu führen. Am Ende hat nicht der Recht bekommt, der am lautesten brüllt oder rhetorisch am besten argumentieren kann, sondern der, dessen Argumente am nachvollziehbarsten waren.
- Grundsatzdiskussionen, ganz elementare Meinungsverschiedenheiten oder persönliche Konflikte haben wir dann meistens in unserem jährlichen Retreat in Form einer Retro behandelt. Dort haben wir uns beispielsweise nach dem Start-Stop-Keep-Prinzip (Start = dies sollst Du anfangen zu tun/Stop = damit sollst Du aufhören/Keep = dies sollst Du bitte beibehalten) gegenseitig systematisch Feedback gegeben.

Es geht aber auch anders: Anne-Marie Heyl, die Gründerin von *Kale & Me*, hat zum Beispiel gute Erfahrungen damit gemacht, Konflikte nicht jedes Mal direkt anzusprechen. Sie hat stattdessen darauf vertraut, dass ihre Mitgründer die Aufgaben in ihrem Verantwortungsbereich bestmöglich erledigt. So konnten sie die meisten Konflikte vermeiden (s. Erfahrungsbericht am Ende des Kapitels).

Mitarbeiter finden

Wie viele Mitarbeiter brauche ich überhaupt und was müssen sie können?

Prof. Sebastian Pioch: Für die Frage, wie viele Mitarbeiter ein Unternehmen braucht, gibt es in der Theorie eine ganz einfache Faustregel: Ein neuer Mitarbeiter (Vollzeitbasis) sollte dann eingestellt werden, wenn die kritische Grenze von 160 Stunden Arbeitszeit pro Monat überschritten wird, die für die zu bearbeitende Aufgabe anfällt. Wie wir wissen, lassen sich solche Richtlinien in der Praxis aber nicht immer eins zu eins umsetzen. Deshalb bin ich mal gespannt, welche Erfahrungen Ihr gemacht habt, Hauke.

Hauke Windmüller: Vielleicht vorab noch eine kurze Anmerkung: Die meisten Start-ups haben in der Anfangsphase wenig Kapital. Mitarbeiter sind in den meisten Fällen aber die teuerste Ressource. Deshalb mussten wir als Gründer in der ersten Zeit sehr viel selber machen. Diese Phase kann sich – je nach finanzieller Ausstattung – auch eine Weile hinziehen. Auch deshalb ist es übrigens ein riesengroßer Vorteil, im Team zu gründen, weil man sich die Arbeit mit seinen Mitgründern teilen kann. Unsere ersten Mitarbeiter konnten wir dann einstellen, als wir ein kleines finanzielles Polster aufgebaut hatten – und nachdem wir uns eingestanden hatten, dass die Arbeitsbelastung für uns drei langsam zu viel wird.

Ein üblicher Weg für junge Start-ups in der Anfangsphase ist es, sich ein oder zwei gute Allrounder mit ins Team zu holen. Es gibt ja in der Regel noch keine Abteilungen oder verbindlichen Prozesse. Deshalb sind Menschen, die gern Aufgaben abarbeiten und sich in feste Strukturen fügen, zu diesem Zeitpunkt nicht unbedingt die richtigen. Aus unserer Erfahrung zumindest eignen sich zum Aufbau besonders solche Menschen, die eine Hands-on-Mentalität haben, sich nicht zu schade sind, an unterschiedlichen Baustellen mitzuarbeiten, und gerne viel lernen möchten.

Sobald diese Phase durch ist, ist das Thema Teamaufbau eine sehr individuelle Angelegenheit. Bei Unternehmen zum Beispiel, die per Bootstrapping eher langsam wachsen, wächst das Team in der Regel auch langsamer als bei risikokapitalfinanzierten Unternehmen. Letztere haben die Chance, nach einer erfolgreich abgeschlossenen Finanzierungsrunde direkt eine größere Anzahl von Mitarbeitern einzustellen. Das muss aber nicht immer mit mehr Produktivität einhergehen. Ich würde deshalb immer dazu raten, sich wirklich genau zu überlegen, welche fachlichen Kompetenzen schon vorhanden sind und wo noch Bedarf besteht.

Für kleine Teams ist außerdem die zwischenmenschliche Perspektive viel wichtiger als für größere Unternehmen. Wir haben uns immer auch von Sympathie leiten lassen und darauf geachtet, dass ein neuer Mitarbeiter zu unserem Mindset und zu den anderen Teammitgliedern passt. Aus meiner Sicht war der persönliche Zusammenhalt einer der wichtigsten Erfolgsfaktoren für Familonet.

Wo und wie finde ich Mitarbeiter?

Prof. Sebastian Pioch: Zum Thema »Wie finde ich Mitarbeiter« gibt es leider keine theoretische Gebrauchsanweisung. Die Gründungsteams und die unternehmerischen Anforderungen sind einfach zu unterschiedlich, als dass man hier eine Methode bemühen könnte, die sich dann auf jedes Start-up und jedes Szenario anwenden lässt. Hauke, welche Erfahrungen habt Ihr gemacht und was war aus Deiner Sicht am effektivsten?

Hauke Windmüller: Bei uns war Recruiting immer Chefsache. Die ersten Mitarbeiter prägen die Kultur eines Start-ups eben maßgeblich mit und sollten deshalb von den Gründern persönlich ausgesucht und eingestellt werden. Niemand kennt die Bedürfnisse des Unternehmens und die notwendigen Mitarbeiter-Skills besser als die Gründer selbst. Für Familonet haben wir unsere besten Mitarbeiter aber über Empfehlungen aus dem eigenen Netzwerk rekrutiert. Basis für die Suche bildet eine kurze und knackige Stellenausschreibung, die dem Bewerber bildlich das Unternehmen und die zukünftigen Aufgaben vorstellen lässt. Ich war immer ziemlich beeindruckt, wie viel Zulauf die von mir auf LinkedIn, Xing, Twitter und

Facebook geposteten Stellenausschreibungen erhalten haben. Später können auch die Netzwerke des Teams hilfreich sein. Um unsere Mitarbeiter zu motivieren, sich aktiv am Recruiting zu beteiligen, haben wir für die erfolgreiche Vermittlung von neuen Mitarbeitern einen Bonus bezahlt.

Es gibt aber eine Menge anderer Möglichkeiten, um geeignete Mitarbeiter zu finden. Am meisten verbreitet ist wahrscheinlich die klassische Stellenausschreibung auf einer der großen Stellenbörsen. Da sich in diesem Feld nur wenige große Player den Markt aufteilen, sind die Preise für Stellenausschreibungen auf den bekanntesten Portalen aber sehr hoch. Teilweise so hoch, dass Start-ups diese Kosten in der Anfangsphase oft lieber einsparen möchten. Die großen Portale eignen sich außerdem nicht für jedes Jobprofil. Gerade für spezialisierte Mitarbeiter aus den MINT-Bereichen – also Mathematik, Informatik, Naturwissenschaften und Technik – sind Portale nicht die beste Wahl. Bei Familonet haben wir keinen einzigen Softwareentwickler über eine Stellenbörse gewinnen können. Talents aus diesem Bereich sind so gefragt, dass sie eher von anderen Unternehmen abgeworben werden und Sie gar nicht aktiv suchen müssen. Diese Form des Active Sourcing ist zwar nicht die feine englische Art. Für die Suche nach Spezialisten, die normalerweise nicht frei verfügbar sind, aber oft die einzige Möglichkeit. Es gibt auch ein paar Tipps & Tricks, wie Active Sourcing besonders gut gelingt. Auch hier gilt grundsätzlich: Recruiting ist Chefsache. Denn Talents aus gefragten Berufsgruppen bekommen fast täglich Anfragen von Headhuntern und HR-Vertretern. Die sind meistens aber viel zu unpersönlich und pauschal. Die Wahrscheinlichkeit, eine Antwort auf eine Anfrage über LinkedIn oder Xing zu erhalten, ist deshalb wesentlich höher, wenn die Nachricht direkt vom Gründer kommt. Meine Erfahrung ist: Je personalisierter und origineller die Nachricht, desto höher ist die Wahrscheinlichkeit, dass der Umworbene reagiert.

Klar ist aber auch, dass man als Gründer nicht immer die notwendige Zeit aufbringen kann, um Active Sourcing zu betreiben. Bei Familonet beispielsweise hat uns ein Mitarbeiter damit unterstützt, die Talents zu recherchieren und Nachrichten vorzuformulieren. Die Liste mit den Rechercheergebnissen haben wir regelmäßig kontrolliert, um sicherzugehen, dass keine Mitarbeiter von befreundeten Unternehmen draufstehen. Dann haben wir die Liste und die Texte freigegeben und unser Mitarbeiter hat mit meinem Xing- oder LinkedIn-Account die individuellen Nachrichten verschickt.

Prof. Sebastian Pioch: Eine wesentliche Herausforderung bei der Mitarbeitersuche dürfte es übrigens sein, dass Start-ups der Digitalen Wirtschaft in Sachen Arbeitgeberattraktivität anderen Unternehmen deutlich hinterherhinken. Tatsächlich können sich 70 Prozent (!) der *Digital Natives* in Deutschland gar nicht vorstellen, überhaupt für ein Start-up zu arbeiten, und etwa 33 Prozent der Deutschen zwischen 18 und 30 Jahren schließen sogar eine Karriere in der Digitalen Wirtschaft aus. Gepaart mit der Tatsache, dass die personalwirtschaftliche Kompetenz von Start-ups häufig nicht so stark ausgeprägt ist, wird zumindest in der Literatur mehrfach empfohlen, diese Suche etwa an Personalagenturen auszulagern. In der Praxis sieht das allerdings etwas anders aus …

Hauke Windmüller: Ja, ich muss ganz ehrlich gestehen, dass ich davon kein großer Fan bin. Vor allem, weil die Gebühren für Start-ups meistens unerschwinglich sind: Eine marktübliche Vermittlungsgebühr liegt bei etwa 25 bis 35 Prozent des Bruttojahresgehalts des vermittelten Mitarbeiters. Oftmals kommen noch monatliche Retainer in vierstelliger Höhe dazu. Außerdem basiert die Erfolgsquote solcher Firmen auf einem, wie ich finde, ziemlich fragwürdigen Geschäftsmodell: Personalvermittlungen und Headhunter leben davon, dass sie Mitarbeiter von anderen Unternehmen abwerben, um sie anschließend weiter zu vermitteln. Sie haben de facto also gar kein ehrliches Interesse daran, dass jemand länger in einer Firma bleibt, als die Probezeit oder die vertraglich vereinbarte Mindestzeit vorsieht. Bei Familonet hatten wir dieses Pech tatsächlich: Nachdem ein Headhunter einen Mitarbeiter erfolgreich bei uns platziert hatte, versuchte er ein Jahr später, denselben Mitarbeiter wieder abzuwerben, um ihn an ein anderes Unternehmen zu vermitteln. Von anderen Unternehmern habe ich auch schon häufig gehört, dass Mitarbeiter, die ein Headhunter vermittelt hat, eine höhere Wechselwahrscheinlichkeit haben. Ich möchte nicht pauschal sagen, dass Personalvermittlungen und Headhunter ungeeignet sind. Es gibt nur gerade für Start-ups viele andere – und meistens deutlich kostengünstigere – Alternativen.

Mitarbeiter führen und halten

Wie findet man eine kraftvolle Vision?

Prof. Sebastian Pioch: Starten wir erst mal mit einer kleinen theoretischen Definition: Was verstehen wir im Kontext der Unternehmensgründung unter einer Vision und warum ist sie uns im Zusammenhang mit dem Thema Teamführung so wichtig?

Die Vision beschreibt das übergeordnete Unternehmensziel und vermittelt den grundlegenden Zweck eines Unternehmens. Damit sind keine wirtschaftlichen Ziele gemeint, sondern alle wesentlichen Werte und Leistungen, die das Unternehmen in der Zukunft erreichen möchte. Sie malt sozusagen ein Zukunftsszenario aus. Der Zeithorizont kann dabei ruhig 10–20 Jahre betragen. Eine Unternehmensvision ist also ein entscheidendes Identifikations- und Orientierungsinstrument für das ganze Team.

Um eine Vision zu entwickeln, müssen folgende Aspekte betrachtet werden:

- Das individuelle Angebot: Was biete ich meinen Kunden und warum lohnt es sich, dafür kämpfen? Ein rein monetäres Interesse wird niemals eine ähnliche »Leidensfähigkeit« auslösen wie die Begeisterung für ein bestimmtes Thema.
- Das langfristige Ziel: Wohin soll sich die Firma in fünf oder zehn Jahren entwickeln?
- Die fundamentalsten Werte: Welche Werte sind mir so wichtig, dass ich sie verteidigen würde, wenn das Unternehmen in eine Krise gerät oder sich der Markt wandelt?

Eine gute Vision verdichtet all diese Aspekte auf einen einfachen, unkomplizierten Satz, wird im Präsens formuliert und verbindet rationale Argumente mit einem emotionalen Appell. (Achtung: Konkrete Realisierungswege schlägt sie noch nicht vor!) Allerdings haben viele Leute Schwierigkeiten damit, schnell und knackig auf den Punkt zu bringen, was sie wollen und wohin sich ihre Firma entwickeln soll. Ein gutes Beispiel für eine klare und motivierende Vision bietet beispielsweise Microsoft: *»A computer on every desk and in every home.«*

Aus der Vision können dann ganz konkrete Ziele abgeleitet werden. Es ist wichtig, dass diese Ziele vom ganzen Team akzeptiert werden und motivationsfördernd sind. Sie dürfen aus diesem Grund einen höheren Schwierigkeitsgrad bei der Zielerreichung haben (wobei hier eine Unmöglichkeit der Zielerreichung zu Frustrationen im Team führen kann), müssen aber immer eindeutig und spezifisch formuliert sein.

Hauke, mit welcher Vision konntet Ihr Eure Mitarbeiter begeistern? Und inwiefern hat sie Euch geholfen, Euer Team zu steuern?

Hauke Windmüller: Bei Familonet hatten wir die Vision: »100 Million people worldwide use Familonet's location sharing technology to enhance their daily communication.« Das war unser Nordstern, der entscheidende Antrieb für das gesamte Team. Jetzt mag der eine oder andere denken: So eine Vision ist mir viel zu abstrakt – ich brauche praktische Handlungsempfehlungen. Diesen Impuls kann ich sehr gut nachvollziehen. Wir haben in Sachen Mitarbeiterführung aber sehr davon profitiert, ein bisschen Zeit in die Erarbeitung unserer Vision zu stecken. Gerade, weil sich der Arbeitsalltag bei Start-ups in der Anfangsphase oft durch Schnelllebigkeit, Ungewissheit und den Need zur Eigenverantwortlichkeit auszeichnet. Was an einem Tag funktioniert hat, kann Dir am nächsten Tag schon wieder auf die Füße fallen. Nicht zu Unrecht wird die Startphase deshalb oft als Achterbahnfahrt bezeichnet. Damit in dieser turbulenten Zeit alle an einem Strang ziehen, ist eine starke Vision extrem wertvoll.

Etwas greifbarer wird das Unternehmensziel dann durch die Formulierung einer Mission oder eines Mission Statement. Wenn die Vision das *Was* ist, dann ist die Mission das *Wie*. Sie drückt aus, wie die Vision zu erreichen ist, und beschreibt die Leistungen, die der Kunde wahrnehmen soll. Ich würde trotzdem empfehlen, die Mission nicht zu eng zu formulieren, damit sie einen gewissen Interpretationsspielraum bietet. Bei Familonet haben wir die Mission gemeinsam mit dem Team entwickelt, damit sich jeder damit identifizieren kann. Folgendes Mission Statement ist dadurch entstanden:

»Familonet provides

- easy-to-use and precise technology
- for families, friends, couples and anyone else
- to share their location exactly in the moment needed,
- fully respecting their freedom.«

Vision und Mission entfalten aber nur dann ihre Wirkung, wenn sie wirklich gelebt werden – allen voran natürlich von den Gründern. Um unser Team darauf zu eichen, haben wir unsere Ziele auf fetten Flat Screens im Office angezeigt, daran kam dann keiner vorbei. Bewerbern haben wir Vision und Mission schon im Vorstellungsgespräch präsentiert, um direkt abzugleichen, ob sie sich damit identifizieren können. Das hat zu einem starken Zusammenhalt geführt und den Mitarbeitern selbst an turbulenten Tagen in Erinnerung gerufen, warum sie für Familonet schuften. Vielleicht lässt sich nicht jeder Mitarbeiter in gleichem Maße davon mitziehen wie andere. Das ist aber völlig okay, solange der Großteil des Teams die entscheidenden Milestones gemeinsam erarbeitet.

Welche Führungsstile und Managementmethoden gibt es?

Prof. Sebastian Pioch: Über das Thema Management und Führung von Start-ups lassen sich sicherlich ganze Bücher füllen.

Die wichtigsten Führungsmethoden im Überblick

- **Management by Objectives (MbO)**:
  Bei dieser Methode werden Unternehmensziele definiert und Bereichs- oder Mitarbeiterziele gemeinsam vereinbart, der Weg zur Zielerreichung ist frei gestaltbar.
- **Management by Ideas (MbI)**:
  Beschreibt die Vermittlung einer einheitlichen Unternehmensphilosophie, um Mitarbeiter zu gemeinschaftlichem Handeln zu führen.
- **Management by Results (MbR)**:
  Verhältnismäßig autoritärer Führungsstil, bei dem einzelne Abteilungen an vorgegebenen Zielvorgaben gemessen werden.
- **Management by Delegation (MbD)**:
  Im Gegensatz zum MbO werden keine Ziele formuliert, sondern Handlungsverantwortung für bestimmte Aufgaben an den Mitarbeiter übertragen. Innerhalb des Aufgabenbereichs kann er selbstständig handeln und entscheiden.

- **Management by Exception (MbE)**:
  Mischform aus MbD und MbO, bei der vorher definierte Aufgabenbereiche an ausführende Mitarbeiter delegiert werde. Nur wenn es Abweichungen zu den Zielvorgaben gibt, greift die Führungskraft ein.
- **Management by Participation (MbP)**:
  Ergänzend zum MbO ist der Mitarbeiter bei dieser Methode an der Zielfindung beteiligt – auch bei Zielen, die ihn nur indirekt oder sogar überhaupt nicht betreffen. Damit einher geht die Annahme, dass sich Mitarbeiter noch stärker mit dem Unternehmen identifizieren.
- **Management by Motivation (MbM)**:
  Diese Führungsmethode incentiviert Mitarbeiter durch Maßnahmen zur Selbstverwirklichung oder Erreichung anderer ideeller Bedürfnisse. Dadurch können sie sogar Ziele verfolgen, die potenziell mit den Unternehmenszielen konkurrieren, wenngleich hier natürlich eine Harmonisierung angestrebt wird.

Infobox 2.4: Die wichtigsten Führungsmethoden im Überblick

Mir wäre an dieser Stelle vor allem eins wichtig: In Start-ups sind all jene Führungsmethoden wirkungsvoll, die eine ehrliche und persönliche Motivation der Mitarbeiter im Blick haben. Das heißt, dass der Einzelne regelmäßig wertschätzendes Feedback erhält, Entscheidungsspielräume bekommt, sich wechselnden Herausforderungen stellen kann und sich der Bedeutung seiner eigenen Arbeit bewusst ist. Womit habt Ihr gearbeitet, Hauke?

Hauke Windmüller: Da die Vision eines Unternehmens sehr weit gefasst ist, also einen Zeitraum von 10 bis zu 20 Jahren abdeckt, lässt sich daraus noch nicht das tägliche Doing in einem Start-up ableiten. Chronologisch würde man als Nächstes die Unternehmensstrategie entwickeln. Diese deckt üblicherweise einen Zeitraum von ein bis drei Jahren ab, bei Start-ups ist die Zeitrechnung oft aber kürzer, eine Ein-Jahres-Strategie ist deshalb vollkommen ausreichend. Für die meisten Mitarbeiter ist solch eine Top-Level-Strategie aber immer noch zu wenig greifbar. Für die Ebene unter der Strategie haben sich daher verschiedene Managementsysteme zur zielgerichteten und modernen Mitarbeiterführung entwickelt.

Eines davon ist das bei Start-ups sehr beliebte *OKR-Modell.* OKR ist eine innovative Führungsmethode, die sich vor allem für agil arbeitende Unternehmen eignet. Sie wurde einst von Intel erfunden und durch den Einsatz bei Google, Twitter und LinkedIn weltweit in der Start-up-Welt bekannt.

OKRs – Objectives & Key Results

Objectives and Key Results (OKRs) ist eine Managementmethode, die die Ziele des Unternehmens mit denen jedes einzelnen Mitarbeiters verbindet und einen klaren Fokus für die nächsten drei Monate setzt. OKRs helfen dem Unternehmen,

- **Vision, Mission und Strategie** in eine kurzfristige, operative Planung zu überführen,
- **Klarheit** über die wichtigsten Aufgaben im Unternehmen zu generieren,
- den richtigen **Aufgabenfokus** für die nächsten drei Monate zu finden,
- Indikatoren zur **Messung von Erfolg** zu implementieren,
- über den sinnvollen Einsatz **knapper Ressourcen zu entscheiden**,
- Mitarbeitern **transparent darzustellen**, dass sie mit ihren täglichen Aufgaben zur Erfüllung der Vision beitragen und insgesamt die Kommunikation verbessern.

Infobox 2.5: OKRs – Objectives & Key Results

Welche Benefits können Start-ups ihren Mitarbeitern bieten?

Hauke Windmüller: Unsere Mitarbeiter konnten sich ihre Arbeitszeit sehr flexibel einteilen und wir haben ihnen viel Urlaubszeit ermöglicht. Individuelle Hardwareausstattung, die auch privat genutzt werden kann, ist ein weiterer großer Benefit gegenüber etablierten Unternehmen, in denen man erst mal Anträge stellen muss oder jahrelang mit einer Krücke von Rechner abgespeist wird. Wir haben außerdem eine Fitnesstrainerin engagiert, die uns alle 14 Tage zum Schwitzen gebracht hat.

Als langfristigen Anreiz, mit uns und der Firma durch dick und dünn zu gehen, haben wir außerdem fast alle Mitarbeiter virtuell an unserem Unternehmen beteiligt (mithilfe eines virtuellen Stock Option Plan (ESOP) geht das ziemlich unkompliziert). Die Beteiligung war dabei ganz bewusst nicht als Kompensation der Gehälter gedacht, weil der Ausgang eines Start-ups viel zu ungewiss ist. Dass unsere Mitarbeiter die Möglichkeit hatten, unmittelbar vom Unternehmenserfolg zu profitieren, war also ein ein echter Motivations-Boost – und hat zusätzlich den Zusammenhalt gestärkt.

Prof. Sebastian Pioch: Ich finde außerdem, dass Start-ups einen immensen Vorteil bieten, wenn es um remote working und virtuelle Teamzusammenarbeit geht. Gerade der Generation Y und noch viel stärker der nachfolgenden Generation Z ist es enorm wichtig, flexibel und selbstbestimmt zu arbeiten. Wozu da noch täglich in einem Büro zusammenhocken, wenn ich auch in meinem Lieblingscafé arbeiten kann oder mal drei Monate aus einer anderen Stadt? Bereits vor einigen Jahren hat das Team von 37signals erfolgreich bewiesen, dass eine Zusammenarbeit sogar über Kontinente hinweg gelingen kann. Auf diese Weise haben sie die Projektmanagementsoftware basecamp in gemeinschaftlicher Arbeit mit Leuten in den USA und in Dänemark entwickelt. Peter Ivanov, dessen Buch *Virtual Power Teams* ich dringend empfehle, hat sich intensiv mit den Chancen beschäftigt, die der Einsatz virtueller Teams für Unternehmen bietet. Welche Möglichkeiten hat denn etwa eine deutsche Softwareagentur, sich im hart umkämpften Markt zu behaupten? Genau, sie braucht gut ausgebildete Entwickler, die für möglichst wenig Geld erstklassigen Code produzieren. Und die findet man inzwischen in der Ukraine, in Indien oder auf den Philippinen.

Wie kann eine gute Unternehmenskultur die Motivation fördern?

Hauke Windmüller: Die meisten Leute, die in einem Start-up arbeiten, legen besonders viel Wert auf eine familiäre Arbeitsatmosphäre. Dazu eine kleine Anekdote aus unserer Familonet-Zeit: Bei Familonet hatten wir ein super schönes Office für etwa 20 Personen mitten im hippen Hamburger Schanzenviertel. Die Büroräume lagen im Hochparterre und waren über einen eigenen Eingang zu erreichen. Im Winter haben dadurch alle Mitarbeiter Schmutz und Schnee mit ihren Schuhen ins Office getragen und den schönen Parkettboden verkratzt. Wir haben daher kurzerhand beschlossen, dass im Winter nur noch Hausschuhe getragen werden dürfen. Unsere Mitarbeiter haben also angefangen, ihre eigenen Schlappen mitzubringen. Innerhalb kürzester Zeit hat sich dadurch eine super gemütliche, familiäre Stimmung entwickelt. Neuen Mitarbeitern haben wir dann zum Start nicht nur Laptop und Smartphone bereitgestellt, sondern auch Birkenstocklatschen in Größe und Farbe ihrer Wahl. So wurde es fester Familonet-Brauch, dass bei uns alle mit Birkenstockschuhen rumgerannt sind. Für Gäste, Kunden und Partner war das jedes Mal ein Highlight und selbst in der Hamburger Start-up-Szene hatte sich die Geschichte herumgesprochen. Bis heute – drei Jahre nach Übernahme von Familonet durch moovel (Daimler) – tragen einige Mitarbeiter noch die Birkenstockschuhe bei der Arbeit.

Eine Unternehmenskultur lässt sich aber nur schwer proaktiv formen. Sie entwickelt sich Schritt für Schritt, und ich glaube, die Menschen sind der entscheidende Treiber – von der Office-Assistenz bis zum CEO. Trotzdem haben Gründer ein paar Möglichkeiten, die Unternehmenskultur positiv zu beeinflussen. Bei Familonet haben wir beispielsweise montags immer zusammen gefrühstückt – das war viel entspannter und familiärer als ein klassisches Monday Morning Meeting. Beim Brötchenschmieren haben wir uns dann zum Beispiel erst mal über unsere Wochenenden unterhalten. Das gemeinsame Frühstück hat also den privaten Austausch und das gegenseitige Kennenlernen gefördert. Auch nach der Übernahme von Familonet haben wir das Frühstück beibehalten, es war fester Bestandteil unserer Kultur.

Außerdem haben wir immer darauf geachtet, dass der Spaß nicht zu kurz kommt, obwohl wir viel und lange gearbeitet haben. Wie es sich für ein Start-up gehört, hatten wir natürlich auch einen Kicker im Büro und haben regelmäßig Turniere veranstaltet. Einmal im Jahr haben wir außerdem unseren legendären Familonet-Geburtstag gefeiert – in den ersten Jahren noch als Office-Party, am Ende haben wir ganze Clubs gefüllt. Viele Mitarbeiter haben sich schnell auch privat angefreundet und über die Zeit entstand ein Zusammengehörigkeitsgefühl, das viele als »Familonet-Family« beschrieben haben. Für die Firma war es ein Segen, dass sich das Team so toll verstanden hat. Wenn wir in schwereren Zeiten viele Überstunden schieben mussten, weil zum Beispiel ein großes Produkt-Update mal nicht so funktioniert hat wie geplant, ist jeder freiwillig die Extra-

Meile gegangen. Einer für alle, so kitschig das klingt. Mehr Einsatz hätten wir uns Gründer nie wünschen können.

Prof. Sebastian Pioch: Allerdings transformiert sich die Unternehmenskultur in Start-ups mit zunehmender Professionalisierung. Wenn das Team durch angestellte Mitarbeiter wächst, formalisiert sich dann oft auch die Kultur.

Wenn's doch mal nicht passt: Wie gehe ich mit Kündigungen um?

Prof. Sebastian Pioch: Bei dieser Frage hält sich die Forschung noch sehr zurück. Vermutlich nicht zuletzt deshalb, weil Entlassungen ja eher etwas sind, was nicht in der initialen Start-up-Phase stattfindet, sondern oft dann erfolgt, wenn das Start-up auf dem Sprung zum KMU ist. Aber Ihr musstet Euch damit auseinandersetzen Hauke, richtig?

Hauke Windmüller: Ja, wir mussten uns leider von ein paar Mitarbeitern trennen. Einem Menschen zu kündigen ist immer eine schmerzhafte Angelegenheit, die selbst vielen erfahrenen Unternehmern noch schlaflose Nächte bereitet. Gerade weil es bei uns so familiär zuging und sich das Team sehr gut kannte, sind uns Kündigungen immer schwergefallen. Das hat dazu geführt, dass wir bei jeder Kündigung eigentlich zu lange gewartet haben. Ich weiß auch von vielen anderen Gründern, dass sie die meisten Kündigungen viel zu spät ausgesprochen haben. Dabei ist es eher heilsam, wenn man eine sich längst angebahnte Trennung endlich vollzieht, nicht selten auch für das Team. Ich habe es damals zum Beispiel unterschätzt, dass unser Team sehr wohl selbst gemerkt hat, wenn eine Person nichts mehr zur Gemeinschaft beiträgt oder schlechte Leistungen abliefert. Insofern kann ich nur dazu ermutigen, Kündigungen nicht allzu lange hinauszuzögern, wenn die Entscheidung eigentlich längst gefallen ist.

Das gilt übrigens auch für die Ausführung: Wir haben gelernt, dass man die Nachricht im Gespräch ohne Umschweife aussprechen sollte, statt sich erst in langen Vorreden zu ergehen. Liegen die Fakten einmal auf dem Tisch, kann man im zweiten Schritt sachlich und in Ruhe erläutern, wie es zu der Entscheidung gekommen ist. Ich glaube, dieses Vorgehen ist für beide Seiten am besten.

Learnings weiterer Gründer

Christoph Behn ist Gründer des führenden Anbieters für Dankes- und Einladungskarten kartenmacherei. Was mit einer Geburtskarte begann, die seine Frau für die Geburt ihres Kindes selbst gestaltete, entwickelte sich innerhalb von zehn Jahren zu einem Unternehmen mit inzwischen mehr als 250 Mitarbeitern. Heute verkauft Behn rund 20 Millionen Karten pro Jahr für Hochzeiten, Geburten oder Geburtstage und setzt damit mehr als 40 Millionen Euro um.

Die kartenmacherei habe ich allein gegründet, dadurch verlief der Aufbau meiner Firma sicherlich etwas anders als bei anderen Unternehmern. Für mich hatte die Einzelgründung aber viele Vorteile. So konnte ich zum Beispiel Entscheidungen treffen, ohne mich mit einem Team abstimmen zu müssen. Gleichzeitig hatte ich das Gefühl, so einiges an Zeit zu sparen. Die wenigen Dinge, die ich nicht selbst übernehmen konnte, habe ich eben ausgelagert. Viel habe ich mich natürlich mit meiner Frau abgestimmt, von ihr kam im Kern auch die Idee zur kartenmacherei. Ich glaube, manchmal ist es sogar eine Frage des Zeitpunkts, ob man im Team gründet oder sich allein auf den Weg macht. Außerdem ist das Geschäftsmodell entscheidend für die Überlegung, mit wem man sich zusammentut. Wenn man wie ich viele Aufgaben allein erledigen kann, warum dann mit einem großen Team starten? Wovor ich allerdings dringend abraten würde, ist, mit Freunden zu gründen – das klappt meiner Erfahrung nach eher selten. Befreundet sein und zusammenarbeiten ist nicht dasselbe.

Meine ersten Mitarbeiter habe ich dann für Aufgaben eingestellt, die mir zeitlich überhandgenommen haben und ich gut an jemand anders abgeben konnte, so wie das Thema Kundenservice zum Beispiel. Natürlich brauchten wir aber auch Designer, die die Motive unserer Karten gestalten konnten. Viele andere Aufgabenbereiche, zum Beispiel den ganzen Tech-Part, habe ich aber zu Beginn an Agenturen vergeben. Wir hatten am Anfang allerdings eine ziemlich hierarchische Teamstruktur und meine Mitarbeiter haben mich gesiezt. Das ist natürlich völlig untypisch für ein Start-up und war sicherlich nicht die ideale Firmenkultur. Was mir aber damals wie heute wichtig ist, ist ein gemeinsamer Wertekanon, damit alle an einem Strang ziehen.

Und natürlich mussten wir uns in den letzten Jahren hin und wieder auch mal von einem Mitarbeiter trennen. Unsere ersten Kündigungsgespräche waren eine Katastrophe. Normalerweise empfiehlt man ja »Hire slow, fire fast«. Ich habe es damals aber genau andersherum gemacht. Die Gespräche waren zum Teil wahnsinnig emotional und rückblickend muss ich wohl zugeben, dass das ganz sicher nicht meine Sternstunden waren. Ich kann deshalb nur dringend raten, dass Ihr Euch beim Einstellen neuer Leute ausreichend Zeit zum Kennenlernen nehmt.

Annemarie Heyl stammt aus einer Unternehmerfamilie mit jahrelanger Lebensmitteltradition. Während eines Auslandssemesters in Kapstadt entstand die Idee zu Kale & Me, die Firma gründete sie 2015 zusammen mit Konstantin Timm und David Vinnitski noch während ihres Studiums. Das Food-Start-up vertreibt kaltgepresste Säfte online, hat heute 32 Mitarbeiter und eine eigene Produktionsstätte im Alten Land bei Hamburg.

Die Idee, kaltgepresste Säfte zu herzustellen, ist meinem Mitgründer Konstantin und mir mehr oder weniger in den Schoß gefallen, als wir beide in Südafrika gelebt haben. Als ich Konsti kennenlernte – er in Lederjacke, lässig auf einer Mauer –, hätte ich mir nie vorgestellt, dass er mal einer meiner besten Freunde wird. Und schon gar nicht, dass wir gemeinsam ein Unternehmen gründen. Wir konnten unsere Kompetenzen gleich ziemlich gut voneinander abgrenzen: Konsti kannte sich gut im Influencer-Marketing aus und hatte Ahnung von Finanzen, ich hatte meinen Schwerpunkt in der Produktentwicklung und Produktion. Uns fehlte also noch jemand, der die Themen Vermarktung und Online-Marketing übernimmt. Konsti brachte einen alten Kumpel aus Studienzeiten ins Spiel. Normalerweise würde man wahrscheinlich Pro-Kontra-Listen erstellen und sich viele Gedanken machen, ob man persönlich zueinander passt. Uns reichte ein 20-minütiges Skype-Gespräch, um festzustellen, dass wir zusammen gründen wollen. Und so habe ich unseren dritten Mitgründer David vor dem Notartermin tatsächlich nur ein einziges Mal gesehen. Im Nachhinein würde ich behaupten, dass mir die Ernsthaftigkeit einfach noch nicht klar war. Kale & Me, das war erstmal ein Hobby, keine Company. Anfangs haben wir auch alle noch unsere Jobs behalten und die Firma remote aufgebaut. Deshalb war es mir auch völlig egal, wie wir die Anteile der Firma aufteilen. Weil Konsti und ich die Idee hatten, haben wir zunächst eine Verteilung von 35–35–30 Prozent vereinbart. Nach anderthalb Jahren haben wir aber eine gleichmäßige Verteilung festgelegt, weil wir alle gleichmäßig viel Aufwand investiert haben. Heute würde ich wohl weniger naiv an die Sache herangehen, weil ich weiß, wie viel Anteile wert werden können. Trotzdem fühlte sich unser Vorgehen damals genau richtig an, weil sich die Firmengründung dadurch unbeschwerter angefühlt hat. Wenn es von Anfang an nur um Geld geht, erzeugt das viel Stress und Bringschuld. Daher würde ich immer einen gesunden Mittelweg wählen.

Lustigerweise unterscheiden wir uns von unseren Persönlichkeiten her extrem. Vor allem David und ich ticken komplett verschieden: Wir haben sehr unterschiedliche Freundeskreise und Einstellungen. Mir ist zum Beispiel das »Warum« und das »Wie« total wichtig, David hingegen hätte mit einer guten Markenstartegie auch andere Produkte verkaufen können. Konsti ist dann oft der Mediator. Trotzdem: Diese manchmal extremen Unterschiede treiben uns voran – damals wie heute. Weil wir uns anfangs noch nicht so gut kannten, haben wir übrigens wöchentlich in einem Feedback-Meeting Lob und Kritik ausgetauscht. Das hat aber enorm viel Stress verursacht, weil wir uns ständig mit unseren Charaktereigenschaften auseinandergesetzt haben. Deshalb haben wir diese Art der Feedback-Gespräche nach drei Monaten wieder beendet. Man kann also sagen, dass uns all die in der Uni gelernten Frameworks nicht geholfen haben. Manchmal ist Schweigen eben besser. Und das funktioniert seit vier Jahren ehrlich gesagt ganz wunderbar. Dazu gehört aber eine riesige Portion Vertrauen, dass jeder von uns in seinem Bereich einen guten Job macht!

Weiterführende Literatur

Dark Horse Innovation: *Thank God it's Monday! Design Thinking – Wie wir die Arbeitswelt revolutionieren*

Doerr, J.: *OKR Objectives & Key Results: Wie Sie Ziele, auf die es wirklich ankommt, entwickeln, messen und umsetzen.*

Fried, J., & Heinemeier Hansson, D.: *Rework: Business – intelligent & einfach.*

Gale, P.: *Du bist, wen du kennst – Warum gezieltes Networking lukrativ für Sie ist.*

Ivanov, P.: *Powerteams ohne Grenzen: Eine Geschichte über virtuelle Teams und wie sie die Welt verändern.*

KAPITEL 3

INFORMATION IST TRUMPF: MARKT UND WETTBEWERB ANALYSIEREN

> »Eine Marktrecherche hat zwar einen Anfang, aber wenn man sie ernst nimmt, ist sie nie abgeschlossen.«
> *Gründerweisheit*

Hat man sich einmal in eine Idee verliebt, möchte man am liebsten so schnell wie möglich loslegen. Das ist nur allzu verständlich, das Ausfeilen von Produkt-Features und die Zusammenstellung eines motivierten Teams machen in der Regel mehr Spaß als theoretische Marktbetrachtungen. Geduld ist bei Gründerinnen und Gründern in dieser Phase deshalb ein besonders rares Gut. Trotzdem möchten wir Euch ans Herz legen, diesem Kapitel gebührende Aufmerksamkeit zu widmen.

Denn auch wenn eine Marktrecherche mit viel Arbeit verbunden ist und natürlich keine Erfolgsgarantie bieten kann: Eine sorgfältige Analyse von Marktstruktur, Wettbewerbsumfeld und Kundenwünschen minimiert das Risiko, sich mit dem eigenen Angebot zu verspekulieren. Zumindest lassen sich bestimmte Szenarien mithilfe einer gründlichen Vorbereitung einkalkulieren. Das ist allein schon deshalb wichtig, weil ein Start-up beispielsweise auf eine starke Konkurrenz gar keinen Einfluss hat und im Laufe der Gründungsphase ständig unvorhergesehene Entwicklungen passieren, die sich nicht einfach steuern lassen. Dagegen sind Fehler, die sich von Beginn an hätten vermeiden lassen, im Falle eines Scheiterns besonders schmerzhaft. Außerdem verlangen Investoren oder Förderbanken im Pitch für gewöhnlich nach fundierten Marktkenntnissen. Wer auf eventuelle Nachfragen nicht antworten kann, hat meist keine guten Karten.

Es lohnt sich also, für diesen Part etwas Leidenschaft zu entwickeln. Auch, weil die Marktrecherche nie wirklich abgeschlossen ist. Um Veränderungen von Trends und Kundenwünschen im Blick zu behalten, wird sie durchgeführt, solange das Unternehmen existiert. Für alle, die jetzt tief durchatmen müssen, gibt es an dieser Stelle aber noch drei gute Botschaften. Erstens: Wir führen Euch Schritt für Schritt durch ein praktikables Modell, das Ihr wie eine Checkliste abarbeiten könnt. Zweitens:

Wenn die Prozesse einmal aufgesetzt sind, läuft die Analyse wie ein Radar nebenbei einfach mit. Und drittens: In der Start-up-Praxis bestätigen Ausnahmen wie immer die Regel. Aber dazu mehr in den praxisnahen Abschnitten dieses Kapitels.

Bedeutung der Marktrecherche

Warum ist es wichtig, den Markt schon von Beginn an zu analysieren?

Prof. Sebastian Pioch: Die Datenbank CB Insights hat einmal die Geschichten von mehr als 100 Start-ups aus dem Silicon Valley analysiert und dabei herausgefunden, dass der mit Abstand häufigste Grund für ein Scheitern ein nicht vorhandener Marktbedarf für die angebotenen Produkte war. Die deutsche Ausgleichsbank kam vor einigen Jahren zu einem ähnlichen Ergebnis für den deutschen Markt. Man könnte hier also zu dem Schluss gelangen, dass es deswegen wichtig ist, seinen Markt schon sehr früh zu analysieren, weil man durch entsprechende Marktkenntnisse das Risiko für ein Scheitern erheblich reduzieren kann. Die Frage kann also nicht lauten, ob man seinen Markt umfassend recherchiert, sondern nur, *wie* man dabei konkret vorgeht. Natürlich gibt es auch keine Garantie, dass ich erfolgreich ein Unternehmen aufbauen kann, wenn ich eine vernünftige Marktrecherche durchgeführt habe, aber die Chancen steigen deutlich.

Vielleicht beschreiben wir zunächst einmal, was überhaupt mit dem *Markt* gemeint ist, den wir da untersuchen wollen. Ich stelle immer wieder fest, dass Menschen auf die Frage, was ihr Markt ist, oft ihre Zielgruppe beschreiben. Nach dem Motto: *Mein Markt ist die DACH-Region und Indien.* Die Zielgruppe, beziehungsweise wo diese lebt, ist sicherlich ein Bereich, der durch den Markt beschrieben wird, aber es gehört noch viel mehr dazu.

Im Grunde genommen soll die Marktrecherche über mehrere Bereiche Auskunft geben, nicht nur über die Marktgröße. Zum einen soll sie die Frage beantworten, in welche *Art* Markt ich eintreten möchte. Es existieren drei Arten von Märkten:

1. ein wachsender Markt,
2. ein stagnierender Markt und
3. ein sinkender Markt.

Die zweite Frage, die eine Marktrecherche beantworten soll, ist dann die nach der eigentlichen Marktgröße. Wie groß ist mein Wachstumspotenzial? Schließlich untersucht die Marktrecherche drittens meine Zielgruppe und viertens den Wettbewerb. Darüber hinaus müssen fünftens noch rechtliche und gesellschaftliche Rahmenbedingungen untersucht werden, auf die wir später noch genauer eingehen, wenn wir die Marktrecherche Schritt für Schritt beschreiben.

Ich habe eingangs ja gesagt, dass eine fundierte Marktrecherche dabei hilft, das Risiko des Scheiterns zu reduzieren. Das betrifft natürlich zum einen das Scheitern des Start-ups selbst, weil es aufgrund der durch die Marktrecherche beschafften Informationen bessere Entscheidungen treffen kann. Das Gleiche gilt aber

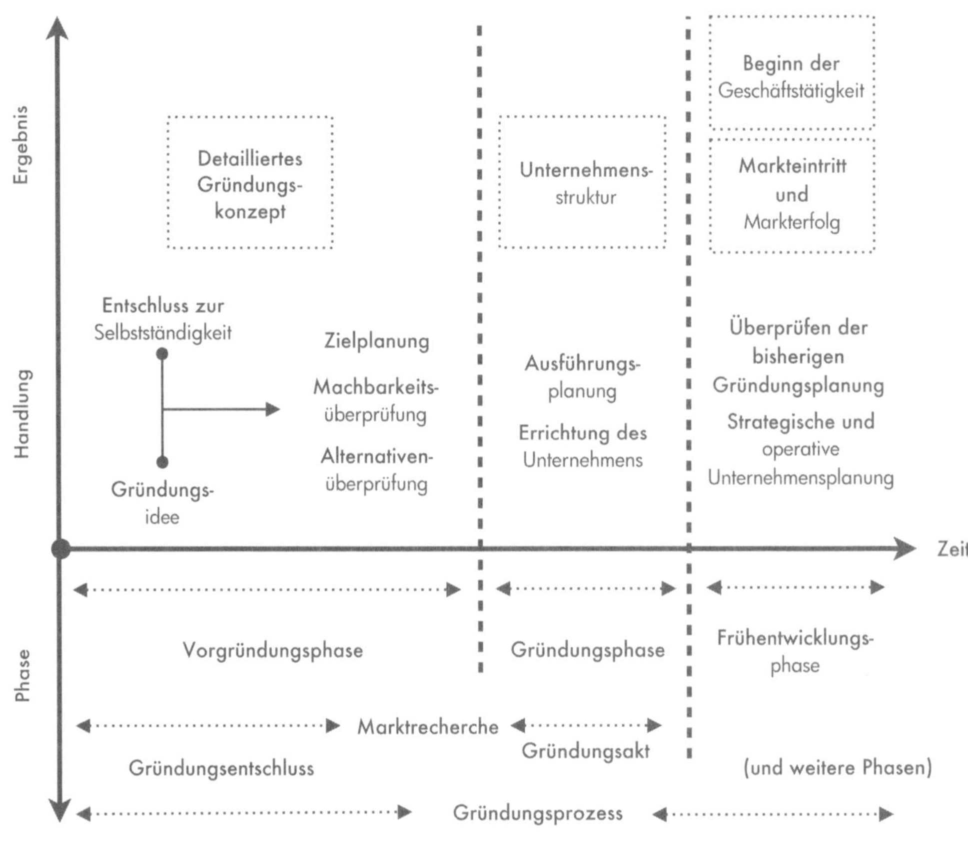

Abb. 3.1: Die Marktrecherche im Gründungsprozess
(Quelle: In Anlehnung an Hering und Vincenti 2018, S. 195)

selbstverständlich auch für Investoren oder Banken, die ihrerseits ja Entscheidung treffen müssen, ob sie in das Start-up investieren wollen beziehungsweise ob sie daran glauben, dass das Start-up erfolgreich wird. Ein häufiger Fehler ist es zu denken, eine Marktrecherche sei ein einmaliges Event. Tatsächlich ist es so, dass eine Marktrecherche, genau wie eine Geschäftsmodellentwicklung, nie wirklich endet. Vielmehr gibt es verschiedene Phasen, die unterschiedlich intensiv ablaufen. Welche das genau sind, werden wir ja später noch detailliert besprechen. Hauke, wie ordnest Du die Relevanz einer Marktrecherche in der Praxis ein?

Hauke Windmüller: Eine gute Marktrecherche ist wichtig. Noch vor nicht allzu langer Zeit erlebten wir eine regelrechte Goldgräberstimmung, als die Digitalisierung gerade erst begonnen hatte und viele traditionelle und analoge Geschäftsmodelle in das digitale Zeitalter überführt wurden. Mittlerweile ist die Digitalisierung allgegenwärtig und es ist schwer, innovative Produktideen zu finden, die es vorher noch nicht gab, oder neue digitale Geschäftsmodelle zu entwickeln. Eine Analyse des Marktes erhöht die Erfolgswahrscheinlichkeit des Start-ups, da die Positionierung zu Beginn an klug gewählt werden kann.

Umgekehrt kann man sich seine Start-up-Idee aber auch kaputt analysieren, wenn die Marktrecherche zu ausgiebig erfolgt. Zum Beispiel, wenn man nach Ausschlusskriterien für die eigene Idee sucht, um zur Absicherung wirklich alle potenziellen Szenarien durchgespielt zu haben. Denn wer explizit nach einem Grund sucht, weshalb ein Geschäftsmodell in einem bestimmten Markt nicht funktioniert, der findet höchstwahrscheinlich auch einen.

> ***»Ich sehe das Phänomen, dass sich einige Gründerinnen und Gründer aus meinem Umfeld nach dem Verkauf des Unternehmens schwertun, ein weiteres Unternehmen zu gründen.***
> ***Mit all der Erfahrung und all dem Wissen über Geschäftsmodelle und Märkte schätzen sie das Risiko zu hoch ein, dass eine weitere Gründung scheitern würde. Einige meiner Unternehmerfreunde wechseln deshalb auf die Investorenseite.«***
>
> *Lea-Sophie Cramer, AMORELIE*

Meine praktische Erfahrung aus Familonet und diversen anderen Projekten ist, dass eine theoretische Marktrecherche zwar wichtig ist, aber gleichzeitig ganz am Anfang auch nicht riesig viel Raum einnehmen muss. Man kann sich bereits nach kurzer Zeit einen guten Überblick verschaffen, zumindest lassen sich relativ schnell die wichtigsten Showstopper identifizieren. Der Rest passiert dann über die praktische Umsetzung, bei der das Produkt oder das Angebot auf Basis der Kundenwünsche und somit entsprechend des Marktes entwickelt wird. Das ist auch der Grund, warum sich das Geschäftsmodell bei Start-ups in der Anfangszeit so oft wandelt und teilweise erst nach ein bis zwei kleineren Pivots gefunden wird.

Auf die leichte Schulter nehmen sollte man die Marktrecherche aber trotzdem nicht. Wir haben in der Anfangszeit von Familonet dafür mal die Quittung kassieren müssen. Nach einem Jahr wollten wir unseren Namen auf FAMILO ändern, weil er uns kürzer und knackiger erschien, und wir dachten, wir könnten damit besser international skalieren. Allerdings haben wir die Markenrecherche im Ausland nur sehr bedürftig vorgenommen. Als noch junges Start-up verfügten wir nicht über die finanziellen Mittel, um eine juristisch saubere Analyse in unseren 20 Zielmärkten durchzuführen. Wir meldeten also die neue Marke FAMILO als Unionsmarke (Markenschutz innerhalb des Binnenmarktes der Europäischen Union) an und starteten sofort durch – ohne die Frist von sechs Monaten abzuwarten, in der andere Markenrechtsinhaber Widerspruch einlegen können. Leider kam es, wie es kommen musste: Ein damals noch winzig kleiner Wettbewerber aus Frankreich meldete sich zu Wort und durchkreuzte unsere Pläne. Die Kosten für den Rückbau des Namens, des Logos, der gesamten CI und der Legal-Kosten übertrafen die Kosten für eine vorherige genauere Markenrecherche um ein Vielfaches. Ganz abgesehen von dem kurzzeitigen Imageschaden. Heute sehe ich daher die Marktrecherche mit anderen Augen und messe dem Thema schon deutlich mehr Relevanz bei.

Was sind die Besonderheiten einer Marktrecherche im Start-up?

Hauke Windmüller: Nachdem ich jahrelang als Unternehmer die Marktrecherche sehr pragmatisch durchführen konnte, musste ich nach dem Verkauf unseres Unternehmens an Daimler andere Standards ansetzen. Selbst bei kleineren

Projekten wurden vorher große Marktrecherchen durchgeführt. Das kann auch gerechtfertigt sein, wenn man die Unterschiede zwischen Start-ups und größeren Konzernen versteht. Start-ups können sich leichter Nischen suchen, sind agiler und können mit einer besonderen »Magic« (zum Beispiel besondere Technologie, neue innovative Ansätze et cetera) – der eigentlichen Existenzberechtigung von Start-ups – besser gegen andere Player bestehen. Manchmal stehen sie gar nicht erst im Wettbewerb. Hinzu kommt, dass bei der Mehrzahl der Start-ups die Umsatzerwartungen deutlich geringer sind als bei Mittelständlern oder Konzernen, die mit ihrem Kerngeschäft bereits Millionen oder Milliarden verdienen. Dort sind Umsatzerwartungen an neue Projekte entsprechend hoch – das Marktpotenzial muss direkt riesig sein –, weshalb mehr Zeit und Ressourcen in umfangreiche Marktrecherchen investiert werden.

Meine Erfahrung im Corporate-Umfeld ist, dass Marktrecherchen oftmals von dedizierten Abteilungen durchgeführt oder gänzlich ausgelagert werden. Das Ergebnis sind sehr fundierte, jedoch aufwendige, langwierige und dadurch teure Marktrecherchen. Wie in Corporates häufig üblich, wird ebenfalls viel Zeit in die Aufbereitung der Ergebnisse, meistens in schöne und sehr lange Präsentationen gesteckt. Denn aufgrund der langen Entscheidungswege werden die Ergebnisse oftmals einer großen Anzahl von Personen, Abteilungen und Führungskräften gezeigt.

Inhaltlich stellt sich die Frage, welches Ziel mit der Marktrecherche verfolgt werden soll. Geht es um die generelle Entscheidung, ob ein bestimmtes Geschäft gestartet werden soll, oder darum, mit den Ergebnissen womöglich Investoren zu überzeugen? Letzteres Szenario erfordert teilweise tiefgründigere Analysen, die mir schon so manche Nacht den Schlaf geraubt haben. Wenn Ihr aber noch ganz am Anfang steht und herausfinden möchtet, ob eine Idee überhaupt lohnenswert ist, könnt Ihr wesentlich schneller und einfacher zu einer ersten Erkenntnis kommen, die Euch hoffentlich zum Weitermachen bekräftigt.

Prof. Sebastian Pioch: Die größte Besonderheit von Start-ups im Vergleich zu Unternehmen im Bereich Marktrecherche ist wohl, dass die Start-ups einfach über wesentlich weniger Mittel verfügen. Allein eine Einstiegsstudie eines professionellen Marktforschungsinstituts kostet für gewöhnlich einen kleinen fünfstelligen Betrag. Dass sich das nur die wenigsten Start-ups zu Beginn leisten können, kann man sich gut vorstellen. Allerdings müssen Start-ups diese Gelder auch nicht investieren, sondern können, wie Ihr Hauke, eine Marktrecherche in diesem frühen Stadium auch selbst vornehmen. Während mittlere bis große Unternehmen gut beraten sind, auch externe Profis damit zu beauftragen, sie im Rahmen von Marktrecherchen zu unterstützen, ist die Eigenrecherche für Start-ups sogar von Vorteil. Warum? Weil sie die Aufgaben der Marktrecherche noch selbst in operative Schritte zerlegen und direkt umsetzen können. Darüber hinaus haben sie noch kein festgelegtes Geschäftsmodell und können viel flexibler auf die Ergebnisse reagieren, die ihnen der Markt liefert.

Bei großen Unternehmen sind die Konsequenzen von Entscheidungen, etwa bei einer neuen Produkteinführung oder bei einem Eintritt in einen neuen Markt, wesentlich größer als bei einem kleinen Start-up. Da werden dann gleich hunderttausende Euro etwa in die Neueinstellung von Mitarbeitern investiert, oder es werden umfassende Logistikprozesse in Gang gesetzt. Um all das muss sich ein Start-up in der Regel nicht kümmern. Hier entscheiden Marktrecherche-Ergebnisse zwar nicht über hunderttausende von Dollar oder Euro, allerdings kann jede falsche Entscheidung direkt das Ende bedeuten.

Last, but not least ist eine weitere Besonderheit, dass die Start-ups zu Beginn noch nicht über unternehmensinterne Daten verfügen, auf die sie zurückgreifen können. Diese müssen erst im Laufe der Zeit erhoben, gespeichert und ausgewertet werden, um hier ergänzend zu den externen Informationen auch interne Erkenntnisse mit in die Entscheidungen einfließen lassen zu können.

Durchführung der Marktrecherche

Welche Methoden sind empfehlenswert beziehungsweise wie gehe ich vor?

Prof. Sebastian Pioch: Da es sehr viele fragmentierte Modelle gibt, die jeweils nur Teile der Marktrecherche abbilden, habe ich das *Start-up-Intelligence-Modell* entwickelt, welches insbesondere für Start-ups geeignet ist, um in der frühen Phase deren Markt zu untersuchen. Da es sich dabei um ein recht umfangreiches Modell handelt, werde ich hier nur die wichtigsten Komponenten skizzieren. Auf der Webseite zum Buch (www.startup-skills.com) erhaltet Ihr ein ergänzendes Videotutorial inklusive Materialien zum Download.

Wie bereits erwähnt sollte man sich Folgendes wirklich bewusst machen: Eine Marktrecherche ist kein singulärer Moment wie ein Notartermin oder das Anmelden einer Marke. Eine professionell durchgeführte Marktrecherche dauert auch für Start-ups mehrere Monate und ist im Grunde genommen nie wirklich abgeschlossen. Darüber hinaus findet sie parallel zu anderen Arbeitsschritten wie etwa dem Teamaufbau und der Beschaffung von Finanzen statt. Dies und der Umstand, dass Start-ups für gewöhnlich über keine Erfahrungen mit der Durchführung von Marktrecherchen verfügen, bilden den Hintergrund meiner Empfehlung, dem hier skizzierten Prozess zu folgen.

Mein Modell gliedert sich in insgesamt fünf Phasen: 1) Planen, 2) Positionieren & Bedarfsklärung, 3) Informationsbeschaffung, 4) Auswertung & Verifizierung und 5) Aufbereiten der Informationen. Jede dieser Phasen wieder unterteilt sich in die gleichen drei Ebenen. Weil die Ebenen für das Verständnis der Phasen relevant sind, möchte ich Euch dazu als erstes einen kurzen Überblick geben.

Die Ebenen

Ebene 1: Aufbau & Betreiben einer Wissens- und Kommunikationslandschaft Für Start-ups ist es enorm wichtig, dass das gesamte Team permanent sein Wissen teilt und für Strukturen sorgt, damit nichts verloren geht. Idealerweise werden deshalb die Prozesse der Marktrecherche im Team verteilt, sodass eine Person zum Beispiel mit potenziellen Kunden spricht, jemand anderes konzentriert sich auf Branchenexperten und eine dritte Person übernimmt den Bereich der Desk Research.

Wie genau so eine Wissenslandschaft aufgebaut ist, bleibt natürlich jedem Start-up selbst überlassen. Ich würde immer einen hybriden Mix aus analogen und digitalen Medien empfehlen. Aber ob es sich ganz konkret um eine Kombination aus Slack, Evernote, Dropbox und einem Leitz-Ordner handelt oder ob man das Ganze ausschließlich per WhatsApp diskutiert, hängt von den Präferenzen des Teams ab.

Ebene 2: Handlungsschritte Die zweite Ebene beschreibt die in der jeweiligen Phase notwendigen operativen Schritte. Welche das im Einzelnen sind, erläutere ich gleich im Zusammenhang mit der zugehörigen Phase.

Ebene 3: Aufbau von Netzwerken und Anpassen des Geschäftsmodells Die dritte Ebene betrifft den Aufbau von Netzwerken und das Übertragen der Rechercheergebnisse auf das aktuelle Geschäftsmodell. Ein Netzwerk aufzubauen nimmt viel Zeit in Anspruch und sollte deswegen so früh wie möglich gestartet werden. In Abhängigkeit vom Kunden-Feedback oder von Informationen über den Wettbewerb sollte permanent geprüft werden, ob ein Pivot notwendig ist. Hier findet eine Wechselwirkung zwischen den Erkenntnissen aus der Recherche und dem Geschäftsmodell statt.

Die Phasen

Phase 1: Planen In Phase eins empfehle ich, ausschließlich Pläne zu erstellen und überhaupt erst einmal herauszufinden, welche Ressourcen zur Verfügung stehen. Welche Informationen muss ich in Abhängigkeit von den Thesen beschaffen, die mein Geschäftsmodell belegen oder widerlegen? Ein Beispiel: Wir stellen die These auf, dass wir mit unserem Produkt X eine Zielgruppe Z erreichen können, die bereit ist, einen Betrag Y dafür zu zahlen. Um die nötigen Informationen im Zusammenhang mit dieser These zu beschaffen, bestimmt das Team in dieser Phase, wer welche Aufgaben übernimmt und welche Ressourcen in welchem Zeitraum eingesetzt werden sollen.

Phase 2: Positionieren und Bedarfsklärung Über das Thema Positionierung sprechen wir noch ausführlich in Kapitel 5. Hier sei jedoch vorweggenommen, dass sich das Start-up schon früh darüber im Klaren werden muss, mit welchen Aussagen es welche Zielgruppe erreichen möchte, wie es durch diese Zielgruppe wahrgenommen werden möchte, wie es sich selbst wahrnimmt und welche Werte es leben will. Das ist bereits in dieser Phase wichtig, weil man natürlich nur dann belastbare Informationen über seine Zielgruppe beschaffen kann, wenn man weiß, wen man eigentlich ansprechen möchte und wie man diese Personen erreichen kann. Schließlich verabschiedet man noch einen Katalog von Entscheidungen, die man im Anschluss an die Marktrecherche treffen möchte. Das können entweder grundsätzliche Entscheidungen sein, etwa »Wollen wir überhaupt gründen?«, oder fachliche Überlegungen, etwa wie man sich die Markteintrittsstrategie oder das Pricing vorstellt.

Phase 3: Informationsbeschaffung In der dritten Phase findet nun die eigentliche Informationsbeschaffung statt. Zu Beginn ist es empfehlenswert, sich erst mal im sogenannten »Oberflächen-Web« einen Überblick zu verschaffen, also mithilfe von Informationen, die man via Google und Bing einfach und kostenlos abrufen kann. Die Informationen, die ich hier recherchieren kann, sind zwar kostenlos, schwanken deswegen aber in der Qualität auch sehr. Mit der freien Recherche kann ich mir dafür einen guten ersten Überblick verschaffen, wie groß mein Markt überhaupt ist und welche Ausprägung meine Zielgruppe hat. Ich finde hier also schon heraus, wie viele Kunden es in etwa für mein Produkt gibt, wie intensiv deren Bedarf ist und über welche Kaufkraft sie verfügen. Für diesen Zweck kann ich unter anderem consumerbarometer.com von Google oder best-4-planning von der GiK (Gesellschaft für integrierte Kommunikationsforschung) empfehlen.

Informationsquellen

Eine sehr gute Quelle ist hier zum Beispiel der Datenhost *genios.de*, auf dem man Zugriff auf Fachmagazine, die Tagespresse oder aber auch auf Firmeninformationen bekommt. Die Kosten für ein Firmenprofil eines Wettbewerbers liegen bei etwa 10 bis 20 Euro. Das ist gut investiertes Geld, wenn man nähere Informationen über seinen Wettbewerber haben möchte. Denn wenn ich die drei bis vier wichtigsten Wettbewerber hinsichtlich ihrer Kennzahlen auf Genios analysiere, kann ich feststellen, ob deren Betriebsergebnisse in den letzten Jahren gewachsen, gleich geblieben oder geschrumpft sind. Gleiches gilt für deren Mitarbeiteranzahl, die ich ebenfalls in diesen Firmenprofilen ablesen kann. Diese Zahlen bieten belastbare Hinweise darauf, um welche Art des Marktes es sich handelt, in den ich eintreten möchte.

Als nächste Quelle kommt die ganze Literatur hinzu, hier verschwinden mittlerweile die Grenzen zwischen Print-Literatur und digitalen Quellen. In jedem Fall kann ich jedoch empfehlen, sich einmal mit dem Konzept der Schnelllesetechniken auseinanderzusetzen, in dieser Zeit werdet Ihr nämlich Unmengen an Fachliteratur sichten müssen. Das solltet Ihr in jedem Fall tun, um entsprechende Fachkompetenz aufzubauen, wenn es etwa darum geht, sich mit Branchenexperten auseinanderzusetzen oder später beim Pitch den Investoren Rede und Antwort zu stehen.

Als Nächstes geht es darum, die Zielgruppe zu befragen. Hierfür würde ich gern auf Kapitel 4 verweisen, wo wir den Prozess der Interaktion mit der Zielgruppe detailliert beschreiben. An dieser Stelle vielleicht nur der Hinweis, dass ganz einfach durchgeführte Umfragen mittels Tools wie zum Beispiel Surveymonkey oder Google Surveys dabei helfen können, die richtigen Entscheidungen zu treffen.

> »
> ***»Im Nachhinein bin ich froh darüber, dass wir in einer Online-Umfrage 40 unserer Freunde über den Namen unseres Start-ups mit abstimmen lassen haben und sie mich überstimmt hatten. Der Name Amorelie funktioniert viel besser als der Name, auf den ich mich ursprünglich mal festgebissen hatte.«***
>
> ***Lea-Sophie Cramer, AMORELIE***

Schließlich bleiben noch die Experteninterviews. Hier eignet sich das Instrument des teilstrukturierten Interviews, bei dem man sich schon ein paar Fragen überlegt, aber gleichzeitig eine gewisse Flexibilität behält, um an der einen oder andere Stelle nachzuhaken. Experteninterviews sind sehr wichtig, um sich über rechtliche und gesellschaftliche Rahmenbedingungen zu informieren. Hängt beispielsweise mein Geschäftsmodell davon ab, wann der G5-Standard eingeführt wird oder – wie im Beispiel von Uber – dass die Fahrer in Deutschland über einen Personenbeförderungsschein verfügen müssen, können genau diese Informationen über ein Scheitern oder den Erfolg des Geschäftsmodells bestimmen.

Infobox 3.1: Informationsquellen

Anschließend müssen diese Informationen im sogenannten *Deep Web* vertieft werden. Das Deep Web ist der Teil des Internets, auf den herkömmliche Suchmaschinen keinen Zugriff haben (nicht zu verwechseln mit dem *Dark Net*, wie einige Suchergebnisse fälschlicherweise nahelegen, dies ist nur ein Teilbereich des Deep Web). Dort findet man Informationen, die meistens kostenpflichtig sind.

Phase 4: Auswertung & Verifizierung Die letzten beiden Phasen erklären sich nun ganz schnell. In Phase 4 geht es darum, alle gesammelten Informationen aus-

zuwerten und zu überprüfen, zum Beispiel, indem Ihr die wichtigsten Informationen aus den gelesenen Artikeln extrahiert. Ein weiterer Schritt ist das Transkribieren der Interviews. Dabei wird es keine Seltenheit sein, dass verschiedene Experten zu unterschiedlichen Aussagen kommen, die zum Teil widersprüchlich sind. Hier kann es helfen, die Experten anschließend mit den widersprüchlichen Aussagen der anderen Experten zu konfrontieren und darum zu bitten, dass sie ihre eigene Position nochmals erläutern. Bei potenziellen Kunden ist das übrigens auch mal der Fall. Viele Leute kennen ihre eigenen Bedürfnisse gar nicht und können erst reflektieren, ob ihnen etwas gefällt, wenn man ihnen Dinge zeigt – weshalb ja auch das Prototyping so erfolgreich ist. Henry Ford wird der Ausspruch »*Wenn ich die Menschen gefragt hätte, was sie wollen, hätten sie gesagt, schnellere Pferde.*« zugeordnet. Daraus wiederum ist wohl die Sichtweise entstanden: »*Listen to your customers, but ignore what they say!*«
Phase 5: Aufbereiten der Informationen In der fünften und letzten Phase müssen die Ergebnisse aufbereitet und verdichtet werden. Der Umfang eurer Dokumentation ist dabei abhängig vom Einsatzzweck: Es ist wohl gut nachvollziehbar, dass die Ergebnisse der Marktrecherche in einen Business-Plan wesentlich umfassender einfließen als etwa in ein Pitchdeck. Wichtig wäre mir außerdem noch zu erwähnen, dass die initiale Marktrecherche, wie eingangs angedeutet, ergebnisoffen ist. Deshalb ist es empfehlenswert, dass Ihr Euch am Ende dieser erstmaligen Recherche, die insgesamt etwa zwei bis drei Monate dauern kann, eine sogenannte *Beobachtungslandschaft* einrichtet, um den Markt kontinuierlich im Blick zu behalten. Zu diesem Zweck könnt Ihr zum Beispiel verschiedene Newsletter von Wettbewerbern abonnieren und RSS-Feeds sowie Google Alerts zu den wichtigsten Keywords einrichten. Außerdem kann es hilfreich sein, sich auf Messen zu präsentieren, ständig im Austausch mit seinen Kunden zu bleiben, aktuelle Trends zu verfolgen und idealerweise selbst Studien zum eigenen Geschäftsumfeld zu erstellen. Denn nur durch ein kontinuierliches Monitoring wird es gelingen, das eigene Geschäftsmodell dauerhaft erfolgreich am Markt zu positionieren und einem Schicksal, wie es Kodak oder der Brockhaus erfahren haben, zu entgehen.

Okay, Hauke, das war jetzt eine ganze Menge Theorie. Wie seid Ihr denn ganz konkret bei Eurer Marktrecherche vorgegangen, habt Ihr tatsächlich drei Monate gebraucht?

Hauke Windmüller: Finde ich total spannend, und es gibt sicher Start-ups, die eine umfangreichere Marktrecherche gemacht haben als wir bei Familonet. Wir sind das tatsächlich eher praktisch angegangen und haben als Erstes unsere Zielgruppe definiert. Dabei haben wir unterschieden zwischen Kernzielgruppe (Eltern mit Kindern zwischen 5 und 17 Jahren), Zielgruppe (Familien) und erweiterte Zielgruppe (Paare, Großeltern). Um das herauszufinden, haben wir wie in Kapitel 1 beschrieben quantitative Online-Umfragen erstellt sowie qualitative Fokusgruppen und Tiefeninterviews durchgeführt. Im Endeffekt wollten wir herausfinden, wer unser Produkt tatsächlich nutzen würde und bei wem eine Zahlungsbereitschaft besteht. Im folgenden Kapitel gehe ich noch näher drauf ein, wie wir Schritt für Schritt einen Prototyp entwickelt haben, durch den die Analyseergebnisse immer besser wurden. Für den ersten Teil der Marktrecherche genügte uns die schnelle Vorgehensweise.

Um anschließend das Marktpotenzial abzuschätzen, haben wir das sogenannte *TAM-SAM-SOM-Modell* zu Hilfe genommen.

TAM-SAM-SOM-Modell

Die Abkürzungen TAM, SAM und SOM stehen für die folgenden drei Märkte:

- **TAM**: Total Addressable Market oder Total Available Market
- **SAM**: Serviceable Addressable Market oder Served Available Market
- **SOM**: Serviceable Obtainable Market oder Share of Market

Der TAM beschreibt das größtmögliche Marktpotenzial, das theoretisch erreicht werden könnte. Dabei werden keine Marktbeschränkungen, geografischen Beschränkungen oder Wettbewerber berücksichtig. Ihr kennt sicherlich Aussagen wie »Der weltweite Automobilmarkt ist X Milliarden groß«. Macht nicht den Fehler, dass Ihr ausschließlich diese Zahl potenziellen Investoren zeigt, da sie sehr unspezifisch für Euer Geschäft ist.

Wesentlich interessanter ist der SAM, denn dies ist der Markt, den Ihr mit Eurem aktuellen Produkt und Geschäftsmodell auch bedienen könnt. Im Fall von Familonet waren dies beispielsweise zunächst Familien mit Kindern zwischen 5 und 17 Jahren. Dieses Marktpotenzial könnt Ihr wunderbar vor Investoren pitchen.

Tatsächlich aktiv seid Ihr dann bis zur ersten Wachstumsphase in dem SOM. Das ist der Markt, den Ihr auch tatsächlich ansprechen könnt – mit den Euch zur Verfügung stehenden Mitteln, mit Distributions- und Marketingkanälen und mit der aktuellen Wettbewerbssituation. Der SOM kann somit die kurzfristigen Unternehmensziele vorgeben.

Infobox 3.2: TAM-SAM-SOM-Modell

Im Fall von Familonet konnten wir den SOM folgendermaßen definieren: Familien, die in Deutschland leben, mindestens ein Kind haben, das ein Smartphone besitzt, und die über digitale Medien (zum Beispiel *Google Ads* oder *Facebook Werbung*) zu erreichen sind. Wenn wir davon ausgehen, dass Eltern im Schnitt 100 Euro im Jahr für digitale Helferlein für die Kinder ausgeben und es etwa drei Millionen Familien gibt, die zu unseren Kriterien passen, wäre unser SOM 300 Millionen Euro groß.

Parallel zur Definition der Kernzielgruppe und der Ermittlung des Marktpotenzials haben wir uns mit dem Wettbewerb beschäftigt. Hilfreich für die Suche sind die großen Start-up-Datenbanken von Crunchbase, Angelist, TechCrunch oder Gründerszene. Dabei sind wir folgendermaßen vorgegangen:

1. Ziel der Recherche definieren. Bei Familonet wollten wir herausfinden, wer die drei größten direkten Wettbewerber in unseren vorher definierten regionalen Hauptmärkten Deutschland, Europa und den USA sind.
2. Merkmale definieren, nach denen gesucht und bewertet wird. Das waren damals beispielsweise Größe der Unternehmen nach Anzahl von Nutzern und Umsatz, Art des Geschäftsmodells, Erlösmodell, Sitz des Unternehmens, geografische Ausbreitung und Sprachen, Kernzielgruppe et cetera.
3. Als Letztes haben wir verglichen, ob wir uns mit unserem Produkt, unserem Geschäftsmodell und unserer Positionierung genug vom Wettbewerb abgrenzen, und anhand der Ergebnisse unser Profil geschärft.

Anhand dieser Marktrecherche – die tatsächlich nur wenige Wochen gedauert hat – konnten wir damals entscheiden, dass wir Familonet umsetzen.

Wie intensiv soll ich mich mit dem Thema Marktrecherche auseinandersetzen?

Prof. Sebastian Pioch: Wir hatten ja schon darauf hingewiesen, dass eine professionelle Marktrecherche mehrere Monate dauern kann. Das ist natürlich auch abhängig von der Phase, in der ich mich gerade befinde. In Kapitel 1 hatten wir besprochen, dass es in der Ideenphase völlig ausreichend ist, wenn man zunächst einmal googelt, ob es das Angebot, das ich in den Markt bringen möchte, gegebenenfalls schon gibt. Mit zunehmendem Entwicklungsstadium ist es allerdings zu empfehlen, sich entsprechend detaillierter mit dem Markt und dessen Bedürfnissen auseinanderzusetzen. Hintergrund ist hier, dass natürlich die Konsequenzen wesentlich größer werden: Je komplexer und weiter fortgeschritten ein Produkt ist, desto höher sind auch die Kosten beziehungsweise der Aufwand, Erkenntnisse aus dem Markt in das Produkt einfließen zu lassen. Ich spreche auch gern von einer *Fallhöhe*, die mit fortlaufendem Projektstadium zunimmt.

Es gibt natürlich immer wieder die Geschichten von den Start-ups, die erfolgreich geworden sind und die behaupten, überhaupt keine Marktrecherche durchgeführt zu haben. Flickr zum Beispiel wollte eigentlich ein Online-Game entwickeln, entstanden ist letztlich eine Plattform, auf der man Fotos teilt. Wer sich jetzt dadurch motiviert fühlt, sich ohne einen detaillierten Blick auf den Markt auf den Weg zu machen, dem möchte ich raten, sich kurz mit Statistiken auseinanderzusetzen. Es gibt zwar immer wieder Start-ups, denen es gelingt, einen Glückstreffer zu landen, ohne eine erfolgreiche Marktrecherche durchgeführt zu haben. Allerdings liegt in den meisten Studien eine verzerrte Wahrnehmung vor, da ja die gescheiterten Start-ups nicht befragt werden. Hauke, wie tief seid Ihr eingestiegen?

Hauke Windmüller: Meine gerade beschriebene Recherche diente ganz am Anfang dazu zu entscheiden, ob wir mit Familonet starten oder nicht. Da gerade am Anfang die Zeit und Ressourcen sehr knapp sind, hilft es, bestimmte Kriterien der Marktrecherche vorher zu definieren und sich auch darauf zu einigen, wann sie als positiv betrachtet werden kann oder abgebrochen werden sollte. Meine Erfahrung ist, dass es oftmals zwei Gründertypen gibt. Die einen, die sich viel zu wenig mit Markt und Wettbewerb beschäftigen und dann später Probleme haben, und solche, die sich viel zu verkopft zu lange Zeit nehmen für den theoretischen

Teil, aber nicht ins Doing kommen. Die Wahrheit liegt wahrscheinlich irgendwo dazwischen. Meine Empfehlung ist ein gesundes Maß an Recherche und Theorie, dann den Market Fit durch Click-Dummies (später ergänzt um MVPs und Prototypen) herausfinden und anschließend schnell eine Entscheidung treffen. Oder etwas konkreter: Eine Marktrecherche kann in wenigen Wochen intensiver Arbeit für ein erstes Ergebnis abgeschlossen sein.

Bei diesem ersten Ergebnis bleibt es aber oft nicht. Der Markt ändert sich ständig, weshalb wir auch die Analyse kontinuierlich im kleineren Stil weitergeführt haben. Demografische Zahlen ändern sich zwar nicht sehr schnell, der Wettbewerb hingegen kann sehr dynamisch sein. Geholfen haben uns dabei auch die von Sebastian beschriebenen automatischen Alerts, die auf bestimmte Keywords reagiert haben. So konnten wir unseren Wettbewerb immer gut im Blick behalten und waren über neue Produkte, Funktionen und andere Ereignisse schnell informiert. Sehr intensiv haben wir uns immer dann mit dem Thema Marktrecherche beschäftigt, wenn wir eine neue Finanzierungsrunde planten oder in ein weiteres Land expandieren wollten.

Welche rechtlichen Rahmenbedingungen muss ich beachten?

Hauke Windmüller: Stolperfallen sind in der Praxis oft vorhandene gewerbliche Schutzrechte wie Patente, Gebrauchsmuster, Geschmacksmuster und Marken. Vor allem Patente sind nicht so einfach zu identifizieren, denn sie sind oftmals nicht mit einem Wort auffindbar wie beispielsweise Marken. Positiver Nebeneffekt ist, dass Patente bei der Entwicklung von digitalen Geschäftsmodellen und vor allem Software eine untergeordnete Rolle spielen. Software ist in den seltensten Fällen patentierbar. Bei Familonet hätten wir unsere Lokalisierungsalgorithmen patentieren können, haben uns aber dagegen entschieden, da wir dann unsere »Secret Sauce« hätten veröffentlichen müssen. Das Risiko, dass jemand unsere Technologien verwendet, ohne dass wir davon erfahren hätten, war uns zu groß. Die meisten Komplikationen gibt es jedoch bei Markennamen. Denn es gibt keinen weltweiten Markenschutz und entsprechend auch keine einheitliche Datenbank für die Recherche. In Europa ist die Recherche durch die gemeinschaftliche Unionsmarke zum Glück recht einfach. Ihr könnt dafür die *EUIPO Datenbank* nutzen.

In Deutschland ist die Datenbank des *Deutschen Patent- und Markenamts* maßgebend und weltweit kann noch die *Weltorganisation für geistiges Eigentum (WIPO)* hilfreich sein. Falls ein Name bereits besteht, sollte dieser unbedingt Teil der Marktrecherche sein. Wie ich bereits erzählt habe, kam es bei mir zu einem bösen Erwachen, als sich ein Wettbewerber aus Frankreich aufgrund einer Markenrechtsverletzung bei uns gemeldet hatte. Ich beobachte bei vielen Gründern, dass sie sich zu spät mit dem Thema Markenanmeldung beschäftigen, obwohl es ein sehr einfaches Thema ist, das im Grunde schnell abgehakt werden kann.

Andere rechtliche Rahmenbedingungen, die bei der Marktrecherche berücksichtigt werden sollten, sind Beschränkungen der Umsetzung eines Geschäftsmodells oder des Betriebs in bestimmten Ländern und – vor allem in Deutschland – das Thema Datenschutz. Bei Familonet mussten wir feststellen, dass wir den chinesischen Markt nicht bedienen konnten, da bestimmte Services von Google und Apple, die für den Betrieb von Familonet notwendig sind, in China nicht erlaubt waren. In Indien war das Versenden von Push-Mitteilungen nur zu bestimmten Zeiten am Tag erlaubt, was unseren Service ebenfalls stark eingeschränkt hat. In Bezug auf Datenschutz haben deutsche Unternehmen das Glück, dass der deutsche Datenschutz schon immer als einer der strengsten der Welt galt und deutsche Unternehmen dadurch im internationalen Vergleich sehr gut aufgestellt sind. Bei Familonet konnten wir den strengen deutschen Datenschutz sogar als Wettbewerbsvorteil gegenüber US-amerikanischen Unternehmen nutzen. Durch die nun einheitliche europäische Datenschutz-Grundverordnung (engl. GDPR) stellt Datenschutz bei der Marktrecherche in den meisten Fällen kein Hindernis mehr dar.

Prof. Sebastian Pioch: Das sehe ich ganz genauso, beim Datenschutz kann man gar nicht präzise genug sein. Ein wesentlicher Aspekt sind auch Informationen darüber, welche Daten ich grundsätzlich erheben kann und darf, wenn ich ein datengetriebenes Geschäftsmodell am Markt etablieren will. Man sollte viel Zeit darauf verwenden, genauestens zu recherchieren, welche Daten man wo erheben darf, und vor allen Dingen, wie man sie weiterverwenden darf. Ganz wichtig ist in dem Zusammenhang auch die Frage, ob ich irgendwann eine Internationalisierungsstrategie verfolgen möchte. Es ist nämlich eine Sache, Daten aus Europa in Europa zu verwenden, und etwas völlig anderes, was ich dann damit in den USA machen darf. Da lohnt sich in jedem Fall die Investitionen in die Beratung eines auf Datenschutzrecht spezialisierten Fachanwalts.

Ein Fall, bei dem das Beschaffen von rechtlichen Rahmeninformationen unterblieben ist, war der eines inzwischen sehr bekannten Online-Lieferdienstes. Die Jungunternehmer hatten nämlich nicht beachtet, dass sie in dem Moment, wo sie von den Nutzern, die bei ihren Kunden des Lieferdienstes, den Restaurants, über die Plattform eine Pizza bestellt hatten, bei der Lieferung in bar kassierten und dieses Geld dann an die Kunden, also die Restaurants, weiterleiteten. Durch diesen Vorgang hat der Lieferdienst mittelbar die Funktion einer Bank eingenommen, wofür er aber gar keine Berechtigung hatte. In dem Fall hätte sich das Start-up bei der BaFin (Bundesanstalt für Finanzdienstleistungsaufsicht) entsprechend erkundigen müssen, anstatt so zu riskieren, dass aufgrund der nicht vorhandenen Genehmigung das grundsätzlich ja erfolgreiche Geschäftsmodell zu scheitern droht.

Wie ermittle ich das Marktpotenzial für eine Idee, die es noch nicht gibt?

Hauke Windmüller: An dem Sprichwort »Wenn es deine Idee nicht schon irgendwo gibt, existiert auch kein Markt dafür« ist viel Wahres dran. Es ist tatsächlich schwer, eine völlig neuartige Idee zu haben, die nirgends schon ausprobiert wurde. Meistens gibt es zumindest schon Abwandlungen davon, die sich mit ein bisschen Recherche auch ausfindig machen lassen. Wenn es die Idee tatsächlich noch gar nicht gibt, lohnt es sich zu hinterfragen, wie das Problem vorher gelöst wurde oder was am nächsten an die Lösung herankommt. Bei Familonet waren wir mit einer Mischung aus beiden Situationen konfrontiert. Es gab zwar einige Familien-Apps mit verschiedenen Funktionen, aber eine technische Lösung dafür, den »Ich bin gut angekommen«-Anruf automatisch zu beantworten, gab es nicht. Also haben wir uns sowohl die vergleichbaren Lösungen angeguckt als auch die Marktrecherche explorativ über Befragungen und User Testings vorgenommen. Das Marktpotenzial lässt sich mit dem zuvor beschriebenen TAM-SAM-SOM-Modell auch ermitteln, wenn es keinen direkten Wettbewerber mit einem ähnlichen Produkt gibt.

Prof. Sebastian Pioch: Wenn es in den Sekundärquellen (Quellen, in denen sich Informationen finden lassen, die Dritte bereits erhoben haben) tatsächlich noch keine Daten über den Markt gibt, den man adressieren möchte, dann kann man sich dadurch behelfen, indem man zum Beispiel die Marktgröße schätzt. Damit ist Folgendes gemeint: Für Produkte, die bereits am Markt existieren, lässt sich das Marktpotenzial unter anderem deswegen gut ableiten, da es bereits Erhebungen darüber gibt, wie häufig zum Beispiel Personen ihre Zahnbürste pro Jahr wechseln. Dies lässt sich zum Beispiel in der bereits erwähnten Verbraucherstudie best 4 planning herausfinden. Anschließend multipliziert man den Verbrauch mit dem durchschnittlichen Preis und kann so sein Marktpotenzial bestimmen.

Wenn ich jedoch nicht auf solche Daten zurückgreifen kann, hilft es, ein Produkt zu verwenden, das einen ähnlichen Nutzen bietet, oder in einer eigenen Erhebung den potenziellen Bedarf zu ermitteln. Dieser lässt sich dann hochrechnen, um das Marktpotenzial zu schätzen, obwohl das Produkt noch nicht am Markt existiert.

Wie führe ich eine Wettbewerbsrecherche durch?

Hauke Windmüller: An dem Sprichwort »Wettbewerb belebt den Markt« ist ebenfalls wieder viel Wahres dran. Viele Gründer schrecken vor Wettbewerb zurück, aber das muss nicht sein. In vielen Fällen können sich viele Player einen Markt aufteilen. Wichtig ist nur die Differenzierung. Differenzierung durch Qualität, Preisvorteil, andere Leistung et cetera. Daher haben wir neben der bereits beschriebenen initialen Wettbewerbsrecherche kontinuierlich den Wettbewerb beobachtet, um darauf reagieren zu können beziehungsweise immer einen Vorsprung zu haben. Es hilft, regelmäßig die einschlägige Gründerpresse zu verfolgen und sich Google Alerts für alle möglichen Wettbewerber – egal ob direkte oder indirekte – einzurichten. So bleibt Ihr immer auf dem Laufenden, was um Euch herum passiert.

Prof. Sebastian Pioch: Da hast Du völlig recht, es ist in jedem Fall schlau, eine entsprechende Differenzierung vorzunehmen. Im Grunde genommen sind hier drei Phasen zu empfehlen: Die erste Phase ist die *Identifikation* relevanter Wettbewerber. Dabei wird unterschieden zwischen direkten und indirekten, expandierenden und modifizierenden sowie zwischen wechselnden Wettbewerbern.

Wettbewerb		
Expandierende Wettbewerber	Modifizierende Wettbewerber	Wechselnde Wettbewerber
Unternehmen dieser Kategorie erweitern entweder ihr bisheriges Angebotsspektrum und/oder werden auf weiteren Märkten aktiv.	Hiermit sind Unternehmen gemeint, die ihr bisheriges Angebotsspektrum ändern und dadurch zum Wettbewerber werden.	Diese Kategorie beschreibt Unternehmen, die ihr Angebot von der analogen Welt in die digitale Welt verlagern. Wechselnde Wettbewerber sind also insbesondere bei digitalen Geschäftsmodellen zu beachten.

Infobox 3.3: Wettbewerb

Wenn ich nun meine Wettbewerber in den unterschiedlichsten Formen identifiziert habe, geht es darum, die einzelnen Wettbewerber zu bewerten. Dabei wird klassischerweise in die Kategorien *Zielsetzungen*, *Strategie*, *Reaktionsverhalten*, *Stärken* und *Schwächen* unterschieden. Hier würde ich mir wirklich Zeit nehmen und im Team eine richtige Matrix aufsetzen und diese zusätzlich mit den Kennzahlen anreichern, die wir im Vorfeld schon aus dem Firmenprofil der Wettbewerber beschafft hatten (Umsatz, Anzahl der Mitarbeiter et cetera).

Um angemessen auf den Wettbewerb reagieren zu können, ist es auch hierfür wichtig, die eigene Positionierung zu kennen. Es sollten insbesondere folgende Fragen der eigenen Strategie mit der des Wettbewerbs abgeglichen werden:

- Wie sieht ihre Produktstrategie aus?
- Welche Preisstrategie verfolgen sie?
- Wie sieht ihre Vertriebs- und Kommunikationsstrategie aus?

Grundsätzlich würde ich es immer als Chance wahrnehmen, wenn ich im Zuge meiner Marktrecherche auf entsprechende Wettbewerber stoße.

Umgang mit den Ergebnissen der Marktrecherche

Wie treffe ich eine strukturierte Entscheidung und welchen Einfluss haben die Ergebnisse der Marktrecherche auf mein Geschäftsmodell?

Prof. Sebastian Pioch: An dieser Stelle haben die Gründer aus wissenschaftlicher Sicht im Grunde genommen zwei Möglichkeiten, mit den Ergebnissen der Marktrecherche umzugehen, um daraus eine Entscheidung abzuleiten. Der erste, wesentlich bekanntere Ansatz wird *Causation* genannt. Mit Causation ist gemeint, dass ich das übergeordnete Ziel, das ich zu Beginn meiner Gründung beschrieben habe, als Grundlage für meine Entscheidungen betrachte. Das ist der klassische, lineare Ansatz, den wir im Vorfeld detaillierter diskutiert haben.

In der Causation-Welt werden etwa Entscheidungsansätze wie das *Gap-in-the-Market-Model* eingesetzt. Damit kann ich, basierend auf den Ergebnissen meiner Marktrecherche, entscheiden, in welche Lücke des Marktes ich mit welcher Strategie eintreten will. Die Achsen des dreidimensionalen Modells beantworten zum Beispiel die Frage nach der Location – *Wie viel Fußgängerverkehr gibt es in dieser Gegend?*, oder die nach dem Preis – *Welche Kaufkraft haben die Fußgänger in*

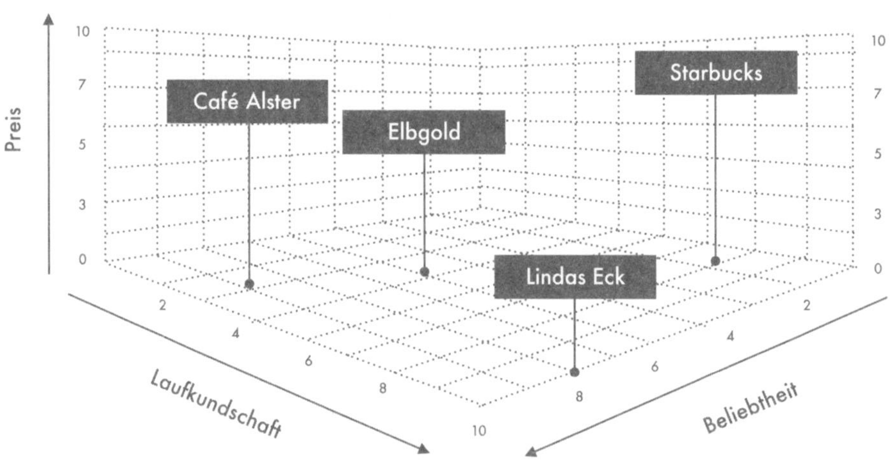

Abb. 3.2: Das Gap-in-the-Market-Model am Beispiel eines Cafés
(In Anlehnung an Krogerus u. Tschäppeler 2008, S.33)

dieser Gegend? – beziehungsweise schließlich die nach dem Attraktivitätsfaktor – *Wie viel Interesse haben Leute in der Gegend eigentlich an welcher Art von Kaffee?*

Der andere Ansatz, auf den ich gleich etwas intensiver eingehen möchte, weil er vielen Leuten noch nicht so bekannt ist, wird als *Effectuation* bezeichnet und ist sozusagen das Gegenteil des linearen Kausalitätsprinzips. Er wurde insbesondere von der indischen Kognitionswissenschaftlerin Saras Sarasvathy beschrieben. Die Unterschiede zwischen diesen beiden Ansätzen lassen sich an einem Beispiel am besten verdeutlichen. Stellen wir uns einen Kochabend vor. Der Causation-Ansatz würde wie folgt aussehen: Wir überlegen uns ein Gericht, recherchieren hierfür ein Rezept, dann kaufen wir die Zutaten, vielleicht benötigen wir auch noch das eine oder andere Kochutensil und müssten uns von unserer Mutter noch mal eine Kochtechnik zeigen lassen, damit wir das Gericht so zaubern, wie es das Rezept vorsieht. Dem Effectuation-Ansatz zufolge würden wir uns in der Vorratskammer unserer Küche umsehen und feststellen, welche Zutaten da sind. Dann würden wir gucken, welche Kochutensilien in unserer Küche zu finden sind, und unsere persönlichen Kochfähigkeiten abrufen. Das heißt, wir legen einfach los und arbeiten mit dem, was wir vorrätig haben. Dabei kommt zwar in der Regel etwas anderes heraus als beim Rezept, das wir mit dem Causation-Ansatz gekocht haben. Aber das heißt ja noch lange nicht, dass es uns nicht trotzdem schmeckt.

Wie funktioniert nun der Effectuation-Ansatz konkret? Er basiert auf fünf Prinzipien: Das erste heißt *Bird-in-hand* und besagt, dass man mit dem arbeiten sollte, was man kann beziehungsweise als Ressourcen zur Verfügung hat. Das geht ein wenig einher mit der *Bricolage-Verhaltensweise* von Claude Lévi-Strauss, die im übrigen auch die Erfinder von *MacGyver* zu dessen berühmten Improvisationen inspiriert hat. Das zweite Prinzip lautet *Affordable Loss* und geht von der Frage aus, was der Gründer bereit ist zu investieren. Prinzip Nummer drei wird *Crazy Quilt* genannt und geht der Frage nach, wer Interesse daran haben könnte, das eigene Gründungsvorhaben zu unterstützen und vielleicht sogar mitzumachen. Als Viertes folgt das *Lemonade-Prinzip,* das so viel sagt wie: Betrachte auftretende Überraschungen als Chance und beobachte, welcher Vorteil sich daraus ergibt. Getreu dem Motto: Wenn dir das Leben Zitronen gibt, frage es auch nach Tequil …ähm, ach nein, mach' Limonade draus. Schließlich folgt noch Prinzip Nummer fünf, es heißt *Pilot-in-the-Plane.* Ihm liegt die Logik zugrunde, die besagt, dass alles, was gesteuert oder kontrolliert werden kann, nicht vorhergesagt werden muss. Oder mit anderen Worten: Nicht die Umwelt steuert den Entrepreneur, sondern der Unternehmer steuert seine Umwelt.

Effectuation vs. Causation		
Prinzip	Effectuation	Causation (Unterschiede)
1. Bird-in-hand	Vorhandene Ressourcen und Fähigkeiten als Ausgangspunkt für jede weitere Entscheidung betrachten. *Was steht mir wann zur Verfügung?*	Hier entscheiden die Ziele darüber, welche Ressourcen beschafft beziehungsweise welche Fähigkeiten vonnöten sind, um erfolgreich zu sein. *Was ist erforderlich?*
2. Affordable loss	Beschreibt den Verlust, den der Gründer bereit ist zu ertragen. *Was bin ich bereit, zu verlieren?*	Kalkuliert den Gewinn, den man erwartet. *Was strebe ich als Gewinn an? Was will ich verdienen?*
3. Crazy Guilt	Beschreibt die Strategie, mit allen Stakeholdern zu sprechen, die das Projekt voranbringen können. *Wer könnte daran Interesse haben, sich zu beteiligen?*	Beschreibt die Markt- und Wettbewerbsanalyse, um mögliche Marktbegleiter beziehungsweise Partner zu identifizieren. *Wie grenze ich mich vom Wettbewerb ab beziehungsweise wer kann nützlich für mich sein?*
4. Lemonade	Überraschende Ereignisse sollten als Chance betrachtet werden. *Wie können wir das positiv für uns nutzen?*	Sieht eher das Vermeiden von Unerwartetem vor und strebt das Erreichen der definierten Ziele an. *Was kann alles schiefgehen? Wir können wir uns dagegen wappnen?*
5. Pilot-in-the-plane	Ich gestalte durch mein Handeln die Zukunft und mache mich nicht von Umständen abhängig. *Was liegt in meiner Hand?*	Trends existieren bereits und können durch entsprechende Methoden antizipiert werden. *Welche Trends helfen dabei, dass wir unsere Ziele erreichen?*

Infobox 3.4: Effectuation- und Causation-Ansatz im Vergleich
(Vgl. Reh, S. 2020, S. 26 ff.)

Wenn Du mich jetzt fragst, Hauke, welche der beiden Methoden ich besser finde, den klassischen kausalen Ansatz oder den gerade skizzierten Effecuation-Approach, dann muss ich Dir sagen – es kommt drauf an. Ich finde, es geht immer um die persönlichen Ziele, Eignungen und Vorlieben beziehungsweise Ressourcen, die jedem Gründer und jedem Gründungsvorhaben zugrunde liegen. Vor diesem Hintergrund sollte man sich dann die Frage stellen, welcher Entscheidungsprozess besser zu einem selbst passt. Vielleicht muss es auch gar nicht so ein Schwarz-Weiß-Denken sein, sondern es wäre intelligenter, sich eine Kombination aus beiden Ansätzen zu eigen zu machen. Wie seid Ihr denn damals vorgegangen?

Hauke Windmüller: Wir hatten uns damals konkrete Ziele gesetzt, die mit der Marktrecherche erfüllt werden mussten, damit wir mit der Umsetzung starten können. Es war ein Mix aus Anforderungen und Hypothesen an den Markt sowie an das Produkt, die uns die Sicherheit geben sollten, dass es sich lohnt, die Idee umzusetzen:

- Innovative Lösung für ein bestehendes Problem für das eine Zahlungsbereitschaft besteht.
- Eine Nische in einem großen Markt mit der Möglichkeit, das Produkt- und Serviceportfolio später weiter auszubauen.
- Skalierbares Produkt und Geschäftsmodell mit geringen Fixkosten.
- Kein direkter bereits sehr starker Wettbewerb im Heimatland.
- Einfache Internationalisierung ohne viel Lokalisierungsaufwand muss möglich sein.

Natürlich gab es nicht auf jede Frage eine eindeutige Antwort. Die von uns vorher aufgestellten Hypothesen sollten grob erfüllt werden. Unsicherheiten gibt es immer, sodass wir teilweise auch auf unser Bauchgefühl gehört haben. Geholfen haben uns viele Gespräche mit erfahreneren Unternehmerinnen und Unternehmern, die teilweise noch einen anderen Blickwinkel auf das Geschäftsmodell, den Markt oder den Wettbewerb hatten. Im Zuge der Gespräche mit vielen Leuten aus der Zielgruppe, anderen Gründern und Bekannten gibt es natürlich oft auch Menschen, die nicht an eine Idee glauben werden und ständig nach dem Haken suchen. Davon solltet Ihr Euch aber nicht unterkriegen lassen. Am Ende ist oft die eigene Überzeugung und Willensstärke ausschlaggebend.

Bei sehr innovativen Ideen ist es übrigens fast unmöglich, eine exakte Vorhersage darüber zu treffen, ob ein bestimmtes Produkt in einem Markt funktioniert. Das Risiko zu scheitern kann, wie schon mehrfach betont, durch eine gute Marktrecherche aber reduziert werden. Die Königsklasse der Produkte sind solche, für die es noch gar keinen Markt gibt und die den Kunden zeigen, dass sie das Produkt unbedingt benötigen. So wie Apple. In der Vergangenheit hat das Unternehmen ja ganz oft nicht produziert, was die Menschen wollten, sondern selbstständig völlig neue Trends gesetzt. Für einige der sehr teuren Produkte wäre eine klassische Marktpotenzialanalyse wohl gescheitert. Neue Märkte zu erschaffen ist aber nur in den seltensten Fällen möglich, und darauf sollte kein neu gegründetes Start-up setzen.

Aus eigener Erfahrung würde ich außerdem immer behaupten, dass die Identifikation mit der eigenen Idee einer der wichtigsten Erfolgsfaktoren ist. Ohne diese Motivation wären wir mit Familonet wahrscheinlich nie so weit gekommen. Ideal ist es dann noch, wenn Ihr sogar selbst zu Eurer Zielgruppe gehört. Das verschafft Euch einen kleinen Vorsprung in der Produktentwicklung, weil Ihr die Pain Points und Wünsche Eurer potenziellen Kunden quasi aus erster Hand kennt und Euch immer wieder in Eure Zielgruppe hineinversetzen könnt.

Learnings weiterer Gründer

Lea-Sophie Cramer ist Gründerin und Beirätin von AMORELIE, der führenden Marke für das Liebesleben. AMORELIE sitzt in Berlin, hat 150 Mitarbeiter und ist in 15 Märkten aktiv. Nach Stationen in einer Unternehmensberatung, bei Rocket Internet und Groupon gründete sie 2013 zusammen mit Sebastian Pollok AMORELIE. Sie ist Verwaltungsrätin der Conrad SE und Jury-Mitglied bei der TV-Show »Das Ding des Jahres« von ProSiebenSat.1.

Die Marktrecherche war bei uns ein wesentlicher Aspekt bei der Ideensuche. Mein Mitgründer Polly (Sebastian Pollok) und ich haben uns 2012 angeguckt, was gerade gesellschaftlich passiert. Das war in der Zeit, als alle Welt über *50 Shades of Grey* gesprochen hat. Das Buch war damals mit 100 Millionen verkauften Exemplaren das beliebteste Buch der Welt. Ein Buch, in dem es um das immer strikt tabuisierte Thema Liebesleben und Sex geht. Gleichzeitig haben wir gesehen, dass der damals größte Player auf dem Erotikmarkt, Beate Uhse, am Abrauschen ist.

Kurz darauf hat Polly auf einer Start-up-Tech-Konferenz einen Vortrag vom CEO des damals sehr stark gehypten Start-ups FAB.com gehört, eine Online-Shops für Designobjekte. Der Gründer erzählte, welche Produkte sich dort am meisten verkaufen. Eins davon waren Designvibratoren. Das war für uns ein entscheidender Aha-Moment: Es scheint also ein Interesse am Markt zu geben. Warum auch nicht, Sex ist immerhin das natürlichste Thema der Welt. Nur macht das Einkaufserlebnis in den meisten Fällen keinen Spaß. Von der Erfahrung haben wir uns persönlich überzeugt, als wir uns ein Erotikfachgeschäft in Berlin näher angeguckt hatten. Das Erlebnis war furchtbar. Man geht an diesen Videokabinen vorbei, alles wirkt anrüchig. Und am Ende geht man mit einer braunen Papiertüte aus dem Laden. Von Wohlfühlen konnte keine Rede sein. Uns leuchtete sofort ein, dass die klassische Sexspielzeugbranche ein absteigender Industriezweig ist und ganz offenbar ein Problem hat. Denn bei FAB – einem zeitgemäßen Online-Shop mit ansprechendem Design – lief der Absatz ja wunderbar.

Später habe ich auf einer Bahnfahrt beobachtet, wie in einem völlig überfüllten Zug mindestens zehn Frauen *50 Shades of Grey* in der Hand hatten. Ich hatte das Buch zwar auch gelesen, aber zu Hause im stillen Kämmerlein. Deshalb war ich total überrascht, dass die Frauen das Buch in aller Öffentlichkeit lasen. Kurzerhand hab ich mich neben eine der Frauen gesetzt und gesagt: »Hey, dürfte ich Sie bitte einmal etwas fragen?« Ob es ihr nicht unangenehm sei, ein Buch über Sex in der Öffentlichkeit zu lesen? Nachdem die erste peinliche Schweigeminute vorbei war – so oft werden Leute wahrscheinlich nicht von Fremden in der Bahn zum Thema Sex angesprochen –, hatten wir ein gutes Gespräch. So lief es bei allen Frauen, die ich in der Bahn angesprochen hatte. Mehr oder weniger alle hatten im selben Wortlaut geantwortet: *50 Shades of Grey* hat das Thema Sex gesellschaftlich legitimiert. Das hat mich beeindruckt. Noch am selben Tag hatte ich mich mit Polly getroffen, und dann war die Idee zu Amorelie geboren.

Damals hatte ich nicht verstanden, wie wichtig es mir ist, einen gesellschaftlichen Perspektivwechsel zu beeinflussen. Dass mich diese Motivation am meisten angetrieben hat, ist mir erst im Nachhinein klar geworden. Heute finde ich nur noch Themen spannend, die einen solchen Perspektivwechsel erzeugen. Das ist mein persönliches Warum: Ich möchte die Gesellschaft zum Umdenken bewegen.

Holger Seim ist Mitgründer und CEO von Blinkist, einem Unternehmen, das die wichtigsten Gedanken aus den besten Sachbüchern des Marktes destilliert und in kurze Wissenspakete für mobiles Lesen verpackt. Das 2012 gegründete Unternehmen hat 150 Mitarbeiter, verzeichnet über 14 Millionen registrierte Nutzer auf der ganzen Welt und macht einen Umsatz im hohen zweistelligen Millionen-Bereich.

Nachdem wir uns schon für die Idee zu Blinkist entschieden hatten, bemerkten wir in der Marktrecherche, dass es bereits ein fast identisches Angebot in den USA gab. Ich kann mich noch genau an das Gefühl erinnern, das wir auch bei vorherigen Ideen hatten, zu denen es bereits Lösungen gab. Man ist erst mal enttäuscht. Entweder sie sind viel weiter und wir haben keine Chance, in den Markt zu kommen. Oder es gibt einen Grund, warum sie noch nicht so groß sind. Bei Blinkist dachten wir dann aber, Moment mal, das Problem ist so groß und wir haben in unseren qualitativen und quantitativen Umfragen so viel Feedback bekommen, dass die Leute so etwas gerne nutzen wollen würden. Niemand von denen kannte den weltweit agierenden Marktführer getAbstract, und selbst wir sind zunächst nicht auf ihn gestoßen, obwohl wir in der Zielgruppe sind. Wir dachten uns dann, irgendwas machen die falsch, die schaffen es nicht, sich zu vermarkten. Wir haben sie uns dann genauer angeguckt und festgestellt, dass sie sehr teuer sind, hauptsächlich web-lastig, nicht mobileoptimiert und auch keine App hatten. Es gab keine richtige Anpassung an Endverbraucher und sie sind primär auf Geschäftskunden mit Unternehmenslizenzen zugegangen. Wir dachten schließlich, dass es in dem Markt noch Platz gibt für einen Player, der moderner daherkommt.

Es hätte viele rationale Gründe gegeben, warum das trotzdem Quatsch ist, neben so einem starken Wettbewerber zu starten. getAbstract hatte sicherlich die ersten ein bis zwei Jahre Zeit gehabt und hätte auf uns reagieren und uns einholen können. Wenn man es positiv formuliert, würde ich sagen, wir waren mutig genug, und wenn man es negativ formulieren würde, müsste man sagen, wir waren naiv. Beides hat sich ausgezahlt. Viele haben uns lange unterschätzt.

Später hatten wir herausgefunden, dass getAbstract auch mal versucht hatte, in den Consumer-Markt zu gehen, es aber nicht geklappt hat. Sie haben sehr lange den Consumer-Markt abgetan und waren der Meinung, das wird nichts. Sie dachten auch, dass wir gegen die Wand fahren würden und wieder vom Markt verschwinden. Sie haben unterschätzt, dass es doch ein Potenzial gibt für den Consumer-Markt. Weswegen es bei uns funktioniert hat, war einerseits eine gute Umsetzung und andererseits der Zeitgeist. Apps wurden zu der Zeit groß. Wir hatten 2014 Audio hinzugefügt. Da fingen Podcasts wieder an zu boomen. Audio und Mobile hatten die verschlafen, und das waren zwei wichtige Elemente, die uns im Consumer-Bereich stark geholfen haben.

Weiterführende Literatur

Mikael Krogerus, Roman Tschäppeler: *The Decision Book: Fifty Models for Strategic Thinking*

Sylvia Nickel: *Desk Research: Marktinformationen erschließen – Internetrecherche – Suchmethodik und Auskunftswerkzeuge*

Sebastian Pioch: *Start-up-Intelligence – Entscheidungsfindung in der frühen Gründungsphase*

Stuart Read, Saras Sarasvathy, Nick Dew, Robert Wiltbank, Anne-Valérie Ohlsson: *Effectual Entrepreneurship*

Alja Goemann-Singer, Petra Graschi, Rita Weissenberger: *Recherchehandbuch Wirtschaftsinformationen: Vorgehen, Quellen und Praxisbeispiele*

KAPITEL 4

VOM PROTOTYP ZUR UNTERNEHMENSGRÜNDUNG: SO GELINGT DER MARKTEINTRITT

> »Wenn Dir die erste Version deines Produktes nicht peinlich ist, hast Du es zu spät auf den Markt gebracht.«
>
> *Reid Hoffman, Co-Gründer von LinkedIn*

»Me at the Zoo« heißt das erste Video, das am 24. April 2005 auf YouTube live ging. Inzwischen zählt die größte Videoplattform der Welt zwei Milliarden Nutzer, pro Minute wird sie mit weiteren 400 Stunden Videomaterial aufgefüllt. Doch bevor sich YouTube zum Hotspot für Katzenvideos und Go-Pro-Abenteuer entwickelte, hatte die Plattform einen völlig anderen Zweck: Die Gründer bauten sie als Dating-Site, auf der sich Singles per Videobotschaft vorstellen können. Allerdings hatten die Nutzer einen anderen Bedarf und stellten lieber Videos von ihrem Hund und vom letzten Urlaub online. YouTube reagierte auf die Nachfrage, der Rest ist Geschichte.

Leider legen nicht alle Unternehmen einen so eleganten *Pivot* hin, wenn Angebot und Nachfrage nicht zueinander passen. Ein fehlender Product-Market-Fit ist sogar eine der häufigsten Ursachen dafür, dass Start-ups scheitern. Erfahrung und Statistik sprechen also dafür, dass Ihr am besten nicht allzu perfektionistisch an Eurem Angebot tüftelt, bevor Ihr das erste Mal mit potenziellen Kunden interagiert. Schon in der Entwicklungs- und Testphase sind sie nämlich Eure besten Berater. Nicht zuletzt deshalb haben wir der agilen Produktentwicklung in diesem Kapitel einen ausführlichen Abschnitt reserviert. Denn: Je früher Ihr veritables Feedback erhaltet, desto schneller und fundierter könnt Ihr Euer Angebot auf den tatsächlichen Kundenbedarf zuschneiden. Hinter dieser agilen Vorgehensweise steckt das Lean-Start-up-Prinzip. Das Ziel: möglichst schnell und kostengünstig herausfinden, ob ein Produkt am Markt funktioniert. Das Instrument der Stunde ist ein anschaulicher Prototyp, um verschiedene Ideen oder Features ohne viel Aufwand zu testen, anzupassen oder im Zweifel zu verwerfen.

Frei nach dem Motto »Was man einmal verkaufen kann, kann man auch häufiger verkaufen« steht dem Markteintritt nach einem erfolgreichen Probelauf nichts mehr im Wege. Spätestens jetzt folgt auch endlich der Gang zum Notar. Sobald Ihr dort Euren Gesellschaftsvertrag unterschrieben habt, seid Ihr ganz offiziell Eigentümer eines Unternehmens. Zu den eher anstrengenden Seiten der Firmengründung gehören dann zwar noch ein paar leidige Behördengänge, im Durchschnitt dauert das ganze Prozedere heute aber nur noch acht Tage (vor 15 Jahren waren es noch satte 45!). Außerdem können wir mit Überzeugung behaupten, dass das unglaubliche Gefühl, eine eigene Firma auf die Beine gestellt zu haben, jede bürokratische Strapaze überwiegt: »Jetzt geht's endlich los!«

Einen Prototyp entwickeln

Welche Methoden gibt es, um mein Business praktisch in der Realität zu testen?

Prof. Sebastian Pioch: Zur Einordnung möchte ich hier abermals kurz darauf hinweisen, dass die Methoden, über die wir gleich sprechen, sich vorwiegend für Start-ups eignen. Nochmal: Start-ups haben in der frühen Phase weder ein funktionierendes Geschäftsmodell, noch verfügen sie ein fertiges Produkt. Deshalb benötigen sie zunächst ein Produkt, für das Kunden zahlen oder das sie in großer Zahl nutzen. Methoden, die geeignet sind, um so ein Produkt oder so eine Idee in der Realität zu testen, sind häufig agiler Natur. Jungunternehmer, die mit einem Angebot den Markteintritt vollziehen möchten, das bereits tausendfach erfolgreich funktioniert hat, können dagegen im Grunde genommen direkt loslegen. Wenn ich zum Beispiel ein Restaurant gründe, in dem es spanische Paella gibt, dann ist das Endprodukt ziemlich klar. Wenn ich ein Büro für Steuerberatungen gründe, kann man sich darunter auch etwas vorstellen. In beiden Fällen existieren natürlich verschiedene Ausgestaltungsmöglichkeiten, aber das Werteversprechen bleibt im Kern gleich. Wenn ich jedoch als Start-up eine innovative Online-Anwendung entwickeln will, ist in den meisten Fällen vorher nicht klar, wie das Produkt am Ende aussehen wird. Deshalb benötigen wir auch andere Methoden, um solche Produkte zu entwickeln.

Vielleicht sprechen wir mal ganz kurz darüber, was Agilität bedeutet und was der Unterschied zu klassischen Methoden wie beispielsweise dem Wasserfallprinzip ist. Ein Beispiel zum Vergleich: Als Henry Ford vor vielen Jahren sein T-Modell gebaut hat, gab es den berühmten Spruch: »*Sie können das Auto in jeder Farbe bekommen, solange sie schwarz ist.*« Individualität gab es damals nicht, sie war auch gar nicht nötig. Der Bedarf an Autos, an Schienen, an Dampfmaschinen war so immens, dass es nicht darum ging, neue Produkte zu entwickeln. Vielmehr musste man Methoden finden, die geeignet waren, möglichst effizient und schnell in hoher Qualität zu produzieren. Man hat das mit Methoden gemacht, die unter anderem dem Ingenieur Frederick Taylor zugesprochen werden, Stichwort Fließbandarbeit. Deswegen erinnern die Führungskräfte aus jener Zeit auch eher an einen Dompteur in der Manege, woher sich übrigens auch das Wort *Manager* ableitet. In diesem Kontext waren andere Qualitäten gefragt als heute, wo das Endprodukt die Gunst der Kunden schließlich tatsächlich gewinnt.

Agilität bedeutet außerdem nicht, dass es keine Strukturen im Prozess gibt, sondern dass man in kleineren Iterationen vorgeht. Anders als bei klassischen Projekten, bei denen die Phasen *Analyse*, *Planung*, *Durchführung* und *Abschluss* die anstehenden Arbeiten in einem Zuge durchgeführt wurden, laufen agile Projekte so ab, dass die Iterationen nicht Monate oder Jahre, sondern lediglich ein bis zwei Wochen dauern. Am Ende jedes dieser *Sprints* steht dann ein fertiges Inkrement, das direkt getestet und verwendet werden kann.

Eines der bekanntesten Management-Frameworks, das heute in der Start-up-Welt eingesetzt wird, ist das *Lean Start-up-Konzept* von Eric Ries. Dieses Konzept basiert im Kern auf dem Lean-Management, das bei Toyota vor einigen Jahren erfolgreich eingesetzt wurde. Ries hat es dann auf die Belange von Start-ups adaptiert. Das Produkt wird dem Modell zufolge in den Phasen *build, measure, learn* entwickelt. Auf diese Weise können die eingangs aufgestellten Thesen durch den Einsatz im Markt, also am realen Kunden, direkt überprüft werden.

Wie bereits kurz angerissen ist das Problem nämlich häufig, dass viele Kunden ihren Bedarf verbal oder schriftlich gar nicht reflektieren können, sondern erst ein gutes Feedback darüber abgeben können, ob ihnen etwas gefällt oder nicht, wenn sie es tatsächlich benutzen. Mit anderen Worten: Sprache ist häufig zu schwach, um innovative Ideen zu testen.

Einer der größten Fehler, den Gründerteams in der frühen Phase beim Entwickeln von innovativen Produkten machen, ist, dass sie zu lange an einem Prototyp herumbasteln und dadurch zu lange warten, bis sie tatsächlich das erste Mal mit Kunden interagieren. Die Konsequenz ist, dass die Kosten mit jedem weiteren Tag steigen und damit auch das Risiko, dass ich Geld verbrenne. Das übergeordnete Ziel von Lean Start-up und den Methoden, die wir gleich besprechen, ist also, das Risiko des Scheiterns zu minimieren.

> »
> ***»Ein großes Learning aus unserer Anfangsphase war, User Testings früher durchzuführen. Wir hatten zunächst zweieinhalb Monate im stillen Kämmerlein an einer möglichst perfekten App gebastelt, bis wir dann beim User Testing gemerkt hatten, dass niemand unsere Idee verstand. Aufgrund der aufwendigen visuellen Darstellung dachten alle, es ginge um eine Video-App, dabei sollte die App ja Buchzusammenfassungen anzeigen. Wir haben dann alles neu gemacht und sind mit einer viel simpleren Lösung gestartet.«***
>
> ***Holger Seim, Blinkist***

Es ist also ganz wichtig, sehr früh und niederschwellig mit dem Prototyp in einen Kundendialog einzutreten. Denn wie bereits gesagt: Das gesprochene Wort reicht häufig nicht aus, um einerseits eine Idee des Gründers zu transportieren und andererseits das Feedback des Kunden wirklich wirksam einzuholen. Das ist auch einer der Gründe, warum häufig Filme im Drehbuchstadium zunächst in ein sogenanntes *Storyboard* überführt werden. Man bekommt dadurch einen visuellen Eindruck davon, wie die einzelnen Szenen aufgelöst werden sollen. Auch hier erfolgt ein Transfer von der Sprache zum Bild. Und genauso geht man bei der Entwicklung eines digitalen Prototyps vor.

Wie kann man die Entwicklung eines Prototyps konkret umsetzen? Eine Methode, die dabei gang und gäbe ist, ist die sogenannte *Wireframe-Mockup-Methode*. Ein Wireframe skizziert in einem konzeptionellen Entwurf die grundsätzliche Struktur der Web-Anwendung beziehungsweise einer App. Man kann sich ja vorstellen, dass man mit einem Bleistift oder einem Flip-Chart-Marker nur zwei bis drei Stunden braucht, um eine erste Struktur einer Anwendung zu skizzieren, wohingegen es mehrere Tage oder Wochen dauert, ein fertiges Design in Photoshop zu entwickeln.

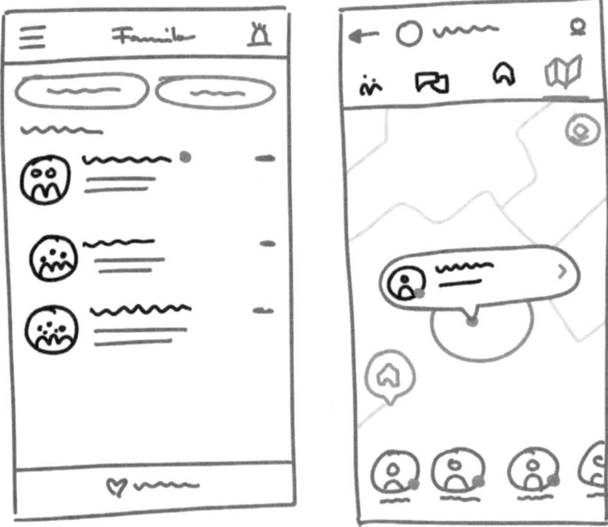

Abb. 4.1: Familonet-Wireframe-Scribbles
(Design: Leander Lenzing)

Wireframes sind einfache Skizzen, sie enthalten weder Fotos noch Farben noch irgendwelche aufwendigen Designelemente, sie dienen lediglich der UX-Struktur der Anwendung und skizzieren wesentliche Features. Damit kann man potenziellen Nutzern wesentlich verständlicher erklären, was das Ziel der Anwendung ist, und erfragt andererseits, ob sie das Tool verstehen, ob sie es nutzen würden beziehungsweise welche weiteren Funktionen sie sich wünschen. Es gibt verschiedene Anbieter, die bereits Online-Vorlagen anbieten, um gute Wireframes zu erstellen. Einer davon ist etwa *Balsamiq*, ein anderer heißt *UI-Stencils*. Vorbereitend ist zu empfehlen, sich einmal mit den Grundlagen der Nutzerführung auseinanderzusetzen, um erste UX-Kenntnisse zu erlangen.

Der nächste Schritt ist dann das sogenannte Mockup, quasi die Designumsetzung des Wireframes. Das Mockup enthält Layoutvorgaben wie Farben oder Bilder und lädt das Wireframe mit Emotionen auf, die bei den Nutzern hervorgerufen werden sollen. Hier kann es sich als Zwischenschritt anbieten, ein sogenanntes *Moodboard* zu entwickeln. Dabei handelt es sich um eine physische oder digitale Collage aus Bildern, Farbelementen, Textbausteinen oder anderen grafischen Elementen, die ein Gefühl für das Design und dadurch einen visuellen Eindruck von der Marken- und Produkt-Positionierung vermittelt. Wenn man in der Bildersuche von Google oder bei Pinterest nach »*Beispiele für Moodboards*« recherchiert, erhält man viel Inspiration, wie so etwas aussehen kann.

Wenn die Mockups mit den Kunden beziehungsweise mit potenziellen Nutzern diskutiert wurden, beginnt in der Regel das Coding, also die eigentliche Softwareentwicklung. Auch hier geht man iterativ vor. In einer späteren Phase kann man dann tatsächlich auch umfangreiche UX-Tests machen, für die es eigens Labore gibt, die man aber einfach auch in einer Cafeteria oder mit Freunden bei Pizza und Bier durchführen kann.

Ziel dieses Prozesses ist die Entwicklung eines *Minimum Viable Products* – kurz MVP. Hierbei handelt es sich um die Rohversion eines Produkts, das die minimalen Anforderungen erfüllt, die das Start-up im Rahmen seines Geschäftsmodells verspricht. Hauke, erzähl' doch mal, wie war das bei Euch habt Ihr Euch tatsächlich an den Lean-Start-up-Prozess gehalten? Wart ihr sofort glücklich mit eurem MVP?

MVP: Die wichtigsten Aspekte	
1. *Minimal und lebensfähig*	Das MVP sollte auf die wesentlichen, nutzbringenden Anforderungen ausgerichtet sein, die nötig sind, um das Werteversprechen des Start-ups zu erfüllen.
2. *Innovativ*	Kann unser MVP Dinge, die Konkurrenzprodukte nicht aufweisen?
3. *Kundenfokussiert*	Die Produktion des MVP sollte in enger Zusammenarbeit mit potenziellen Nutzern erfolgen.
4. *Zukunftsweisend*	Kunden sollen sich als *early adopters* fühlen können, um das MVP möglichst häufig und nachhaltig zu verwenden.
5. *Erweiterbar*	Eine permanente Weiterentwicklung und Skalierung des MVP muss bereits während der Produktion mitgedacht werden.

Infobox 4.1: Die wesentlichen Aspekte eines MVP

Hauke Windmüller: In Kapitel 1 bin ich bereits kurz darauf eingegangen, wie wir den Product-Market-Fit gefunden haben, indem wir iterativ, wie von Dir, Sebastian, beschrieben, aus der Idee ein Produkt entwickelten. Unsere ersten beiden Schritte, also die *qualitative und quantitative Umfrage mit unserer Zielgruppe sowie Fokusgruppengespräche* und *Tests mit nicht funktionstüchtigem Click-Dummy*, würde ich noch zum Teil zur praktischen Marktrecherche zählen. Ab Schritt drei, *funktionstüchtige Alpha-Version* und vier *größere und fortlaufende Beta-Tests*, geht es dann so richtig los mit dem Prototyp und der Entwicklung eines funktionstüchtigen MVP. Wie wir bei den letzten beiden Schritten konkret vorgegangen sind, möchte ich gerne im Folgenden aufzeigen. Um es bereits vorwegzunehmen: Wir haben den Lean-Start-up-Prozess nicht immer gänzlich eingehalten, arbeiteten aber schon überwiegend nach dieser Methode.

Nach all der Recherche und den Gesprächen mit unserer Zielgruppe hatten wir wahnsinnig viele Ideen, wie unser Produkt aussehen könnte. Es erforderte einiges an Disziplin, die Idee auf die ein, zwei wichtigsten Kundennutzen herunterzubrechen und dafür einen Prototyp beziehungsweise in unserem Fall ein MVP zu erstellen. Ich verwende an dieser Stelle den Begriff MVP, da wir auch zum damaligen Zeitpunkt die Software bereits ohne großen Aufwand vervielfältigen konnten. Prototyp als Begriff wird häufig verwendet, wenn es nur wenige Einzelexemplare gibt und die Vervielfältigung nicht ohne Weiteres möglich ist. Ich veranschauliche ein MVP am liebsten mit der Entwicklung eines Fortbewegungsmittels. Um von A nach B zu kommen, könnte das erste MVP ein Brett mit zwei Rollen sein. Im nächsten Schritt wird aus dem Brett mit Rollen ein schnelleres Fahrrad. Aus dem Fahrrad wird ein Motorrad und schließlich ist das Ergebnis der iterativen Entwicklung ein bequemes, sicheres und schnelleres Auto als Fortbewegungsmittel.

Der Hauptkundennutzen bei Familonet war eine automatische Benachrichtigung, wenn ein Familienmitglied an einem vorher definierten Ort ankommt. Diese Grundfunktionalität haben wir mit einem Serverentwickler (mein Mitgründer David) und unserem ersten angestellten Softwareentwickler als iPhone-App gebaut. Da wir nicht ausreichend Geld zur Verfügung hatten, mussten wir uns für eine Plattform entscheiden. Und weil iPhone-Nutzer schon damals als kaufkräftiger galten, entwickelten wir die erste App für das iPhone-Betriebssystem iOS. An der Stelle mussten wir für unser MVP bereits Abstriche machen. Die wenigsten Familien besitzen nur iPhones, aber das war für unsere Alpha-Version, also die erste Version, die wir an Testnutzer ausgegeben haben, ausreichend.

Nachdem wir mit etwas Aufwand 20 Familien gefunden hatten, ging es los mit dem Testing und der interaktiven Weiterentwicklung des MVP.

Mit den 20 Testfamilien standen wir in regem Austausch und haben sie immer wieder strukturiert um Feedback gebeten. Dazu haben wir regelmäßig Telefonate geführt, sie zu uns ins Büro (was damals nur der Materialraum eines befreundeten Unternehmers war) eingeladen und ihnen Fragebögen geschickt. Nachdem wir das Feedback ausgewertet hatten, bauten wir die nächste Version der Alpha-App mit kleinen Verbesserungen. Dabei war uns wichtig, immer nur einen bestimmten Teil des Produkts zu optimieren, damit wir im Nachhinein besser messen konnten, ob die Veränderung zu einer höheren Kundenzufriedenheit geführt hat. Worauf wir sehr stolz sind, ist, dass wir von Anfang an sehr datenbasiert gearbeitet haben. Das heißt, wir haben viele Nutzungsdaten erhoben, anhand derer wir messen konnten, wie sich das Nutzerverhalten verändert. Dabei geht es nicht um personenbezogene Daten, sondern um Performance-Werte, zum Beispiel wie viele Nutzer erfolgreich den Registrierungsprozess abgeschlossen haben und an welcher Stelle sie womöglich nicht weitergekommen sind. Anhand dieser Daten konnten wir dann zusammen mit dem qualitativen Feedback Schlussfolgerungen ziehen und das Produkt optimieren.

Wie sehr sich unser Produkt gerade am Anfang verändert hat, zeigen die folgenden Beispiele:

- Familienmitglieder hatten wir anfänglich als Kacheln auf einer Startseite dargestellt, was sich jedoch als unpraktisch erwies. Unsere Nutzer wollten lieber eine scrollbare Liste, die mehr Anzeigemöglichkeiten bot.
- Die Registrierung war anfänglich nur mit einer E-Mail-Adresse möglich. Junge Kinder besitzen aber oftmals noch keine eigene E-Mail-Adresse, sodass wir auch eine Registrierung per Telefonnummer angeboten haben.
- Die Nutzer forderten einen Alarmknopf für den Notfall, den wir später als kostenpflichtige Zusatzfunktion anbieten konnten.

Unsere Hypothese, dass es einen Bedarf an einem solchen Produkt gibt, wurde durch das Nutzer-Feedback sowie durch die erhobenen Daten bestätigt. Die Zahlungsbereitschaft fragten wir über Umfragen bei den Testnutzern ab. Damit war die Alpha-Testphase erfolgreich abgeschlossen. Als Nächstes entwickelten wir auch die Android-Version der App und bereiteten uns auf den offiziellen Launch

Oktober 2012

Februar 2013

2014

Abb. 4.2: Familonet-Design-Evolution der App

vor. Das Produkt musste nun robuster sein, also beispielsweise auf einer großen Anzahl unterschiedlicher Smartphone-Typen funktionieren. Die nächste Phase war dann eine geschlossene Beta-Testphase. Geschlossen bedeutet in diesem Fall, dass das Produkt noch nicht offiziell gelauncht war und die Nutzer eingeladen werden mussten. Die geschlossene Beta-Testphase mit deutlich mehr Familien (etwa 100+) war der Probelauf für den Launch. In dieser Phase haben wir primär Fehler aufgespürt und diese ausgebessert.

Auch nach dem offiziellen Launch von Familonet haben wir die Art der iterativen Produktentwicklung, die angelehnt war an den Lean-Start-up-Prozess, nicht geändert. Es ging ständig darum, Feedback der Nutzer einzusammeln, Daten zu erheben, alles auszuwerten und dann die nächste Optimierung durchzuführen. Diese dritte Phase der offenen Beta hielt daher kontinuierlich an. Parallel zu den in den App Stores erhältlichen öffentlichen Apps hatten wir dauerhaft eine Gruppe von Beta-Testern, die neue Funktionen erst getestet haben, bevor diese veröffentlicht wurden. Diese Gruppe von Nutzern waren unsere wertvollsten Kunden, da sie uns kontinuierlich Feedback gegeben haben. Die Hamburger Beta-Tester haben wir sogar regelmäßig in unser Büro zu Kaffee und Kuchen eingeladen und dabei mit ihnen die Tests durchgeführt. Sie hatten Spaß daran, das Produkt mit ihrem Feedback mitzugestalten, sodass wir eine treue Gruppe von Beta-Testern aufbauen konnten, die uns enorme Dienste geleistet haben.

Wie lange dauert das Prototyping und was kostet es?

Hauke Windmüller: Je nach Produkt und Komplexität kann die Entwicklung eines digitalen Produkts in Form eines Prototyps oder MVP wenige Tage oder mehrere Monate dauern. An dieser Stelle ist wieder die Frage entscheidend, was als MVP ausreicht, um einen Mehrwert für den Kunden zu generieren. Bei Familonet handelte es sich um eine App für die Familie, in der Familienmitglieder ihren Standort untereinander teilen konnten. Ein soziales Netzwerk für die Familie zu entwickeln ging bereits mit einer gewissen Komplexität einher, da sich Familienmitglieder für den Service registrieren mussten, um sich miteinander verbinden und die verschiedenen Funktionen nutzen zu können. Entsprechend hat bereits die Entwicklung des ersten Alpha-Prototyps für iPhone Smartphones etwa zwei Monate in Anspruch genommen und uns knapp 50 000 Euro gekostet. Je nach Komplexität können Prototypen aber für deutlich weniger Geld erstellt werden. Mit unserer Softwareentwicklungsagentur onbyrd, die wir später als weiteres Standbein neben Familonet aufgebaut hatten, hat die Entwicklung von MVPs für Kunden je nach Produkt im Schnitt ebenfalls um die zwei Monate gedauert und zwischen 10 000 Euro und 40 000 Euro gekostet.

Wesentlich teurer hingegen wird es, wenn es sich um Hardwareprodukte handelt. Diese können schnell viele Monate und sechsstellige Beträge verschlingen. Sebastian, hast Du eine Statistik, wie lange im Durchschnitt die Entwicklung eines funktionstüchtigen Prototyps/MVP dauert?

Prof. Sebastian Pioch: Leider sind mir keine Studien darüber bekannt, wie lange die Entwicklung eines MVP im Schnitt dauert beziehungsweise welche Kosten konkret damit verbunden sind. Dafür sind die Projekte einfach zu unterschiedlich, als dass sich da ein Mittelwert ableiten ließe. Verschiedene Anbieter geben jedoch an, dass der Prozess aus ihrer Erfahrung heraus insgesamt zwischen vier und acht Wochen gedauert hat und mit einem Kostenaufwand von 20 000 Euro bis 50 000 Euro verbunden war. Aber diese Angaben sind sicherlich nicht repräsentativ für alle Projekte und hängen unter anderem davon ab, wie gut das Start-up reflektiert hat, was es genau anbieten will, und wie gut die Prozesse sind. Wenn jemand damit wirbt, dass er eine App für 6 000 Euro entwickelt, wäre ich da aber sehr vorsichtig.

Wie teste ich die Marktfähigkeit meines Angebots?

Prof. Sebastian Pioch: Diese Frage ist gar nicht so einfach zu beantworten. Das liegt unter anderem daran, dass der Begriff *Marktfähigkeit* relativ schwammig ist. Was heißt das denn konkret? Bedeutet marktfähig, dass man das Tool einigermaßen benutzen kann? Oder ist in Marktfähigkeit auch enthalten, dass der Bereich Erlösmodell bereits mitgedacht wurde? Schauen wir uns zunächst an, wie getestet werden kann, ob ein digitales Produkt einen Mehrwert für den Kunden darstellt beziehungsweise ob es sich leicht und verständlich nutzen lässt. Da wir im vorherigen Abschnitt über die Entwicklung eines digitalen MVP gesprochen haben, beginnen wir zunächst damit, wie solche Entwicklungen getestet werden. Ich hatte ja vorab schon angesprochen, dass man digitale Produkte in sogenannten UX-Laboren testen kann. Das läuft dann für gewöhnlich so ab: Potenzielle Nutzer werden in einen Raum geführt, in dem ihnen seitens des Testpersonals kurz erklärt wird, was das Ziel des Testes ist und um welche Art von Produkt es sich handelt, anschließend werden den Probanden erste einführende Fragen in das Themenfeld gestellt. Beim proofler haben wir den Probanden zum Beispiel die Fragen darüber gestellt, wie sie komplexere Entscheidungen im Alltag oder im Berufsleben treffen. So bekamen wir grundsätzlich einen Eindruck davon, wie der Nutzer ohne ein Tool das Problem löst, und man baut dadurch auch eine gewisse Aufregung beim Probanden ab.

Der Proband wird dann zum Beispiel von verschiedenen Kameras aufgenommen und die Bewegungen seiner Augen mittels Eyetracking analysiert. Dabei handelt es sich um eine Methode, die sichtbar macht, auf welchen Bereich des Bildschirms der Nutzer schaut.

Als Nächstes werden die Nutzer gebeten, die Anwendung auf dem Desktop oder Mobiltelefon zu öffnen. Dann werden erst mal ganz allgemeine Dinge abgefragt, zum Beispiel wie ihnen die Anwendung gefällt, wie sie die Farben finden und was sie glauben, was man mit dem Tool jetzt anfangen soll. Der nächste Schritt ist dann, dass man den Nutzern verschiedene Aufgaben gibt, die sie mit der Anwendung erledigen sollen, und man beobachtet einfach, wie sie sich dabei verhalten. Zum Beispiel könnte man den Nutzer bitten, verschiedene Produkte in einen Warenkorb zu legen oder die Öffnungszeiten eines Restaurants herauszufinden.

Eine wichtige Aufgabe, die man den Nutzern stellen sollte, ist das sogenannte *Laute Denken*. Hintergrund: Weil die Versuchsleiter nicht in den Kopf der Nutzer hineinblicken und ihre Gedanken lesen können, werden sie dazu aufgefordert, laut aussprechen, was sie empfinden oder glauben, was der nächste Schritt ist, und wie sie die Interaktion mit der Anwendung empfinden. Das ist für viele Nutzer zunächst etwas ungewöhnlich, aber mit der Zeit spielt sich das ganz gut ein.

Zur Methode Lautes Denken gibt es eine schöne Anekdote, welche Gedanken Steve Jobs ausgesprochen haben soll, als er der Frage nachging, wie man Telefone smarter machen kann. Er sagte:

> **»Sie haben all diese Knöpfe, keiner kann das bedienen. Bei Computern haben wir das gelöst, indem wir alle Knöpfe abschafften und eine Maus … Aber wir wollen keine Maus mit uns herumschleppen. Wir werden einen Stift verwenden. Nein. Den muss man besorgen und wegräumen – und man verliert ihn. Wir werden unsere Finger benutzen.«**
>
> **Steve Jobs**

Am Ende jedes Tests bittet man die Nutzer noch um allgemeines Feedback zur Anwendung. Sie können zum Beispiel äußern, welche weiteren Funktionen sie sich wünschen, was sie nicht benötigen beziehungsweise was sie nicht verstanden haben. Um halbwegs belastbare Erkenntnisse aus so einem UX-Test zu bekommen, sollten circa acht bis zehn Personen getestet werden. Mehr Probanden sind natürlich immer gut, aber ab zehn Personen werden die Ergebnisse stabil.

Vielleicht noch ein, zwei Gedanken dazu, wie man analoge Produkte testet. Wir sprechen schließlich die ganze Zeit über digitale Anwendungen, wollen aber auch Leuten Instrumente an die Hand geben, die etwas Physisches oder eine Dienstleistung entwickeln möchten. An dieser Stelle passt auch der Hinweis darauf, was eine Innovation überhaupt ist. Die Begriffe Innovation oder *innovative Produkte* werden ja heutzutage sehr inflationär benutzt. Tatsächlich ist jedoch nur wenigen Leuten bewusst, was eine Innovation wirklich ist. Die Vorstufe einer Innovation ist nämlich die *Invention*, eine Erfindung. Und einer Erfindung geht immer zunächst eine Idee voraus.

Der Unterschied zwischen einer Innovation und einer Invention ist, dass sich eine Innovation nachhaltig am Markt bewährt hat, sprich dass auch Leute bereit waren, dafür Geld auszugeben. Ein anschauliches Beispiel dafür, wie eine Invention das Stadium einer Innovation nicht erreichen konnte, ist dieses:Ich weiß nicht, wie talentiert Ihr darin seid, Pasta Bolognese unfallfrei mit der Gabel zu Euch zu nehmen. Ich muss da immer sehr vorsichtig vorgehen, um nicht mein Hemd, die Kleidung meines Gegenübers und den gesamten Tisch mit Pasta und Bolognese einzudecken. Das gleiche Problem hat auch mal ein findiger Ingenieur aufgegriffen, indem er nämlich an eine Gabel einen Kurbelmechanismus installiert hat.

Das sah dann so aus, dass man mit der linken Hand den Griff der Gabel festhielt und mit der rechten Hand eine Kurbel betätigte, sodass sich die drei Forken der Gabel zu drehen begannen. Man konnte somit die Gabel in die Pasta stecken, an der Kurbel drehen und so die Pasta aufrollen. Man kann vielleicht nachvollziehen, dass diese Erfindung zwar ein Problem gelöst und auch technisch funktioniert hat, aber sie hat sich am Markt nicht durchgesetzt. Kein Mensch hat so ein Ding gekauft. Daran sieht man also, dass es nicht nur darum geht, ein Problem zu lösen und eine technisch funktionierende Apparatur zu entwickeln, sondern man muss die Kunden in diesen Prozess integrieren, um die Frage zu beantworten, ob das tatsächlich jemand benutzen möchte. Diese und weitere merkwürdige Erfindungen könnt Ihr Euch unter folgendem Link einmal genauer anschauen: https://bit.ly/2LgYac9

Infobox 4.1: Unterschied Innovation und Invention

Eine Methode, die sehr gut dazu geeignet ist, digitale und analoge Produkte sowie Dienstleistungen innovativer Art zu entwickeln, ist das *Design Thinking*. Dabei handelt es sich um eine Methode, die Anfang der 1990er-Jahre in den USA entstanden ist, um strukturiert neue Ideen zu formulieren und daraus in einem iterativen Prozess kundenzentriert einen Prototyp zu entwickeln. Design Thinking besteht aus insgesamt sechs Phasen. Sie umfassen das *Verstehen*, das *Beobachten*, *Sichtweisen definieren*, *Ideen finden*, *Prototypen entwickeln* und schließlich das *Testen*. Dabei beschreiben die Phasen 1 bis 3 den *Problemraum* und die Phasen 4 bis 6 den *Lösungsraum*. Man kann jeweils in den Phasen zurückspringen beziehungsweise nach dem Testen auch ganz von vorne beginnen, wenn man ein vernichtendes Kunden-Feedback bekommen hat, wie etwa beim Beispiel der schraubenden Gabel.

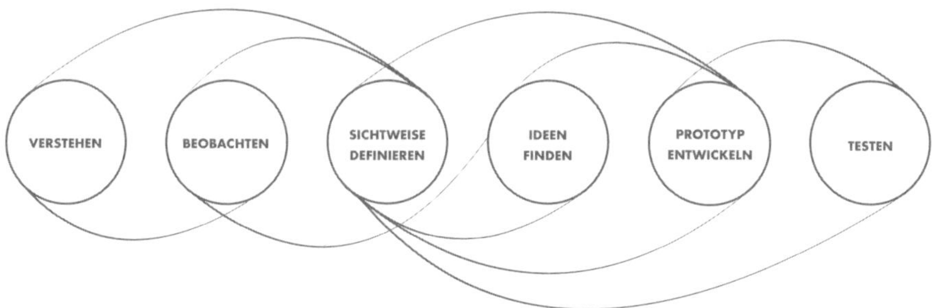

Abb. 4.3: Der Design-Thinking-Prozess

Design-Thinking-Phasen	
Phase	Was geschieht da?
1. *Verstehen*	Nur wenn ein Problem verstanden ist, kann ich es auch lösen. In dieser Phase geht es darum, Zusammenhänge zu verstehen und nachzuvollziehen, welche Stakeholder involviert sind und wer dabei welche Motivation hat. Hier eignen sich Interviews, semantische Analysen und eine Suche nach Überblickswissen.
2. *Beobachten*	In der Phase *Beobachten* geht es darum, herauszufinden, wie Nutzer momentan mit dem Problem umgehen. Hier hilft wieder die Fly-on-the-Wall-Methode.. Das Team von Orbel hat Menschen dabei beobachtet, wie sie sich während ihrer Arbeit im Krankenhaus permanent die Hände an ihrer Kleidung abwischen.
3. *Sichtweise definieren*	Hier geht es um Fokus und darum, eine Synthese aus den Beobachtungen aller Beobachter abzuleiten und dann Entscheidungen zu treffen, in welche Richtung es weitergehen soll. Welche Zielgruppe und welche Bedürfnisse sind am zentralsten?
4. *Ideen finden*	In dieser Phase geht es darum, möglichst viele Ideen zu sammeln. Dabei kann man Methoden wie das klassische Brainstorming genauso verwenden wie das bereits vorgestellte *Systematic Inventivn-Thinkig-Phaseng*.

Design-Thinking-Phasen	
Phase	Was geschieht da?
5. *Prototypen entwickeln*	Ein Prototyp kann ein Click Dummy sein, ein Rollenspiel, Lego-Welten oder ein mittels Knete hergestelltes Fahrrad. Alles hilft, wenn es dem Prinzip *Show – don't tell* gerecht wird und für qualitatives Kundenfeedback sorgt.
6. *Testen*	Jetzt wird der Prototyp auf Herz und Nieren getestet. Es werden A/B Tests durchgeführt, also verschiedene Versionen des Prototyps. Darüber hinaus werden auch Versionen getestet, in die bereits Feedback eingeflossen ist.

Infobox 4.2: Design Thinking

Wesentliche Prinzipien des Design Thinking sind übrigens zum einen, dass sich die Teams möglichst immer interdisziplinär und crossfunktional zusammensetzen. Dadurch werden verschiedene Professionen und Kulturen an einen Tisch gebracht, was für wesentlich kreativere Lösungen sorgt, als wenn die Gruppe sehr homogen ist. Darüber hinaus sollte eine Kultur herrschen, in der man mehr Dinge zeigt, als darüber zu sprechen. Wie wir ja im Vorfeld gesehen haben, ist die Sprache oftmals viel zu schwach, um komplexe oder insbesondere visuelle Dinge zu transportieren. Schließlich ist es noch wichtig, dass man Ideen von anderen auf keinen Fall kritisiert, es sind lediglich Verständnisfragen erlaubt, um deren Gedanken nachvollziehen zu können.

Das ist deswegen wichtig, damit sich auch schüchterne Teilnehmer ermutigt fühlen, ihre Gedanken zu äußern. Leider schweigen diese allzu häufig, weil rhetorisch versierte Teilnehmer ihnen sehr schnell das Wort im Munde umdrehen. Dienstleistungen und innovative Prozesse kann man übrigens auch sehr gut mit Rollenspielen oder mit der *LSP-Methode* testen. LSP steht für *Lego Serious Play* und hat diverse Vorteile. Zum einen kennt fast jeder noch die Legosteine aus seiner Kindheit. Durch eine Hand-Auge-Koordination werden zum anderen mehr Hirnareale aktiviert, weil einfach mehr Sinne involviert sind, als wenn ich nur reden würde. Gerade für die Interaktion mit potenziellen Kunden ist das sehr gut geeignet. Ähnlich wie bei den Wireframes wird auch durch die LSP-Methode die Sprache verbindlich, indem etwa Prozesse durch Legofiguren dargestellt werden.

Hauke Windmüller: Anders als bei der Marktrecherche kann die tatsächliche Marktfähigkeit eines Produktes nur mit einem funktionierenden Prototyp oder einem MVP mithilfe von echten Kunden getestet werden. Es geht also um praktisches Feedback und eine echte Marktresonanz. Marktfähig bedeutet nicht, dass es bereits ein vollumfängliches, perfektes Produkt mit vielen Funktionen sein muss. Es kann weiterhin ein MVP sein, das auf die aus Nutzersicht wichtigsten Funktionen reduziert ist. Diese sollten dann aber stabil funktionieren, damit sich damit bestenfalls schon von Anfang an Geld verdienen lässt. Entweder, weil User bereit sind, direkt für das Produkt zu bezahlen, oder weil Ihr andere Erlösmodelle wie Hidden Revenue oder Affiliation umsetzen könnt. Wie Du ja beschrieben hast, Sebastian, kann das auf mehreren Ebenen passieren. Wenn es zunächst um die UX geht, eignen sich die von Dir erwähnten Laboruntersuchungen mit Kameras, die die Bewegungsabläufe der Nutzer aufzeichnen, sehr gut. Bei Familonet hatten wir damals nicht die finanziellen Mittel für solche Tests und haben es selber gemacht. Die allerersten Testnutzer kamen überwiegend aus dem Raum Hamburg, sodass wir sie zu uns ins Büro einladen konnten.

Mit Kaffee und Kuchen »bestochen« haben sie sich dann die Zeit genommen, Usability-Tests mit uns durchzuführen. Dazu haben wir den Testern Aufgaben gegeben (zum Beispiel »Registriere Dich für Familonet in der App und lade anschließend Deine Familienmitglieder zur gemeinsamen Nutzung ein«) und ausschließlich beobachtet, wie die Nutzer die Aufgabe bewerkstelligen und mit der Software interagieren. Es ist als Gründer extrem schwer, einfach nur still daneben zu stehen, zu beobachten und nicht kommentieren zu dürfen. Man denkt sich jedes Mal: »Aah, klick doch darauf, das ist doch total klar …« und bemerkt erst beim echten User-Test, dass einige Dinge doch nicht so selbsterklärend sind.

Früher hat man solche Tests übrigens auch *Over-the-Shoulder-Tests* genannt, da man dem Tester über die Schulter geguckt hat. Das macht man heutzutage aber nicht mehr, weil es für die Tester unangenehm ist, wenn jemand hinter einem steht und über die Schulter guckt. Stattdessen stellt man sich daneben und beobachtet eher von der Seite. Diese UX-Tests haben wir in Abständen immer wieder gemacht, denn sie liefern extrem wertvolle Erkenntnisse.

Parallel zu den UX-Tests sollten über die Zeit immer mehr Nutzer und potenzielle Kunden das Produkt testen, weil viele Dinge erst bei einer intensiveren und längeren Nutzung auffallen. Wie bereits in Kapitel 1 beschrieben, haben wir bei Familonet dafür verschiedene Testphasen gehabt. Waren es beim ersten Prototyp noch sehr wenig Tester, zu denen wir einen persönlichen Austausch hatten, wurden es über die Zeit auf dem Weg zum marktfähigen Produkt immer mehr. Das Ziel jeder Phase ist es, möglichst viel Feedback der Nutzer sowie Daten einzusammeln, anhand derer das Produkt iterativ so weit entwickelt werden kann, bis es einen echten Mehrwert für den Kunden bietet und eine Zahlungsbereitschaft besteht. Der Weg vom ersten Prototyp bis zum marktfähigen Produkt könnte wie folgt aussehen:

Dauer der Produkttestphasen	
Phase	**Dauer**
1. Alpha-Testphase mit dem ersten Prototyp beziehungsweise MVP	Je nach Komplexität Tage bis Wochen
2. Geschlossene Beta-Testphase mit ausgereifterem MVP (Dauer)	Je nach Komplexität mehrere Wochen
3. Pilotphase mit Soft-Launch des Vorserien-Produkts an eine größere Anzahl ausgewählter Kunden, die bereits für das Produkt (teilweise) bezahlen	Je nach Komplexität bis zu mehrere Monate
4. Großer (öffentlichkeitswirksamer) Launch des marktfähigen Produkts, für das eine Zahlungsbereitschaft besteht	Offenes Beta-Testprogramm läuft dauerhaft weiter

Infobox 4.3: Dauer der Produkttestphasen

Bei Familonet kam damals nach der geschlossenen Beta-Testphase direkt der große Launch. Bei B2B-Produkten habe ich gute Erfahrung damit gemacht, vor dem Launch noch eine Pilotphase mit einem Vorserienprodukt einzuschieben, die Euch etwas mehr Zeit gibt. Das Produkt kann in dieser Zeit bereits verkauft werden, die Erwartungshaltung ist beim Kunden aber noch nicht so hoch wie bei einem marktfähigen Produkt nach dem offiziellen Launch. Es ist daher üblich, in dieser Phase Rabatte zu geben. Diese Phase eignet sich ideal, um die Marktfähigkeit zu testen und das Produkt auf Basis des echten Kunden-Feedbacks weiter zu optimieren, aber gleichzeitig schon Geld zu verdienen. Das ist meiner Meinung nach auch notwendig, denn von einer Marktfähigkeit kann erst ausgegangen werden, wenn ein funktionsfähiges Produkt oder MVP vorhanden ist, welches nutzbar ist und für dessen Mehrwert eine Zahlungsbereitschaft ermittelt werden kann. Lässt sich das Produkt einmal oder mehrmals verkaufen (beziehungsweise je nach Erlösmodell eine Zahlungsbereitschaft ermitteln), wird die Wahrscheinlichkeit immer höher, dass es marktfähig ist. Nach der Pilotphase kommt dann der offizielle Launch mit Eurem marktfähigen Produkt.

Richtiger Zeitpunkt für den Markteintritt

Wie weit muss mein Service oder Produkt fertig sein, um mein Business zu starten?

Hauke Windmüller: Erfahrene Gründer sagen oft, dass man möglichst schnell mit der Idee oder dem Service an den Markt gehen sollte. Einerseits, um die Idee in der Praxis zu validieren und die Geschwindigkeit, mit der man Ideen verwirft, zu erhöhen, wenn die Idee nicht funktioniert. Andererseits, um echtes Feedback der Zielgruppe zu erhalten, mit dem das Produkt verbessert werden kann. Im Sinne des Lean-Start-up-Ansatzes und aus meiner eigenen Erfahrung würde ich das so unterschreiben. Gleichzeitig habe ich mich aber bei Familonet zum Teil etwas schwer damit getan. Es besteht nämlich ein schmaler Grat bei der Frage nach dem richtigen Verhältnis zwischen einem schnellen MVP-Launch und dem Launch mit einem bereits fortgeschrittenen Produkt, das direkt eine größere Anzahl von Kunden begeistern kann. Mittlerweile sagen sogar viele Gründer, dass bei dem Überangebot an digitalen Produkten und Services eine gewisse Qualität vorhanden sein muss, weil Kunden sonst nicht bereit sind, sie zu nutzen, und erst recht keine Zahlungsbereitschaft zeigen. Daher auch der Ausspruch *»Lean Start-up ist tot«*, den Unternehmer Frank Thelen (bekannt aus *Die Höhle der Löwen)* in Bezug auf Apps etwas provokativ geprägt und dies durch die neuen Distributionskanäle der App-Stores begründetet hat. Dadurch sind an der Software nämlich keine Verbesserungen in Echtzeit mehr möglich, da Software-Updates teilweise erst ein bis zwei Wochen geprüft werden, bevor sie verfügbar sind.

Bei Familonet haben wir sehr lange an unserem Produkt getüftelt, bis wir es mit einem großen Knall veröffentlicht haben. Alles sollte perfekt sein. Von der Firmengründung bis zum Launch vergingen rund zehn Monate, was mir im Nachhinein viel zu lange vorkommt. Das konnten wir auch nur durchhalten, weil wir zu dem Zeitpunkt bereits eine Finanzierungsrunde abgeschlossen hatten, die uns etwas Zeit geschenkt hatte. Daher war unser Produkt zum Start bereits ausgereifter als ein MVP und wir konnten ausreichend Zeit und Energie in einen gut vorbereiteten Launch stecken. Dies hat sich im Nachhinein für uns glücklicherweise ausgezahlt, da wir mit einem großen Medien- und PR-Rummel (mehr dazu in Kapitel 5) gestartet sind. Es hätte aber auch in die Hose gehen können.

Heutzutage versuche ich das in der vorherigen Frage beschriebene Vorgehen einer halböffentlichen Pilotphase umzusetzen. In dieser Phase verzeihen einem

Kunden noch eher Fehler, da die Erwartungshaltung noch nicht so hoch ist, und Kunden verstehen sich eher als Partner. Je nach Strategie kann die Pilotphase sehr leise umgesetzt werden oder auch schon durch Medien- und PR-Aufmerksamkeit begleitet werden. Abschließend ist meine Erfahrung grundsätzlich, dass viele Gründer zu lange warten, bis sie mit ihrem Produkt an den Markt gehen. Der Sprung ins kalte Wasser tut manchmal weh, ist aber oft hilfreich.

Prof. Sebastian Pioch: Da gibt es leider keine seriöse Standardantwort. Oftmals ist es ja vor allen Dingen auch so, dass ein Start-up mit einem Produkt A an den Markt geht und daraus dann durch verschiedenste Änderungen ein Produkt B entsteht, mit dem es dann erst erfolgreich ist. Wichtig ist also, erst mal mit einem funktionierenden Produkt in den Markt zu gehen, um in den Dialog mit potenziellen Kunden einzutreten. Und dann muss man einfach offen auf Bedürfnisse reagieren, die der Markt an einen heranträgt. Reid Hoffman von LinkedIn sagte einst: *»Wenn Dir Dein MVP beim Start nicht peinlich ist, launchst Du zu spät.«*

Klar, man sollte lieber früher als später rausgehen, aber auch nicht zu früh. Wenn das MVP das Nutzenversprechen nämlich nicht einlöst, ist es meiner Meinung nach zu früh. In jedem Fall ist es ratsam, etwaige Unzulänglichkeiten in einer transparenten Kommunikation den Kunden mitzuteilen, dann werden sie umso mehr Verständnis dafür aufbringen, wenn noch nicht alles perfekt funktioniert.

Unternehmensgründung

Wie gehe ich die Unternehmensgründung an, was sind die ersten Schritte?

Hauke Windmüller: Kommen wir nun zum leider etwas unschönen Teil der Unternehmensgründung: der tatsächlichen Gründung einer Gesellschaft als Grundlage für Euer Business. Berechtigterweise scheuen sich zunächst viele vor diesem bürokratischen Vorhaben. Denn neben dem Notartermin gehören Anmeldungen beim Finanzamt, bei der Industrie- und Handelskammer, gegebenenfalls bei einer Berufsgenossenschaft und – sobald Mitarbeiter eingestellt werden – bei der Arbeitsagentur zu einer Gründung. Hinzu kommen die Eintragung ins *Handelsregister* sowie die Eröffnung eines Geschäftskontos. Mit gutem Beispiel voran geht Estland, das internationaler Vorreiter bei der Digitalisierung von Behördengängen ist. Fairerweise muss dabei erwähnt werden, dass Estland auch nur 1,3 Millionen Einwohner hat und solche Vorhaben entsprechend schnell umgesetzt werden konnten. Als E-Resident in Estland können Bürger digital über das Internet Konten eröffnen, Unternehmen registrieren oder Patente und Marken anmelden. In Deutschland sind wir leider noch nicht so weit, auch wenn die EU einen Lichtblick gibt: Auch hierzulande sollen Unternehmensgründungen reformiert werden und eine GmbH in Zukunft auch online angemeldet werden können. Aus eigener Erfahrung kann ich sagen, dass es auch jetzt meist gar nicht so schlimm ist, wenn man sich erst mal ein wenig damit beschäftigt. Es macht dann sogar viel Spaß, da sich die erste Gründung eines eigenen Unternehmens extrem gut anfühlt.

Der richtige Zeitpunkt für die juristische Unternehmensgründung ist spätestens dann, sobald Ihr mit echten Kunden arbeitet, Nutzerdaten verwaltet und Zahlungen entgegennehmt. Dann ist eine rechtliche Absicherung hilfreich und notwendig. Je nachdem, welche Gesellschaftsform Ihr wählt (wir gehen in der nächsten Frage darauf ein), stehen nun einige Behördengänge, Notarbesuche, Finanzamtsanmeldungen sowie andere Formalien an. Es gibt mittlerweile ein paar gute Internetbanken wie Penta, Holvi oder fidor, die sich auf Selbstständige und Start-ups spezialisiert haben, die ich sehr empfehlen kann. Die erleichtern Euch auch später die Buchhaltung und die Zusammenarbeit mit dem Steuerberater. An dieser Stelle der dringende Rat, sich von Anfang an eine Rechtsanwältin und Steuerberaterin zu suchen, die den Gründungsprozess begleiten. Ein Rechtsanwalt ist beispielsweise für das korrekte Aufsetzen eines Gesellschaftsvertrags unerlässlich, wenn Ihr zu zweit oder mit mehreren eine UG oder GmbH gründet. Die Standardvorlagen taugen nur für Einzelgründungen etwas, weil ganz viele essentielle Dinge, zum Beispiel das Ausscheiden eines Gesellschafters, nicht ausreichend geregelt sind. Eine Beratung inklusive Gesellschaftsvertrag ist vielfach bereits für unter 1000 Euro zu haben. Gleiches gilt für den Steuerberater. Wer aus Kostengründen seine laufende Buchhaltung selber machen möchte, kann das aber auch gern tun. Trotzdem ist es hilfreich, sich von einem Steuerberater begleiten zu lassen (zumindest die Jahresabschlüsse und Steuererklärung), um keine unnötigen Fehler zu machen. Ein Steuerberater kann einen Großteil der Behördenanmeldungen schnell und kostengünstig für Euch übernehmen.

Hier einige Stolperfallen, in die ich selber teilweise getappt bin oder die ich bei vielen Gründern gesehen habe:

- Für einige Förderungen (zum Beispiel *EXIST-Gründerstipendium*) darf noch keine Gesellschaft gegründet worden sein.
- Oft fehlen ausreichende Regelungen über das Ausscheiden von Gesellschaftern im Guten, bei Streitfällen oder im Todesfall.
- Viele Gründer haben ihre Buchhaltung anfangs vernachlässigt, wodurch dann hohe Steuernachzahlungen fällig wurden.
- Alles dokumentieren, aufheben und digitalisieren, damit Ihr bei einer Betriebsprüfung durch Behörden oder bei einer *Due Diligence* (Unternehmensprüfung) im Exit-Fall gut aufgestellt seid.

Sebastian, hast Du noch eine umfangreichere Checkliste, die sich bei vielen Gründungen bewährt hat?

Prof. Sebastian Pioch: In dem Moment, in dem ich mir die Frage stelle, wie ich eine Unternehmensgründung ganz konkret angehe, ist ja schon eine ganze Menge passiert. Ich habe zumindest eine Idee, ich habe vielleicht auch schon ein oder zwei Mitgründer und ich habe eventuell auch schon einen Prototyp entwickelt, den ich jetzt am Markt etablieren kann. Auf jeden Fall sollte ich mir an diesen Punkt aber auch bereits vertiefende Gedanken über mein Geschäftsmodell gemacht und diese etwa in dem Lean Canvas beschrieben haben.

Die durchschnittliche Dauer einer Unternehmensgründung in Deutschland hat sich in den vergangenen 20 Jahren übrigens rapide verkürzt, die Prozesse sind da offenbar erheblich besser geworden. Dauerte das um 2003 noch etwa 45 Tage, nimmt das heute im Durchschnitt nur noch acht Tage in Anspruch.

Mein Rat an dieser Stelle wäre, mit meinen potenziellen Mitgründern und dem ausgefüllten Lean Canvas unterm Arm zur örtlichen Industrie- und Handelskammer zu gehen und sich dort kostenlos beraten zu lassen. Die haben häufig auch Anwälte vor Ort, die juristische Tipps und steuerliche Hinweise liefern können, was konkret der nächste Schritt ist. Einen Gewerbeschein anzumelden ist wirklich kein Hexenwerk, damit geht es erst mal los. Falls für mich die Gründung einer juristischen Person, also zum Beispiel einer GmbH, infrage kommt, sind natürlich weitere Vorbereitungen zu treffen, auf die wir gleich noch kurz zu sprechen kommen.

Checkliste Unternehmensgründung
O Formulieren einer Idee und diese als Geschäftsmodellansatz im Lean Canvas beschreiben.
O Ziele der Gründung definieren und mit Mitgründern diskutieren.
O Prototyp entwickeln und mit ersten Nutzern testen. Gibt es ein Problem für Eure Lösung?
O Hat die Marktrecherche ergeben, dass sich das Vorhaben lohnt? Dürft Ihr Euer Produkt überhaupt anbieten?
O Einen Namen für das Produkt und/oder für das Unternehmen finden. Domain im Netz sichern.
O Falls Ihr nebenberuflich startet, solltet Ihr den Arbeitgeber informieren.
O Kapitalbedarf für die ersten Schritte definieren und Finanzierung der ersten Monate sicherstellen.
O Erstberatung bei der IHK in Anspruch nehmen. Welche Rechtsform ist geeignet? Was ist steuerlich zu beachten?
O Eröffnung eines Geschäftskontos und ggf. Abschluss einer Geschäftsführerhaftpflichtversicherung.
O Abwägen der Chancen und Risiken. Beratet Euch mit lokalen Gründern, Hilfe gibt es überall.
O Recherche nach Markennamen und ggf. Anmeldung der Marke.
O Erfüllt Ihr die wichtigsten Rahmenbedingungen in Sachen Datenschutz? Im Zweifel beraten lassen.

Infobox 4.4: Checkliste Unternehmensgründung

Was ist die richtige Gesellschaftsform für mein Vorhaben?

Prof. Sebastian Pioch: Hier muss ich leider die Lieblingsantwort von Rechtsanwälten bemühen: *Es kommt drauf an*. Das Einzige, was man hier standardisierterweise empfehlen kann, ist, dass jedes Gründungsvorhaben individuell ist und es einer ebenso individuellen Beratung durch einen Rechtsanwalt bedarf. Dieses Geld ist wirklich gut investiert, da es einem möglicherweise später auf die Füße fallen kann, wenn man hier unüberlegt und unwissend handelt. Was man aber auf jeden Fall machen kann, bevor man zu einem Rechtsanwalt geht, ist, für sich selbst oder aber im Team folgende Fragen zu diskutieren:

Wie sieht es mit der Leitungsbefugnis aus und wer soll die Handlungsbevollmächtigung erhalten? Welche Finanzierungsmöglichkeiten schweben uns vor? Wenn nämlich zu erwarten ist, dass für die Produktentwicklung und Markteinführung ein hoher Finanzierungsbedarf ansteht, ist davon auszugehen, dass man das ohne Investor nicht schafft. Hier ist oftmals Voraussetzung, dass eine juristische Person gegründet wird, also etwa eine GmbH. Eine weitere Frage betrifft die der *Rechtsgestaltung*, also die der *Haftung*. Gerade für Softwareunternehmen ist grundsätzlich zu empfehlen, einen Haftungsschirm um die Gründer herum zu spannen, da Nutzer irgendwo auf der Welt mit der Software Dinge tun, die man nicht kontrollieren kann.

Eine weitere Frage ist die nach der *Flexibilität. Wie soll bei einem Gesellschafterwechsel oder aber bei einer Umfirmierung verfahren werden?* Ebenfalls diskutiert werden sollten *steuerrechtliche Aspekte*. Ist zum Beispiel geplant, dass man etwas Gemeinnütziges anbietet? Dann eignet sich möglicherweise die Rechtsform der gGmbH, die entsprechende Steuervorteile bietet. Es gibt noch zwei letzte Aspekte, die es zu bedenken gilt. Zum einen sind da die rechtlichen Vorschriften, wie zum Beispiel die *Offenlegung des Jahresabschlusses*, also die *Publizitätspflicht*. Hier muss man sich einfach darüber im Klaren sein, dass bei juristischen Personen eine Bilanzierung erfolgen muss, was durch ein Steuerbüro übernommen werden sollte und somit mit Kosten von etwa 1000 Euro bis 2000 Euro pro Jahr verbunden ist. Zum anderen muss man wissen, dass damit eine gewisse Transparenz gegenüber Dritten einhergeht. Jeder kann dann beim Bundesanzeiger einsehen, wie es der Firma geht und wem was gehört.

Last, but not least sollte sich die Frage gestellt werden, welche *Aufwendungen* man *in der Gründungsphase* bereit ist zu tragen. Mit der Gründung einer GmbH sind verschiedene initiale Kosten, zum Beispiel die für den Notar, verbunden und es ist eine gewisse Kapitaleinlage zu erbringen. Wenn all diese Fragen grundsätzlich diskutiert sind, würde ich zu einem Rechtsanwalt gehen und mich umfassend beraten lassen.

Übersicht Rechtsformen					
Rechtsform	Haftung	Mindest-einlage	Handels-register	Auf-wand bei Gründung	Gründungs-kosten
Einzelunternehmen	unbeschränkt*	keine	nicht zwingend	gering	niedrig
Eingetragener Kaufmann	unbeschränkt*	keine	ja	mittel	niedrig/mittel
GbR	unbeschränkt*	keine	nein	gering	niedrig
oHG	unbeschränkt*	keine	ja	mittel	mittel
KG	Komplementär unbeschränkt* Kommanditist beschränkt	keine	ja	hoch	mittel
GmbH	auf Gesellschaftsvermögen beschränkt	25 000 Euro (12 500 Euro bei Gründung)	ja	hoch	hoch
UG haftungsbeschränkt	auf Gesellschaftsvermögen beschränkt	1 Euro	ja	hoch	niedrig/mittel
GmbH & Co. KG	Komplementär auf Gesellschaftsvermögen beschränkt, Kommanditist auf Einlage beschränkt	25 000 Euro	ja	sehr hoch	hoch
Ltd	auf Gesellschaftsvermögen beschränkt	keine	Nicht zwingend ins englische HR	sehr hoch	niedrig
AG	auf Anteil des Aktionärs beschränkt	50 000 Euro	Ja	sehr hoch	sehr hoch
	unbeschränkte Haftung: Kapitalhaftung sowohl mit Firmen- als auch Privatkapital				

Infobox 4.5: Übersicht der gängigsten Rechtsformen und ihrer Merkmale

Hauke Windmüller: Die richtige Gesellschaftsform ist abhängig vom Vorhaben, in Bezug auf Start-ups grenzt sich die Auswahl aber sehr schnell ein. Start-ups sind überwiegend Hochrisikounternehmen mit einer hohen Scheiterwahrscheinlichkeit. Aus diesem Grund fallen alle Gesellschaftsformen weg, bei denen die Unternehmer oder Gesellschafter persönlich haften. Die üblichste Gesellschaftsform für Start-ups ist die klassische und allseits bekannte *GmbH*, bei der die Haftung auf das Gesellschaftsvermögen beschränkt ist. Früher war die Gründung einer GmbH eine echte Herausforderung, da ein Stammkapital von 25 000 Euro vorhanden sein musste, wovon die Hälfte direkt bei der Gründung eingezahlt werden musste.

Seit 2008 ist es möglich, eine *Unternehmergesellschaft (haftungsbeschränkt)*, kurz *UG (haftungsbeschränkt)* und umgangssprachlich nur UG, als Kapitalgesellschaft mit nur einem Euro Stammkapital zu gründen. Sie ist vergleichbar mit der britischen Limited Company (Ltd.), die früher auch häufiger in Deutschland anzutreffen war. Großer Vorteil der UG ist, dass sie auch mit weniger als 25 000 Euro Stammkapital gegründet werden kann. Theoretisch mit einem Euro, in der Praxis werden aber oftmals 1000 Euro oder mehr gewählt, damit die Gesellschaft nicht bereits nach der Gründung droht, überschuldet zu sein. Entwickelt sich das Unternehmen in Form einer UG gut und erwirtschaftet einen Überschuss, darf dieser nur zu 75 Prozent an die Gesellschafter ausgeschüttet werden. Die restlichen 25 Prozent fließen in eine Rücklage (sogenannte Thesaurierungspflicht), bis das Stammkapital von 25 000 Euro erreicht wird. Ist dies erreicht, muss die UG in eine GmbH umgewandelt werden. Die UG hat sich damit zur beliebtesten Form für Existenzgründungen entwickelt. Die Gründung einer UG funktioniert dann im Wesentlichen genauso wie die Gründung einer GmbH. Es gibt aber Musterprotokolle, die die Gründung vereinfachen und sehr kostengünstig machen. Davon raten aber viele Anwälte ab, weil in den stark vereinfachten Musterprotokollen viele für Start-ups wichtige Dinge nicht ausreichend geregelt sind.

Ich hatte anfangs nie geglaubt, dass sich die teuren Investitionen in Anwälte lohnen. Bis es am Ende in den meisten Fällen ohne Rechtsanwalt viel teurer geworden ist. Bei der Gründung von Familonet hatten wir uns damals nicht ausreichend beraten lassen und haben die Geschäftsanteile der Familonet GmbH als Privatpersonen gehalten. Dies war leider nach mehreren Finanzierungsrunden nicht mehr rückgängig zu machen und traf uns beim späteren Verkauf der Firma finanziell ziemlich hart, da wir sehr viele Steuern bezahlt haben, die wir mit einer anderen Organisationsstruktur hätten einsparen können. Mittlerweile ist es üblich geworden, dass Gründer ihre Anteile am Unternehmen nicht persönlich halten, sondern über eine Beteiligungs-Holding. Die Beteiligungs-Holding ist eine rein vermögensverwaltende Gesellschaft, die Beteiligungen am eigenen Unternehmen oder an Fremdunternehmen hält. Kommt es nun zum Exit des Start-ups, sind auf Ebene der Holdinggesellschaft Gewinne aus einem Verkauf der Anteile des Start-ups zu 95 Prozent von der Steuer befreit. Sobald Geld aus der Beteiligungs-Holding entnommen wird, fallen natürlich weitere Steuern an. Das Geld kann aber auch zur Gründung des nächsten Start-ups verwendet werden oder für Investitionen in andere Unternehmen. Eine Beteiligungs-Holding zu gründen ist kein Hexenwerk und davor braucht Ihr nicht zurückzuschrecken. Im Endeffekt gründet Ihr erst eine Gesellschaft für Euch alleine und diese Gesellschaft hält dann die Anteile an eurem Start-up. Es ist daher sinnvoll, sich vor der Gründung Gedanken über das richtige Set-up zu machen und dafür einen Rechtsanwalt und Steuerberater zur Beratung hinzuzunehmen.

Was muss ich ganz grundsätzlich von Steuern und Buchhaltung verstehen?

Hauke Windmüller: Alle Unternehmer und Geschäftsführer sollten sich die Grundlagen der Buchhaltung aneignen und zumindest eine *Betriebswirtschaftliche Auswertung (BWA)* und *Gewinn- und Verlustrechnung (GuV)* lesen und verstehen können. Die GuV wird im Regelfall nur einmal im Jahr mit dem Jahresabschluss erstellt und gibt Euch Auskunft über alle erfolgsrelevanten Daten eines Geschäftsjahres. Die BWA hingegen wird üblicherweise monatlich erstellt und dient Euch als nützliches Controlling-Tool. Sie gibt Euch Einblicke in die finanzielle Lage des Unternehmens und zeigt übersichtlich die Entwicklung von Kosten und Umsätzen über die Monate hinweg. Es gibt keine gesetzliche Pflicht zur Erstellung einer BWA, es ist jedoch extrem ratsam.

Schnell verstanden hatte ich die BWA, GuV sowie den Jahresabschluss, da ich anfänglich bei Familonet den Großteil der Buchhaltung selber gemacht habe. Es war ein gutes Learning, um die Grundlagen zu verstehen, was mir später enorm geholfen hat. Dringend ans Herz legen kann ich Euch aber, wie schon erwähnt, die Buchhaltung nicht gänzlich selber zu machen. Es gibt einfach zu viele Stolperfallen und es ist zu viel und sich teilweise häufig änderndes Fachwissen erforderlich.

Aus diesem Grund habe ich ein kostengünstiges Hybrid-Modell angewandt. Die Belege habe ich selber eingebucht, woraufhin unser Steuerberater am Montagsende alles kontrolliert hat und dann den Abschluss erstellt hat. Je nach Unternehmensgröße war das für mich etwa ein Arbeitstag pro Monat. Den Jahresabschluss habe ich ebenfalls vom Steuerberater erstellen lassen. Auch wenn Ihr dazu nicht verpflichtet seid, ist es unbedingt ratsam.

Später haben wir immer mehr outgesourced und die Belege nur noch in einem »Schuhkarton« gesammelt und an unseren Steuerberater geschickt, der dann die laufende Buchhaltung übernommen hat. Der Begriff »Schuhkarton« stammt aus vergangenen Tagen, bei uns war es natürlich ein Cloud-Speicher, sodass die komplette Buchhaltung papierlos war. Über die Zeit haben wir den Prozess weiter optimiert, hier ein paar Tipps:

- Einheitliche Rechnungs-E-Mail (zum Beispiel invoice@deinunternehmen.de), die Ihr bei allen Services und Tools hinterlegt und auf die euer Steuerberater Zugriff hat. Anderweitig eingehende Rechnungen leitet Ihr dann einfach an diese E-Mail-Adresse weiter, sodass alle Rechnungen und Belege in diesem Postfach gesammelt werden.
- Erstellt einen gemeinsamen Cloud-Speicher-Ordner, in dem Ihr alle restlichen Belege und Dateien sammelt, die für die Monatsbuchhaltung notwendig sind, und gebt eurem Steuerberater Zugriff auf den Ordner.
- Erinnert Eure Mitgründer und Mitarbeiter immer wieder daran: »Ohne Beleg keine Buchung« und motiviert sie dazu, alle Belege immer direkt an die Rechnungs-E-Mail-Adresse weiterzuleiten.
- Wenn Ihr eine der modernen, auf Start-ups ausgerichteten Internetdirektbanken nutzt, könnt Ihr an Überweisungen direkt die Belege hängen und Euch am Ende des Monats exportieren.

Wenn Ihr die Buchhaltung so effizient automatisiert und optimiert, ist es für den Steuerberater weniger aufwendig und deshalb günstiger. Mittlerweile rate ich jedem, möglichst viel an einen Steuerberater abzugeben. Die eigene knappe Zeit als GründerIn ist in den meisten Fällen wesentlich besser in andere Themen investiert, insbesondere in die Weiterentwicklung des Produkts und des Geschäftsmodells.

Prof. Sebastian Pioch: Ich bin da völlig deiner Meinung Hauke, dass sich gerade zu Beginn jede Unternehmerin und jeder Unternehmer einmal mit den grundlegenden Basics der Buchführung auseinandersetzen sollte. Das gleicht keiner Doktorarbeit und dafür gibt es sogar viele hilfreiche Unterlagen im Netz. Da kann ich zum Beispiel die Angebote von gruenderplattform.de oder unternehmenswelt.de empfehlen. Und wenn man zum Beispiel ein Konto bei einer der von Dir genannten Internetbanken eröffnet, wird man dort sogar häufig bei der Buchführung unterstützt. Das gilt natürlich eher für Freelancer oder für die frühe Phase.

Was ich aber allen Gründungsinteressierten empfehlen würde, ist, sich mal mit so ganz trivialen Dingen wie einer *Einnahmen/Überschuss-Rechnung* auseinanderzusetzen. Wie kommt eigentlich so ein Betriebsergebnis zustande? Das ist ebenfalls keine Raketenwissenschaft und ähnelt im Grunde genommen dem Prozess, den man ja von zu Hause aus einem Haushaltsbuch kennt. Hier mal einige Hinweise, wie das geht:

Als Erstes führe ich alle Einnahmen auf, die ich mit meinem Unternehmen generiere. Als Nächstes ziehe ich davon alle Kosten ab, die mit diesem Geschäft in Verbindung stehen. Das sind dann Sachen wie *Rechnungen von Subunternehmern, Material, Büromiete, Fahrtkosten* und so weiter. Wenn ich alle Kosten abgezogen habe, entsteht ein Wert und der beschreibt das *zu versteuernde Einkommen*. Das muss ich dann später in einem entsprechenden Formular eintragen, und nachdem das Finanzamt geprüft hat, ob es meine Ausgaben auch so akzeptiert, sieht es in der Einkommensteuertabelle nach, welcher Einkommensteuersatz für mich gilt. Und je nachdem wie hoch mein zu versteuerndes Einkommen ist, habe ich entsprechend einen höheren oder niedrigeren Steuersatz. Wenn dann die Steuern abgezogen sind, bleibt der *Gewinn* übrig – sprich mein Betriebsergebnis. Das ist alles etwas vereinfacht dargestellt, aber im Grunde genommen ist es das.

Meine Empfehlung ist, sich pro Quartal drei digitale Ordner anzulegen. Der eine heißt *Ausgang*, dort werden alle Ausgangsrechnungen abgelegt, also die Rechnungen, die ich jemandem schreibe. Der zweite Ordner heißt *Eingang*, dort sammele ich alle Rechnungen, die ich selbst bekomme. Und der letzte Ordner heißt *Bank*. Dort kommen alle Kontoauszüge und Kreditkartenabrechnungen hinein. Allein durch diese Struktur vermeidet Ihr schon viel Chaos und behaltet stets den Überblick. Ach ja genau, Hauke, der Schuhkarton für die Belege, die in keine der drei Kategorien passen, ist natürlich auch eine gute Idee, das mache ich selbst heute noch.

Learnings weiterer Gründer

Julia Dettmer ist Nachfolgerin in dritter Generation des Familienunternehmens Dettmer Group KG. Gemeinsam mit ihrem Vater übt sie die strategische Ausrichtung der Logistikgruppe aus. Die Gruppe setzt sich aus den Bereichen Schifffahrt, Logistik, Luftfracht & Entsorgung zusammen und beschäftigt deutschlandweit etwa 2400 Mitarbeiter mit einem Umsatz von rund 350 Millionen Euro. Zusätzlich ist sie die Geschäftsführerin der Jongen GmbH, einer Neugründung im Portfolio. Das Unternehmen kümmert sich im Hamburger Hafen um die Entsorgung der Abfälle der See- und Kreuzfahrtschifffahrt und ist Vertragspartner für die Ölunfallbekämpfung im Hafen im Auftrag der Stadt Hamburg.

Jongen habe ich zusammen mit meinem Geschäftspartner 2016 gegründet, nachdem ich mich mit meinem Vater darauf geeinigt hatte, innerhalb der Unternehmensgruppe unseres Familienunternehmens eine eigene Firma aufzubauen. Unser Markteintritt ging damals Schlag auf Schlag: Nach der erfolgreichen Handelsregistereintragung haben wir sofort jede Form von Equipment angeschafft und uns parallel für einen Auftrag zur Ölunfallbekämpfung im Hamburger Hafen beworben. Man muss sich vorstellen: Wir traten damals als junges Start-up gegen ein anderes Unternehmen an, das diesen Job seit 16 Jahren gemacht hat. Für einen potenziellen Erstauftrag, der für vier Jahre ausgeschrieben war. Natürlich wollten wir den Zuschlag gewinnen – und bekamen ihn tatsächlich auch. Am 1. September 2016 sollte alles rechtskräftig losgehen. Aber was dann passierte, war total skurril: In der Nacht vom 1. September – also noch am ersten Tag der Zusammenarbeit – brannte ein großes Seeschiff im Hamburger Hafen. Wir hatten gerade erst die Lager befüllt und unser Team aufgestellt und mussten nun direkt ausrücken. Das war die buchstäbliche Feuerprobe! Fast zeitgleich ist einem anderen Schiff am nächsten Tag der Tankschlauch abgeplatzt, sodass wir den Hafen von austretendem Schweröl befreien mussten. Gleich zum Start zwei derart riesige Aufträge? Wir wussten gar nicht, wo uns der Kopf steht.

Meine Learnings daraus: A) Man kann sich gar nicht gründlich genug auf seinen ersten Auftrag vorbereiten. Es geht manchmal schneller, als man denkt. Und B) Wie wichtig ein großes Netzwerk ist. Hätten wir uns vorher nicht Gedanken über Partnerunternehmen gemacht, die uns in Extremsituationen durch Equipment und zum Beispiel Leiharbeiter unterstützen, hätten wir diese beiden – bis heute seit Unternehmensgründung größten – Aufträge nie geschafft. Das war schon eine sehr spezielle Herausforderung. Aber glücklicherweise hat alles gut geklappt. Für uns war es am Ende ein tolles Aushängeschild gegenüber der Behörde und der Feuerwehr.

An dieser Stelle möchte ich gern noch etwas zum Pricing und zur Kundengewinnung sagen. Ich habe immer die Meinung vertreten, dass wir nicht mit günstigen Preisen einsteigen sollten, weil Preiserhöhungen später nur schwer vom Markt akzeptiert werden. Deshalb haben wir von Anfang an den Mehrwert betont und warum wir als Start-up in dieser Branche mehr leisten als andere. Aufgrund des Invests durch die Holding konnten wir hochwertiges Equipment beschaffen und haben zum Beispiel Doppelhüllenbinnenschiffe eingesetzt, deren Einsatz am Markt noch nicht Standard war. Wir wollten beweisen, dass bei uns das Preis-Leistungs-Niveau stimmt. Zusätzlich haben wir den persönlichen Kundenkontakt extrem gut gepflegt und immer wieder Wünsche und Bedürfnisse abgefragt. Zum Beispiel haben wir regelmäßig bei der Behörde vorgesprochen, viele Events gemacht oder After-Work-Dart-Turniere veranstaltet, zu denen wir die Kunden eingeladen haben. Dadurch haben sie schnell gemerkt, dass wir hoch motiviert sind. So gelang uns der Einstieg in die Branche insgesamt sehr schnell.

Bei einem anderen Produkt war es übrigens genau umgekehrt: Der Markt war lange Zeit nicht reif dafür. Mit Blick auf die neuen Antriebstechnologien wie Wasserstoff oder Elektromobilität und Trends wie das gesteigerte Bewusstsein für Umweltschutz und Nachhaltigkeit, die in Zukunft auch die Schifffahrt erreichen werden, wollten wir frühzeitig neue Chancen identifizieren. Deshalb haben wir nach neuartigen Verfahren gesucht, mit dem das Ballastwasser von Seeschiffen von irreversiblen Spezien aufbereitet werden kann, die sich sonst als Schädlinge im Hafenwasser ausbreiten. Wir hatten die Lösung zwei Jahre lang in der Schublade, bevor es aufgrund einer Vorschrift der Internationalen Seeschifffahrts-Organisation (IMO) plötzlich Bedarf gab und wir das Produkt zusammen mit einem holländischen Kooperationspartner dem Hamburger Hafen als erstem europäischen Hafen anbieten konnten. Ich hatte schon nicht mehr an das Projekt geglaubt, aber mein Geschäftspartner blieb hartnäckig und geduldig. Das hat mir im Nachhinein gezeigt, wie toll eine gemeinsame Geschäftsführung und wie wichtig das richtige Timing ist.

Dr. Sophie Chung ist gebürtige Österreicherin, Medizinerin und ehemalige Stammzellenforscherin, die den Sprung in die Wirtschaft gewagt hat. Sie war als Unternehmensberaterin bei McKinsey & Company tätig, wo sie Regierungen, Krankenhäuser, Krankenversicherungen und die Pharmaindustrie zu ihren Klienten zählte. Im Anschluss verschlug es sie in die Start-up-Welt nach New York und sie landete beim Digital Health Unicorn Zocdoc. Seit 2015 hilft sie mit ihrer Plattform Qunomedical Patienten aus aller Welt, Zugang zu den besten medizinischen Behandlungen zu erhalten.

Wir sind vor vier Jahren mit einer Idee gestartet, die für viele auf den ersten Blick total crazy war: Wir wollten eine digitale, globale Plattform bauen, auf der Patienten Arztleistungen im Ausland buchen können. Sie fliegen in ein Land, in dem sie vielleicht noch nie gewesen sind, unterziehen sich einer Operation – und kommen glücklich wieder zurück. Nicht selten würden die Behandlungen einige Tausend Euro kosten. Als ich diese Geschichte damals erzählte, haben viele Leute gesagt: »Sophie, Du bist verrückt. Wer bucht denn übers Internet schon was für tausend Euro? Und schon gar nicht eine Behandlung im Ausland!« Deshalb war unser Ziel für den Markteintritt, zu beweisen, dass es diesen Need wirklich gibt. Für uns war es also sehr wichtig, unsere First Mover zu finden. Allerdings hatten wir nur eine ganz einfache Landingpage und unsere Marke war noch nicht ausgereift, alles war noch sehr provisorisch. Weil uns Google zu teuer war, haben wir dann in allen möglichen Social-

Media-Kanälen und Foren Links gepostet, damit die Leute auf unsere Website kommen. Und zwar zum Thema Haartransplantation: Das ist für eine spitze Zielgruppe ein akutes Problem, das ein niedriges Komplikationsrisiko hat. Bei einer Haartransplantation kann nicht viel schiefgehen. Das kann bei anderen größeren Operationen schon anders aussehen – da haben wir uns am Anfang noch nicht getraut.

Die erste Anfrage kam nach einer Woche. Und unser erster Gedanke war: »Äh, okay, shit, wer spricht denn nun mit dem Patienten?« Nach einer kleineren Diskussion hat dann unsere Praktikantin Julia mit ihm gesprochen und ihr Bestes gegeben, dabei professionell zu wirken. Anschließend hatte er uns Fotos von seinem Kopf geschickt, damit wir ihm ein Angebot machen können. Daraufhin haben wir schnell eine gute Klinik in der Türkei identifiziert, sie qualifiziert und uns die Preise eingeholt. Dann hab ich mich hingesetzt, das Angebot in PowerPoint gebastelt und ein PDF an den Patienten geschickt. Das haben wir noch für ein paar Interessierte so gemacht, aber nach einer Weile sind alle Patienten abgesprungen. Wir waren wirklich nicht gut.

Aber dann gab es doch einen Niederländer, der mutig genug war, über uns zu buchen. Er ist in die Türkei geflogen und hat sogar seinen Cousin mitgenommen. Das waren unsere ersten beiden Kunden – und die waren hinterher super happy. Es hat alles wunderbar geklappt. Für uns war das ein Wendepunkt, an dem wir gemerkt haben, dass wir das hinkriegen können. Mittlerweile ist es umgekehrt: Die Leute rufen uns an. Jetzt kriegen wir fast 1000 Anfragen am Tag. Ich kann mich aber noch erinnern, als ich das erste Mal den Telefonhörer in die Hand genommen habe und einen Patienten anrief. Ich glaube mein Herz hat noch nie so schnell geschlagen. Ich war so nervös. So haben wir uns von einem Patienten zum nächsten hochgearbeitet und hatten nach den ersten drei Monaten 13 Buchungen. Das war zwar nicht sonderlich viel, aber auch nicht nichts. Wir haben gesehen, es geht! Und so sind wir dann gestartet!

Weiterführende Literatur

Jürgen Erbeldinger, Thomas Ramge: *Durch die Decke denken – Design Thinking in der Praxis*

Jens Jacobsen, Lorena Meyer: *Praxisbuch Usability und UX – Bewährte Usability- und UX-Methoden praxisnah erklärt.*

Jake Knapp: *Sprint: Wie man in nur fünf Tagen neue Ideen testet und Probleme löst*

Stefanie Quade, Okke Schlüter: *DesignAgility – Toolbox Media Prototyping: Medienprodukte mit Design Thinking agil entwickeln*

Iris Thomsen: *Crashkurs Buchführung für Selbstständige – inkl. Arbeitshilfen online*

KAPITEL 5

DIE KUNST DER KUNDENANSPRACHE: DEN RICHTIGEN MARKETING-MIX FINDEN

> »Ein Unternehmen lebt nicht von dem, was es produziert, sondern von dem, was es verkauft.«
>
> *Lee Iacocca*

Jetzt ist es an der Zeit, Eurem Start-up Leben einzuhauchen. Um potenzielle Käufer anzulocken, können allerdings die wenigsten Teams auf große Werbebudgets zurückgreifen. Gleichzeitig beweist die Start-up-Realität, dass effektives Marketing gar nicht teuer sein muss. Die Kunst besteht darin, ein stabiles Gleichgewicht zwischen Notwendigkeit und verfügbaren Mitteln zu finden. Frei nach dem Motto: maximale Sichtbarkeit durch minimalen Einsatz.

Um kostengünstig erste Nutzer auf Euch aufmerksam zu machen, eignen sich vor allem die Bereiche Online- und Social-Media-Marketing. Auch deshalb, weil Konsumenten heute immer mehr digitale Channels in ihre Kaufentscheidung einbeziehen. Auf diese Entwicklung können Start-ups in der Regel besser reagieren als etablierte Unternehmen. Ein wirksames Instrument, wenn man mit einem schmalen Geldbeutel gegen die große Konkurrenz antreten muss. Außerdem profitieren junge Unternehmen von kürzeren Entscheidungswegen. Wir können Euch nur raten: Nutzt diese Chance und werdet kreativ.

Um als Jungunternehmen Bekanntheit zu erlangen, gehört außerdem klassische PR-Arbeit in jedes Marketingrepertoire. Je überzeugender Ihr Euch und Eure Idee positionieren könnt, desto höher ist die Chance, von einer breiteren Öffentlichkeit wahrgenommen zu werden. Ganz nebenbei haben gute Geschichten einen extrem positiven Abstrahleffekt auf die Kaufentscheidung. Denn auf der Suche nach einem Angebot, das ihnen entspricht, entscheiden Käufer immer häufiger nach emotionalen Kriterien. Marken, die die Werte ihrer Zielgruppen bedienen und durch cleveres Storytelling eine emotionale Bindung aufbauen, verdienen sich schneller die Sympathie ihrer Käuferschaft.

Den Beweis für gelungenes Marketing treten unsere Gründerstorys an: In diesem Kapitel erfahrt Ihr zum Beispiel, warum bei Familonet zeitweise die Server in die Knie gegangen sind und wie es gelingen kann, durch einen einzigen Zeitungsartikel 65 000 Euro Umsatz zu generieren. Zusätzlich versorgen wir Euch mit ein paar theoretischen Grundlagen: Wie sieht ein moderner Marketing-Funnel aus? Welche Kanäle eignen sich zur Vermarktung Eures Produkts? Und welche Besonderheiten sind im B2B Sales zu beachten? Mit diesem Rüstzeug könnt Ihr die Werbetrommel auch ohne größere Budgets kräftig rühren.

Positionierung und erster Kunde

Was sind die Besonderheiten beim Marketing für Start-ups?

Prof. Sebastian Pioch: Vielleicht beginnen wir zunächst kurz mit den Besonderheiten, denen sich Start-ups im Vergleich zu größeren Unternehmen ausgesetzt sehen. Neben der Tatsache, dass sie zu Beginn noch niemand kennt, ist zu erwähnen, dass sie über beschränkte Ressourcen verfügen, dass keinerlei Kundenbeziehungen existieren und dass sie für gewöhnlich auch keine Spezialisten für die unterschiedlichsten Marketingkanäle im Team haben. Auf der anderen Seite haben sie aber den Vorteil, dass sie wesentlich schneller auf Feedback seitens des Marktes reagieren können und dass sie in der Art der Kommunikation wesentlich flexibler sind, da ihre Marke noch nicht nachhaltig etabliert wurde.

Wir werden ja im weiteren Verlauf über geeignete Marketingmaßnahmen und Besonderheiten für Start-ups sprechen. Vorab sei aber einmal gesagt, dass es sich beim Entwickeln eines Marketingplans auszahlen wird, wenn man im Zuge einer Marktrecherche sorgfältig gearbeitet hat. Je besser man die Zielgruppe verstanden und ihre Bedürfnisse identifiziert hat und je umfassender man den Wettbewerb analysiert hat, desto einfacher fällt es, die Zielgruppe über die geeigneten Kanäle in der richtigen Ansprache zu erreichen und sich innerhalb des Wettbewerbs zielführend zu positionieren.

Hauke Windmüller: Ja, die Zielgruppe zu verstehen ist die Grundlage für alle Marketingmaßnahmen. Im Allgemeinen gelten dieselben Marketingregeln und

-gesetze für Start-ups, die auch für größere Unternehmen gelten. Da Start-ups oftmals im Kleinen starten und die Umsatzerwartungen nicht direkt riesig sind, können sie zu anderen Mitteln greifen. Aufgrund des geringen Budgets sind Maßnahmen notwendig, für die wenig oder kein Budget notwendig sind. Im Marketing kann zwischen Outbound-Marketing (zum Beispiel TV, Print, Werbebanner) und überwiegend organischem Inbound-Marketing unterschieden werden. An der Stelle aber bereits der Hinweis, dass viele Start-ups durch ihre Flexibilität und Kreativität mit modernem Inbound-Marketing gute Erfahrungen machen. Inbound bedeutet in diesem Fall, dass potenzielle Kunden auf der Suche nach bestimmten Informationen selbstständig auf das Produkt oder die Marke aufmerksam werden, weil sie nach Keywords gegoogelt und dadurch auf der Unternehmens-Website zum Beispiel einen interessanten Blog-Artikel zu einem verwandten Thema gefunden haben. Moderne Inbound-Marketingmaßnamen sind beispielsweise SEO, Content-Marketing oder Press & Public Relations (PR) und können überwiegend kostenfrei und selbstständig von den Start-ups umgesetzt werden. Wir gehen darauf später näher ein bei der Frage, was der Unterschied zwischen Push- und Pull-Marketing ist.

Die Tatsache, dass am Anfang das Budget sehr begrenzt ist, führt häufig automatisch zu mehr Kreativität, nach dem Motto: »Not macht erfinderisch«. Tolle Ideen werden in der Not geboren. Einfach machen und ausprobieren. Ich hatte damals auch nie erwartet, dass zum Kick-off von Familonet RTL einen Fernsehbeitrag über uns machen würde, der uns zehntausende Nutzer eingebracht hat. Fortan versuchten wir mit allen Mitteln, weitere *air time* im Fernsehen zu bekommen, weil das einer der besten Marketingkanäle für uns war. Einige der kreativen Marketingmaßnahmen, die zum Start funktionieren, sind natürlich nicht beliebig skalierbar oder funktionieren teilweise nur zeitbegrenzt, wie zum Beispiel News-Berichterstattungen über ein neuartiges Produkt.

Wie positioniere ich mein Produkt und wie möchte ich von meiner Zielgruppe wahrgenommen werden?

Prof. Sebastian Pioch: Wir haben in Kapitel 3 das Thema Positionierung schon ganz kurz angesprochen. Wir wollen jetzt etwas ausführlicher diskutieren, wie man sich am Markt positioniert. Das Konzept der Positionierung wurde Anfang der 70er-Jahre unter dem Begriff *Positioning* durch Al Ries und Jack Trout bekannt gemacht und hat im Rahmen des allgemeinen Verständnisses einer Marketingstrategie für einen grundsätzlichen Wandel gesorgt. Positioning kann als Methode bezeichnet werden, welche das Ziel hat, eine Art Anker im Gedächtnis von Menschen zu finden. Das bedeutet, dass neue Produkte so kommuniziert werden sollten, dass die Kunden das mit etwas verbinden, das sie bereits kennen. Wir beim proofler haben zum Beispiel gesagt, dass wir das *doodle für Entscheidungen* sind, da viele Leute bereits doodle nutzen, um Termine zu vereinbaren.

Dabei beschreibt Positioning jedoch nicht das, was ein Start-up mit seinem Produkt *tut*, sondern vielmehr das, was es mit dem *Gedächtnis* eines potenziellen Kunden *macht*. Hier hilft vielleicht die Vorstellung, dass Kunden in der Regel nichts kaufen, sondern sie *wählen etwas aus*. Sie suchen sich innerhalb verschiedenster Marken beziehungsweise unterschiedlichen Anbietern das Produkt aus, mit dem sie sich am besten *fühlen*. Und genau um dieses Gefühl, um diese Emotionen geht es beim Positioning. Als Beispiel hilft hier vielleicht die Strategie des Autovermieters Avis. Die haben nämlich offensiv kommuniziert, dass sie nur die Nummer zwei im Mietwagenmarkt sind. Und auf die Frage, warum die Kunden zu ihnen kommen sollen, haben sie gesagt: *we try harder*, wir bemühen uns mehr.

Die Herausforderung in der kommunikationsüberfluteten Zeit, in der wir heute leben, ist es ja, mit seiner Botschaft zur Zielgruppe durchzudringen. Und daher ist der grundlegende Ansatz der Positionierung wie bereits angerissen nicht, etwas völlig Neues oder etwas völlig anderes zu kommunizieren, sondern mit Vorstellungen zu arbeiten, die bereits im Gedächtnis der Zielgruppe gespeichert sind. Als Beispiel soll uns hier die Limonade Seven-Up dienen. Der Limo-Hersteller hat nämlich nicht gesagt, *was sie sind*, sondern *was sie nicht sind*. Deren Claim lautete damals nämlich: *»Seven Up: das Un-Cola«*.

Dieses Konzept begegnet uns in ganz vielen Werbebotschaften. So ist zum Beispiel in Werbetexten die Rede von *zuckerfrei, kalorienarm* oder *fettreduziert*, wenn die Vorzüge von Produkten beschrieben werden. Man dockt dort an, was die Leute kennen, damit sie den Nutzen des Produktes, um das es geht, schneller verstehen.

Wie geht man nun konkret vor? Zunächst sollte sich das Start-up die Frage stellen, wie es selbst wahrgenommen werden möchte. Welches sind die Werte und Attribute, mit denen man von der Zielgruppe assoziiert werden will? Hier hilft es, das Instrument eines Positionierungskreuzes zu nutzen. Dort werden die existierenden Wettbewerber auf zwei Achsen je nach Eigenschaften eingetragen und sich die Nische überlegt, in der man sich positionieren will. Die Werte der Achsen hängen davon ab, welche Eigenschaften beziehungsweise Merkmale in einem Markt gelten, Im Modebereich wäre das etwa die Frage, ob man teuer und exklusiv wie Prada und Gucci oder lieber günstig wie Kik daherkommen will. Übertragen auf den Automobilbereich könnte die Position wiederum in den Achsen Antrieb und Preissegment gesucht werden.

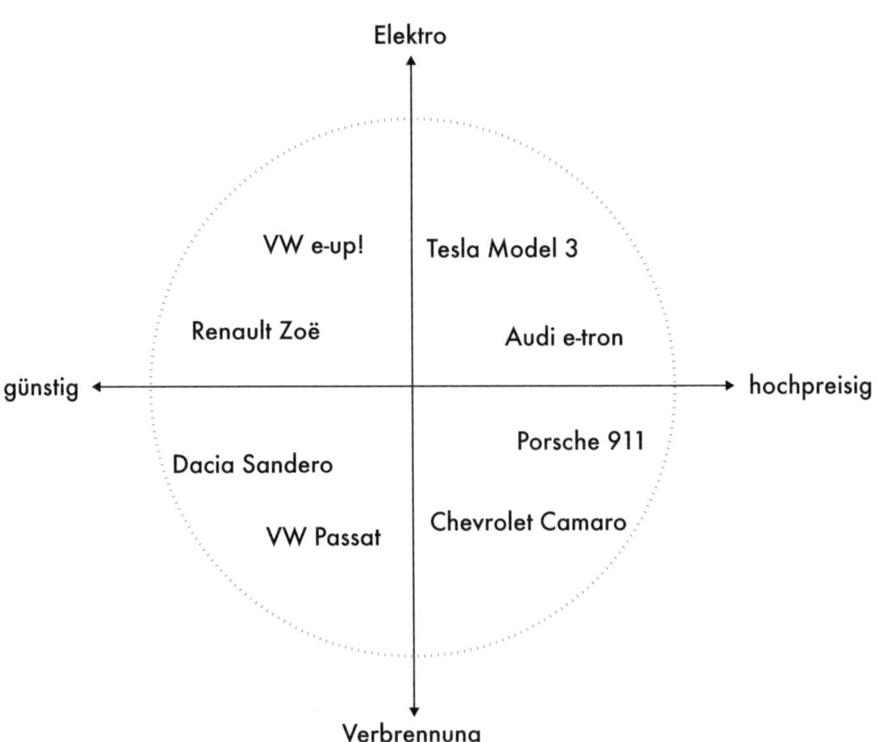

Abb. 5.1: Das zweidimensionale Positionierungskreuz am Beispiel von Automodellen

Mit der Positionierung einher geht auch die Frage nach dem Duktus, also nach der Ausdrucksweise etwa in Texten oder Bildern. Duze ich oder sieze ich meine Zielgruppe? Formuliere ich eher wissenschaftlich niveauvoll oder versuche ich eher, die Leute durch meine Texte zum Schmunzeln zu bringen? Auch hier lohnt es sich, auf der bestehenden Analyse der Zielgruppe aufzubauen. Des Weiteren äußert sich die Positionierung in der Wahl des Namens, in der Entwicklung eines Logos oder in der gesamten Farbgebung. Ein Blick auf den Wettbewerb kann erneut eine gute Strategie sein, sich hier entsprechend abzugrenzen.

Hauke Windmüller: Über die Positionierung haben wir uns bei Familonet schon sehr früh im Rahmen der Marktrecherche und der ersten User Testings Gedanken gemacht.

Bei uns war klar, dass wir in einen sehr sensiblen Bereich vordringen, nämlich in den innersten Kreis der Familie. Durch die vielen Funktionen, die mit dem Standort der Familienmitglieder zu tun haben, war der Schutz der Privatsphäre essentiell. Daher war uns das Positionierungsmerkmal *Qualität* enorm wichtig. Andererseits wollten wir als junge, moderne Brand wahrgenommen werden, um unsere technische Innovationskraft zu verdeutlichen. Wir mussten also einen Spagat finden zwischen Seriosität und einer zeitgemäßen Design- und Kundenansprache. Und damit mussten wir auch noch alle Familienmitglieder, also Eltern und Kinder, gleichermaßen erreichen. Der Qualitätsanspruch ging außerdem mit einem eher hochpreisigen Produkt einher. Statt Werbung in der App zu schalten, haben wir deshalb einen Premium-Service entwickelt und besonderen Wert auf Datenschutz gelegt. Statt über Dritte Geld zu verdienen, haben wir unseren Nutzern kostenpflichtige Services angeboten. Das ging allerdings nur, weil wir viel getestet haben, bei welchem Pricing der für uns beste Product-Market-Fit besteht.

Bei meiner Softwareentwicklungsagentur onbyrd hat sich eine ähnliche Positionierung ergeben. Wir waren damals ein funktionierendes Produktteam von 15 Mitarbeitern, die von der Konzepterstellung, Software- und Produktentwicklung bis hin zur anschließenden Vermarktung alles aus einer Hand anbieten konnten. Damit hatten wir ein Alleinstellungsmerkmal gegenüber all den vielen Softwareentwicklungsagenturen, die reguläre Auftragssoftwareentwicklung machten. Wir positionierten uns als Softwareproduktboutique und konnten dadurch fast 25 Prozent höhere Preise verlangen. Unsere Kunden fühlten sich durch den Rundumservice gut aufgehoben und empfahlen uns gerne weiter.

Wie in den beiden Beispielen ersichtlich, hat die Positionierung also auch immer Auswirkungen auf das Pricing und das Preismodell. Möchte ich exklusiv sein oder auf die breite Masse zugehen? Es gibt zu der Frage kein richtig oder falsch, die Antwort darauf hängt ganz von dem Produkt, dem Markt und der Zielgruppe ab.

Wie gewinne ich meinen ersten Kunden?

Hauke Windmüller: Der erste Kunde ist meistens der schwerste, weshalb es auch das Sprichwort gibt: »Kannst du es einmal verkaufen, kannst du es zigmal verkaufen«, an dem viel Wahres dran ist. Um die Frage zu beantworten, finde ich es wichtig, erst einmal zu klären, was wir unter dem ersten Kunden verstehen. In Kapitel 4 haben wir über die Entwicklung von Prototypen gesprochen und wie die Marktfähigkeit getestet werden kann. Damit einher gingen viele Phasen des User Testings bis hin zum offiziellen Launch des Produkts. Ich rede dann von einem ersten Kunden, sobald er kein reiner Testnutzer ist, der nur Feedback gibt, sondern wenn mit der Nutzung des Produkts tatsächlich ein real existierendes Bedürfnis erfüllt wird – für das bezahlt wird – oder zumindest eine Zahlungsbereitschaft dafür ermittelt werden kann.

Bei Familonet haben wir sehr gute Erfahrung mit PR gemacht, um die ersten Kunden über einen längeren Zeitraum zu gewinnen. Ob PR sinnvoll ist und funktioniert, hängt ziemlich stark vom Produkt ab und welche Geschichten sich darüber erzählen lassen. Da man das Thema Lokalisierungs-App für die Familie sehr kontrovers und aus verschiedenen Blickwinkeln diskutieren kann, hat PR sehr gut bei uns funktioniert und wurde auch langfristig zu einem der wichtigsten Kanäle. PR lässt sich nicht so gut planen wie bezahlte Marketingmaßnahmen, da es nie eine Gewissheit gibt, dass Journalisten und Redakteure die eigene Geschichte aufgreifen und darüber schreiben. Es gibt aber viele Möglichkeiten, wie PR sehr professionell auch ohne PR-Agentur umgesetzt werden und sich dadurch zu einem reichweitenstarken Kanal entwickeln kann.

Im B2B-Bereich habe ich meine ersten Kunden immer über das eigene oder das erweiterte Netzwerk gewonnen. Dafür bin ich meine eigenen Kontakte bei LinkedIn und Xing durchgegangen und habe geschaut, wer ein ähnliches Problem haben könnte, das wir mit unserem Produkt lösen wollten. Im zweiten Schritt habe ich Multiplikatoren aus meinem Netzwerk angeschrieben und sie darum gebeten, beispielsweise einen Social-Media-Beitrag an die entsprechenden Leute in ihrem Netzwerk weiterzuleiten. Mit etwas Nachdruck hat es so eigentlich immer geklappt. Wenn es nicht genug Leute im eigenen Netzwerk gab, die etwas mit dem Thema zu tun haben, bin ich auf Branchenveranstaltungen wie Messen, Pitch-Veranstaltungen oder Abendveranstaltungen gegangen und habe persönlich Kaltakquise betrieben. Die ersten Kunden im B2B-Bereich zu finden war also immer Handarbeit. Das ist auch wichtig, um möglichst direkt Feedback zum Produkt zu erhalten.

An der Stelle noch ein paar Tipps und Learnings zum richtigen Netzwerken. Ich habe sehr gute Erfahrung damit gemacht, direkt einen persönlichen Draht zu den potenziellen Kunden, aber auch zu Partnern oder Investoren aufzubauen. Bei den meisten landen die kostbaren Visitenkarten von Personen, die man gerade auf einer Veranstaltung oder Konferenz kennengelernt hat, nämlich erst mal in der Schublade. Erst wenn ein passender Zeitpunkt gekommen ist, werden sie irgendwann herausgekramt – aber auch nur vielleicht. Um direkt in Erinnerung zu bleiben, versuche ich deshalb spätestens am nächsten Tag eine kurze Follow-up E-Mail zu schreiben und adde die Person direkt bei LinkedIn und Xing. Manchmal gehe ich auch einen unkonventionelleren Weg und mache Selfie-Schnappschüsse mit den Leuten, die ich gerade kennengelernt habe. Anschließend schicke ich ihnen das Bild direkt per WhatsApp oder Facebook. Das muss aber natürlich jeder für sich selbst entscheiden, wie stark er Berufliches von Privatem trennen möchte. Wichtige Geschäftspartner oder Investoren adde ich persönlich ziemlich schnell in Social Networks, weil sich darüber viel schneller eine persönlichere, weniger förmliche Art der Beziehung aufbauen lässt. Der Trick mit dem Selfie per WhatsApp wirkt jedenfalls Wunder!

Sebastian, wie habt Ihr damals den ersten Kunden gewonnen?

Prof. Sebastian Pioch: Beim proofler war es relativ leicht, erste Nutzer zu bekommen, da das Thema Entscheidungsfindung durchaus relevant ist. Aber ich möchte gern eine Erfahrung teilen, die schon einige Jahre zurückliegt. Sie ist ein gutes Beispiel dafür, dass es manchmal auch etwas Hartnäckigkeit und unkonventioneller Methoden bedarf, um zum Ziel zu gelangen. Damals hatte ich kurz nach dem Studium einen Service gegründet, der Filmemacher dabei unterstützt, authentische Drehbücher zu entwickeln, um Fehler und Klischees zu vermeiden. Das gab es damals noch nicht, die Recherche wurde in der Regel von den Autoren selbst übernommen. Die große Herausforderung bei neuen Ideen ist ja zumeist, dass ihnen mit Skepsis begegnet wird und sie sich zunächst bewähren müssen. Mir war klar, dass ich unbedingt einen namhaften Filmemacher für ein Pilotprojekt gewinnen musste, um die Bedenken bei meinen potenziellen Kunden zu zerstreuen. Ich schrieb damals sämtliche Filmhochschulen der Republik an und tatsächlich bekam ich die Einladung zu einer Veranstaltung an der Filmuniversität Babelsberg, bei der Alumni zu Gast waren und Fragen der Studierenden beantworteten. Einer dieser Alumni war damals auch der leider bereits verstorbene Produzent Tom Zickler. Den kennen außerhalb der Filmbranche nicht viele Leute, aber er hat gemeinsam mit Til Schweiger verschiedene Filme produziert, unter anderem *Knockin' on Heaven's Door.*

Ich saß da im Hörsaal und wollte unbedingt ein Projekt mit Tom machen. Nur wie spricht man so jemanden an? Mir war klar, dass das Zeitfenster dafür recht klein sein würde. Schließlich konnte ich das kaum aus dem Publikum heraus machen, das musste persönlich im Anschluss erfolgen. Ich stand dann mit meiner eigens dafür erstellten Visitenkarte am Büfett und lauerte auf meine Chance. Ich wollte ihn nicht beim Essen stören, da er da mit ehemaligen Professoren sprach. Als er dann seinen Teller wegbrachte, um vermutlich anschließend zu gehen, passte ich ihn mit folgendem Pitch ab: *»Hallo Tom, ich bin Sebastian vom Filmrecherchedienst aus Hamburg. Wir wollen mit unserer Arbeit dafür sorgen, dass Filme authentischer werden und ich möchte gern eine Recherche für einen Deiner Filme machen. Ginge das?«*

Er sah eine Weile auf meine Visitenkarte und zog dann sein Telefon aus der Tasche. Er wählte eine Nummer, dann hörte ich ihn sagen: *»Diana, schick' mal bitte das Buch von Friendship an den Sebastian Pioch vom Filmrecherchedienst, die E-Mail-Adresse simse ich dir gleich.«* Dann legte er auf, sagte zu mir: *»Lies mal das Buch und in zwei Tagen telefonieren wir«*, dann verschwand er.

Das war unser erstes richtiges Projekt und die Basis für viele weitere, da ich sagen konnte, dass wir für Tom Zicklers Film *Friendship* mit Matthias Schweighöfer recherchiert hatten. Das und einige Empfehlungsschreiben hat uns dann auch dabei geholfen, mit dem EXIST-Gründerstipendium gefördert zu werden. Es ist also wirklich ratsam, bei neuen Ideen namhafte Kunden für ein Pilotprojekt zu gewinnen, und da darf man ruhig auch etwas hartnäckig sein.

An dieser Stelle möchte ich gern auch kurz auf etwas eingehen, das Du bereits mit dem Begriff Kaltakquise angesprochen hast – das Verkaufen. Dies ist eine ganz wesentliche Fähigkeit, die mindestens ein Teammitglied beherrschen und das auch gern machen sollte. Leider wird das von vielen Start-ups unterschätzt, was sich dann spätestens beim Pitch vor Investoren oder eben bei besagter Akquise rächen kann. Schließlich sagte Lee Iacocca, ehemaliger CEO der Chrysler Corporation, völlig zu Recht: »*Ein Unternehmen lebt nicht von dem, was es produziert, sondern von dem, was es verkauft.*« Wie viele Start-up-Skills lässt sich natürlich auch das Verkaufen erlernen, wenn Ihr es noch nicht beherrscht. Mein Bruder Martin, der seit mehreren Jahren als Verkaufstrainer Unternehmen berät, fasst einen gelungenen Verkaufsprozess wie folgt zusammen:

Vorbereitung:

- Wisse genau, an wen du verkaufst; finde ein Problem, welches dein Produkt löst.
- Sei vorbereitet! Kenne alle Widerstände und frage dich, was gegen Dich spricht.
- Finde Argumente, die Menschen helfen, Dein Produkt haben zu wollen.

Durchführung:

- Sei freundlich! Baue Vertrauen auf, indem Du selbst vertraust.
- Stelle Fragen, gib Kunden das Gefühl, sie zu verstehen, und höre aufmerksam zu.
- Hat der Kunde sein Problem erkannt, präsentiere Deine Lösung voller Überzeugung.
- Nutze Abschlussfragen, lächle, nicke. Einverstanden?

Nachlese:

- Verhalte Dich stets dankbar. Wenn Du nicht verkauft hast, frage danach, womit Du hättest überzeugen können.
- Wenn Du verkauft hast, bitte um eine Empfehlung oder um eine Rezension.

Warum ist gutes Storytelling für Start-ups so wichtig?

Prof. Sebastian Pioch: Allein mit dieser Frage wurden ja diverse Bücher gefüllt. Geschichten sind viele tausend Jahre alt, das Storytelling ist eines der ältesten Knowledge-Sharing-Instrumente, das wir kennen. Aber warum funktionieren Geschichten so gut und weshalb kommt heute keine Marketingkampagne mehr ohne Storytelling aus? Das hat nicht zuletzt neurologische Gründe, denn das Gehirn macht keinen großen Unterschied zwischen Realität und Fiktion. Laut der Marketingprofessorin Jennifer Aaker aus Stanford zeigt die neurowissenschaftliche Forschung, dass unsere Gehirne nicht dafür ausgelegt sind, Logik zu verstehen und Fakten für lange Zeit zu behalten. Sie sind vielmehr so veranlagt, dass sie Geschichten verstehen und behalten. Sogenannte Spiegelneuronen sorgen dafür, dass wir die Emotionen der Akteure in der Geschichte nicht nur nachvollziehen können, sondern sich diese in uns selbst widerspiegeln – wir fühlen mit ihnen. Es kann also nicht um die Frage gehen, *ob* man sich als Start-up mit der Frage auseinandersetzt, ein schlaues Storytelling zu betreiben, sondern nur noch mit »*Wie* stelle ich das an«? Wie funktionieren eigentlich gute Geschichten?

Im Kern basieren sie alle auf dem aristotelischen Dreieck aus *Hauptfigur*, *Ziel* und *Konflikt*. Wir haben einen Helden, dem es gut geht, aber dann kommt ein Bösewicht und verdirbt ihm den Tag. Wir kennen diese sogenannten Basis-Plots, in die sich nahezu alle Geschichten einordnen lassen. Da ist zum einen das *Monster*, wie zum Beispiel der weiße Hai, das besiegt werden muss, oder die *Heldenreise*, die wir alle aus Homers Odyssee kennen. Ein Grundsatz lautet, dass jede Geschichte zu maximal einem Drittel aus Fakten bestehen sollte. Mir fällt dazu immer das erste Online-Video ein, in dem das Angebot von Dropbox erklärt wurde. Heute kennt das jeder, aber wie soll man ein kryptisches Tool wie Dropbox so kommunizieren, dass man sofort den Nutzen erkennt und Lust bekommt, es zu verwenden? Das Team hat das damals gelöst, indem es Szenarien aufgegriffen hat, die die Leute kannten: Jeder hat es schon mal erlebt, das Portemonnaie in der falschen Jacke vergessen oder die Wohnungsschlüssel im Auto gelassen zu haben. Dropbox hat den Transfer zu einer Art *Magic Pocket* erzeugt, sodass man sich darunter etwas vorstellen konnte.

Nun ist es meistens nicht der Fall, dass ein Start-up über ausreichend Budget verfügt, um teure Werbevideos zu produzieren, aber die Beispiele verdeutlichen ganz gut, worum es beim Storytelling geht. Sie zeigen, dass mit dem *Warum* viel

Beispiele für gutes Storytelling		
Unternehmen	Kampagne	Link zum Clip
Dropbox	Wie funktioniert unser Produkt? the magic pocket	https://bit.ly/3dmay7u
Virgin Trains	Warum sollten unsere Mitarbeiter *Yammer* nutzen?	https://bit.ly/2UbfleU
Ikea	Alter Mann durchbricht seine Routine und sieht so die Welt.	https://bit.ly/33DKBfn
TrueMove H	Geben ist die beste Art der Kommunikation.	https://bit.ly/3blxMbY

Infobox 5.1: Beispiele für gutes Storytelling

besser die Emotionen der potenziellen Kunden angesprochen werden als mit den Funktionen – dem *Wie*. Diesem Umstand hat sich auch Simon Sinek mit seinem Konzept vom *Golden Circle* gewidmet. Er besagt, dass man sich vom *What* über das *How* dem *Why* nähert. Also ein Start-up sollte die Fragen beantworten, was es tut, um sein Ziel zu erreichen, ausformulieren, wie es dahin gelangt, und schließlich aussagen, warum es das macht beziehungsweise wofür das Ganze wichtig ist. Ein hilfreiches Tool ist auch das *Core Story Canvas*. Das besteht aus einer Art Lückentext, der die gesamte Mission des Start-ups beziehungsweise eines Unternehmens auf einen überschaubaren Kern verdichtet.

Das Core Story Canvas	
Text	Bedeutung
In einer Zeit, in der ...	Context: Was ist das Problem?
glauben wir, dass ...	Überzeugungen, Thesen, Werte, Annahmen
und stellen uns eine Welt vor, in der ...	Vision, anvisierter Idealzustand
Aus diesem Grund sind wir ...,	Organisation, Team, Marke. Was können wir? Was macht uns aus?
das ...	Produkt/Service/Lösung: Was bieten wir an?
für ...	Wer ist unsere Zielgruppe?
anbietet, die	Was ist das Bedürfnis der Zielgruppe?
und ... benötigen/suchen.	Was ist der Vorteil, den wir erzeugen?
Im Gegensatz zu ...	Wer ist unser Wettbewerb?
sind wir ...	Was ist unser Alleinstellungsmerkmal?
und wir hören nicht auf, bis ...	Was ist unsere Mission?

Infobox 5.2: Das Core Story Canvas

Diese Sätze sind nach Fertigstellung natürlich so kryptisch, dass man sie nirgends tatsächlich einbetten kann. Weder auf einer Webseite noch in einer Unternehmensbroschüre. Aber das Core Story Canvas ist ein großartiges Werkzeug, um das Team zu einheitlichen Aussagen zu bewegen, Onboarding-Prozesse zu beschleunigen und natürlich, um gutes Storytelling zu betreiben. Hauke, wie habt Ihr die Geschichte von Familonet erzählt?

Hauke Windmüller: Bei Familonet konnten wir unsere eigene Gründergeschichte sehr gut zu einer Story vermarkten. Fast in jedem Interview oder PR-Artikel haben wir die Geschichte erzählt, wie die Oma von meinem Mitgründer Michael nach einem Besuch ständig wissen wollte, ob Michael gut zu Hause angekommen ist, und wie sehr ihn das geärgert hat, bis wir auf die Idee zu einer automatischen »Ich bin gut angekommen«-Benachrichtigung durch das Smartphone gekommen sind. Daraus konnten wir eine tolle Gründerstory machen, da es eine sehr menschliche und für jeden leicht verständliche, emotionale Geschichte ist. Sogar mit Happy End, da sich Michaels Oma nun keine Sorgen mehr machen muss.

Storytelling und guter Content können der Schlüssel zum Erfolg für Gründer sein, die ihr Produkt mit wenig Geld vermarkten möchten oder in der Anfangsphase sogar müssen. Die Amerikaner sind Profis darin, das fängt schon beim Fundraisen (Akquirieren von Kapital zur Finanzierung des Start-ups) an. In den Pitch-Präsentationen von vielen US-amerikanischen Start-ups geht es primär um die Geschichte, die erzählt wird, um die Vision, die erreicht werden soll, und um das dahinterliegende *Warum*. Die technischen Besonderheiten einer bestimmten Produktentwicklung spielen zunächst eine untergeordnete Rolle, denn damit kann nicht die kurzfristige Aufmerksamkeit der Investoren und Kunden gewonnen werden. Bei Pitch-Wettbewerben im deutschsprachigen Raum, an denen ich in den Jahren 2012 bis 2014 mit Familonet teilnahm, haben daher oft Teams gewonnen, die ihre Start-up-Idee eingebettet in eine gute Story innerhalb von wenigen Minuten erzählen konnten. Das war vielleicht eine schmerzhafte Erfahrung für die Entrepreneure aus den traditionellen Ingenieursbereichen, die es gewohnt sind, sehr faktenorientiert und unemotional zu präsentieren. Mittlerweile gehört Storytelling zu jedem guten Pitch dazu und ist Teil fast jeder Marketingmaßnahme.

Strategie und Kanäle

Was ist der Unterschied zwischen B2C- und B2B-Marketing?

Hauke Windmüller: Auf den ersten Blick unterscheiden sich B2B- und B2C-Marketing vielleicht gar nicht so sehr. Grundsätzlich durchlaufen nämlich beide Kundengruppen einen Kaufprozess in mehreren Phasen und können mit ähnlichen Instrumenten angesprochen werden. Deutlich werden die Unterschiede, wenn man sich die verschiedenen Zielgruppen vor Augen führt. Wenn man Endkonsumenten die Familonet-App anbietet, muss man zum Beispiel viel emotionaler kommunizieren als beim Verkauf eines Software-as-a-Service-Produkts (Vertriebsmodell, bei dem die Software von einem IT-Dienstleister über eine Cloud als Dienstleistung zur Verfügung gestellt wird) an Industriekunden. Außerdem spricht man potenzielle B2B-Kunden an anderen Touchpoints an als potenzielle private Käufer, deshalb unterscheiden sich vor allem die Anforderungen an die Aktivierungsmaßnahmen. Werfen wir dazu mal einen Blick auf die wesentlichen Gemeinsamkeiten und Unterschiede:

Marketing Funnel Grundsätzlich hat sich das Konzept vom Marketing-Funnel sowohl im B2C als auch im B2B in der Praxis durchgesetzt.

Es gibt verschiedene Modelle, die sich bewährt haben. Wir zeigen Euch hier einmal das bekannteste (auf den modernsten Ansatz geht Bastian weiter unten ein), um das Prinzip deutlich zu machen: das *AIDA-Modell.* Der Vollständigkeit halber ergänzen wir die vier Phasen des Modells allerdings um zwei weitere Phasen, weil die Kundenreise mit dem Kauf noch nicht abgeschlossen ist.

Abb. 5.2: Marketing-Funnel

Phase	Beschreibung	Maßnahmen B2C	Maßnahmen B2B
Awareness (Aufmerksamkeit)	Gewinnen der Aufmerksamkeit des Kunden für das Produkt.	Blogartikel, Social Media, Videos, Podcast-Episoden, Online-Werbeanzeigen, Offline-Werbung	Maßnahmen wie B2C ergänzt um Vorträge, Messen, Sponsorings auf zum Beispiel Konferenzen
Interest (Interesse)	Halten des Interesses des potenziellen Kunden, damit er sich näher mit dem Produkt auseinandersetzt.	Newsletter, Testimonials, FAQs, Studien	Maßnahmen wie B2C ergänzt um Whitepaper, Case Studies, Webinare
Desire (Wunsch)	Erwecken des Wunsches das Produkt zu kaufen, in dem Nutzen aufgezeigt wird.	Produktvideos, Demo, Gutschein, kostenlose Testversion	Maßnahmen wie B2C ergänzt um längere Pilotprojekte
Action (Handlung)	Mit einem Call to Action (Handlungsaufforderung) wird die Kaufentscheidung herbeigeführt.	E-Mail-Onboarding, Aufforderung der Zahlung nach abgelaufenen Testzeitraum	Maßnahmen wie B2C ergänzt um Sales per Telefon, Zuschicken eines Angebots
Loyality (Treue)	Den Kunden an das Produkt und Unternehmen binden.	Treuepunkte, Gamification, Rabatte	Persönliche Betreuung durch Account Manager, Customer Success, Rabatte
Advocat (Befürworter)	Kunden empfehlen das Produkt weiter.	Kunden werben Kunden (Refer a friend), Mechanismen einbauen, Affiliate-Partnerprogramme	Provision bei Weiterempfehlung und Lead-Generierung

Infobox 5.3: AIDA-Marketing-Funnel mit Erweiterung

Kaufentscheidung Bei B2C-Produkten sind die Preise häufig in einem Preissegment angesiedelt, in dem die Konsumenten die Kaufentscheidung alleine treffen können. Ziel des B2C-Marketings ist es also, möglichst viele Menschen aus der Zielgruppe über verschiedene Kanäle zu erreichen und sie dann in einen Sales-Funnel zu leiten, der einen selbstständigen Kauf zum Ergebnis hat. Das kann bei

Produkten, die übers Internet gekauft werden, vollkommen digital und automatisiert passieren. In diesem B2C-Funnel werden nach der AIDA-Formel Interessenten in einen Trichter gekippt und man hofft, dass unten möglichst viele (zahlende) Kunden herauskommen. Es ist daher wichtig, dass jeder einzelne Schritt getrackt (gemessen) wird, um dann die Conversion zwischen den einzelnen Phasen zu optimieren. Daher sind Medienbrüche im Online-Marketing immer ungern gesehen. Medienbruch bedeutet, dass jemand beispielsweise eine Out-of-Home-Kampagne (Offline-Plakatwerbung) sieht und sich anschließend online ein Produkt kauft. Es ist hierbei sehr schwer herauszufinden, ob er das Produkt gekauft hat, weil er das Plakat an der Litfaßsäule gesehen hat oder auf anderem Wege auf die Homepage des Produkts gekommen ist.

> ***»Bei uns hat es sich total ausgezahlt, in eine gute Tracking-Infrastruktur für unser Marketing zu investieren. Woher kommen unsere Nutzer, was machen sie und wer kauft eigentlich was? Das war vorher eine Blackbox. Dann haben wir eine anständige Business Intelligence eingeführt und angefangen, alles Mögliche zu tracken und zu messen. Durch diese Klarheit haben wir immer mehr Selbstbewusstsein entwickelt und konnten unser Marketing Schritt für Schritt ausbauen. Das war gleichzeitig auch unser Tipping Point zum Wachstum.«***
>
> ***Holger Seim, Blinkist***

Bei B2B-Produkten handelt es sich oftmals um höherpreisige Produkte, die mit Laufzeitverträgen, Integrationskosten oder weitergehenden firmeninternen Abstimmungen verbunden sind. Ein vollkommen automatisierter und selbstständig durchlaufender Prozess bis zum Kauf ist daher in den seltensten Fällen möglich. Im B2B-Marketing, oder übergreifend Sales, hat sich daher eine Variante des klassischen Marketing-Funnels bewährt, der Sales-Funnel, der sowohl automatisierte Marketingmaßnahmen enthält als auch manuelle Komponenten. Das heißt, Sales-Mitarbeiter (am Anfang die Gründer selbst) schreiben E-Mails und führen Telefonanrufe und Video-Telkos, um die Kunden zum Kauf zu bewegen. Nach dem Verkauf von Familonet habe ich während meiner Earn-Out-Phase bei Daimler als Intrapreneur ein B2B Corporate Start-up im Bereich Urban Mobility mit aufgebaut. Dort habe ich einen Sales-Funnel etabliert, wie ihn viele moderne B2B-Start-ups anwenden. Da rund zwei Drittel der deutschen Start-ups über andere Geschäftskunden ihr Geld verdienen schauen wir uns diesen exemplarischen Sales-Funnel hier mal genauer an:

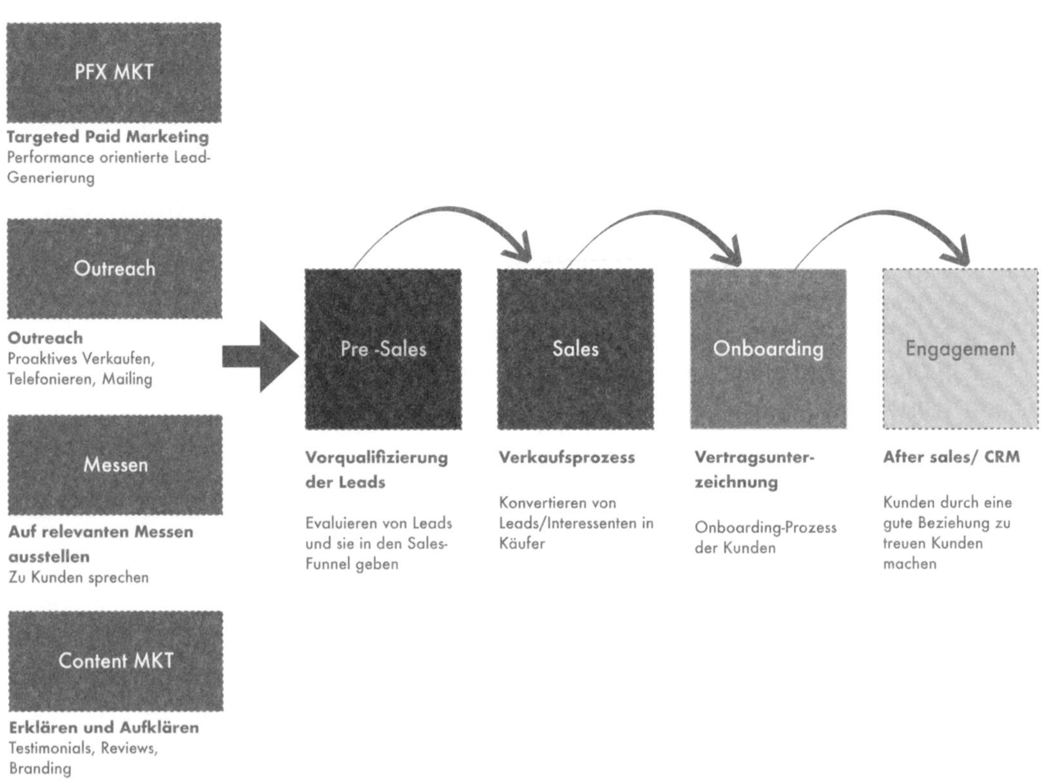

Abb. 5.3: B2B-Sales-Funnel; Quelle: eigene Darstellung

Im Unterschied zum B2C-Marketing werden potenzielle Kunden über verschiedene Kanäle und Maßnahmen nicht direkt zum Kauf animiert, sondern dazu, auf der Homepage des B2B-Produkts zum Beispiel ein Interessentenformular auszufüllen. Im Fall des Corporate Start-ups haben wir zu diesem Zweck eine conversion-optimierte Landingpage erstellt. Das heißt, die Website hatte einen klaren Call-to-Action, der die Website-Besucher dazu aufgefordert hat, sich über ein Kontaktformular bei uns zu melden. Haben die Besucher das getan, galten sie als Leads (Interessenten). Leads können über unterschiedliche Wege akquiriert werden. Dem klassischen B2C-Marketing am nächsten kommen das Performance-Marketing (PFX MKT), bei dem pro Click auf ein Online-Banner beziehungsweise pro Lead bezahlt wird, und das Content-Marketing (Content MKT). Ergänzt werden diese Kanäle durch manuelle beziehungsweise Offline-Maßnahmen, wie die Kaltakquise am Telefon, das Versenden von E-Mails an potenzielle Interessenten oder die Teilnahme an Messen und Konferenzen.

Am besten funktioniert haben bei uns das Performance-Marketing und der manuelle Outreach, also die Kaltakquise. Allerdings gehen beide Methoden mit ein paar Herausforderungen einher. Performance-Marketing zum Beispiel kann sehr teuer werden und nicht jedes Start-up verfügt direkt über Budget dafür. Der manuelle Outreach dagegen kann etwas heikel werden, weil dort vor allem die stärkeren Datenschutzbestimmungen der neuen *Datenschutz-Grundverordnung (DSGVO)* und das *Gesetz gegen den unlauteren Wettbewerb (UWG)* eingehalten werden müssen. Es ist zum Beispiel nicht erlaubt, fremden Unternehmen ohne vorherige Einverständniserklärung Werbe-E-Mails zu schicken. Wir haben deshalb sehr gute Erfahrung damit gemacht, uns mit leitenden Mitarbeitern der Unternehmen auf LinkedIn und Xing zu verknüpfen und sie dort in ein Gespräch zum Thema zu verwickeln, ohne direkt eine Werbebotschaft mitzusenden. Bitte informiert Euch aber explizit über die Rechtslage, was erlaubt ist und was nicht. Ansonsten ist es auch möglich, Lead-Listen einzukaufen, bei denen die Unternehmen bereits eine Zustimmung (in der Sales-Sprache auch *Consent* genannt) zur Kontaktaufnahme gegeben haben. Damit haben wir eher gemischte Erfahrungen gemacht, weil es sehr stark auf die Aktualität der Daten ankommt. Am wertvollsten sind natürlich Kontakte, die Ihr vorher bereits auf Messen und Veranstaltungen geknüpft habt. Sobald Euch Menschen eine Visitenkarte geben, weil sie sich für euren Service interessieren, ist das mutmaßliche Interesse bereits vorhanden und Ihr könnt sie selbstverständlich kontaktieren, um Bezug auf Euer Gespräch zu nehmen.

Anschließend beginnt der Verkaufsprozess durch die Sales-Mitarbeiter, die einkommende Leads zunächst vorqualifizieren. Am Telefon oder per E-Mail befragen sie die Leads, ob sie die *BANT-Kriterien* für das Produkt erfüllen und somit die eigentlichen Verkaufsgespräche gestartet werden können.

BANT ist ein bewährtes Prinzip zur Lead-Qualifizierung und steht für:

- Budget: Budget, hat der Kunde das notwendige Budget um das Produkt zu kaufen?
- Authority: Hat der Kunde beziehungsweise Mitarbeiter die Berechtigung dafür?
- Need: Besteht ein Bedarf an dem Produkt?
- Timeline: Wie sieht die Zeitschiene aus, wann soll das Produkt eingeführt worden sein?

Infobox 5.4: BANT-Vorqualifizierung

In unserem Fall haben wir das BANT-Prinzip auf unsere eigenen Kriterien hin flexibel angepasst. Da wir mit einigen Mobilitätsangeboten nur in ausgewählten Städten verfügbar waren und die Lösung erst ab einer bestimmten Anzahl von Mitarbeitern für Firmenkunden relevant war, haben wir das BANT um die beiden Buchstaben E und C ergänzt. E stand für Employees, also die Anzahl der Mitarbeiter, und C für City, also die Stadt des potenziellen Kunden.

Sind die BANT-Kriterien erfüllt, übergibt der Pre-Sales-Mitarbeiter üblicherweise den Lead an den erfahreneren Sales-Mitarbeiter. Der Lead wird damit zu einem Prospect, bei dem die Wahrscheinlichkeit höher ist, dass er zu einem Kunden wird. Der Sales-Mitarbeiter versucht dies nun im Rahmen des Verkaufsprozesses zu erreichen, indem er dem Prospect individuelle Online-Demos (Produktvorführungen) zeigt, Webinare veranstaltet und immer wieder per Telefon und E-Mail nachfasst, bis der Prospect einen Kaufvertrag abschließt und zum echten Kunden wird (*Lead Nurturing*).

Sales Power Hours

Gute Verkaufsgespräche am Telefon zu führen ist gar nicht so einfach, wie man denkt, und erfordert einiges an Übung. Einige Grundlagen hat Sebastian ja bereits am Anfang des Kapitels aufgeführt. Unsere Sales-Mitarbeiter haben wir deshalb immer wieder trainiert, Probegespräche durchgeführt und Gesprächsleitfäden entwickelt, an denen sich die Mitarbeiter entlanghangeln können. Sehr gute Erfahrung haben wir mit sogenannten *Power Hours* gemacht. Dabei gehen zwei Sales-Mitarbeiter in einen Raum und lernen voneinander. Erst telefoniert nur die erste Person und die zweite Person macht sich Notizen und gibt anschließend Feedback. Anschließend wird gewechselt. So können die Mitarbeiter voneinander lernen. Spaß macht es auch noch dazu, da man sich gegenseitig regelrecht anspornen kann.

Infobox 5.5: Sales Power Hours

Ist der Vertrag unterzeichnet, wird der Kunde ongeboarded, damit er das Produkt nutzen kann. Das passiert je nach Produkt sehr schnell oder erfordert eine längere Integrationsphase. Die letzte Phase beschreibt die kontinuierliche Beziehung mit dem Kunden über die Vertragslaufzeit hinweg. Diese hat zum Ziel, den Kunden bestmöglich zu versorgen, damit er den Vertrag verlängert und zu einem treuen Kunden wird. Gelingt das sehr gut, können Kunden sogar zu sogenannten Advocates werden, die das Produkt anderen Unternehmen empfehlen und dadurch für sehr gute neue Leads sorgen.

Beim B2B-Marketing sind im Grunde also mehr Schritte und Maßnahmen erforderlich, um einen Kunden zu gewinnen. Der Sales-Prozess zieht sich oftmals über viele Wochen oder mehrere Monate hin. Bei uns betrug der Sales-Circle (Dauer bis zum Vertragsabschluss) mit kleineren Unternehmen etwa ein bis drei Monate, bei Mittelständlern rund drei bis sechs Monate und bei Konzernen teilweise ein bis zwei Jahre. Das soll aber nicht abschrecken, am Ende kommt es ganz auf Euer Produkt an. Ich persönlich finde B2B Sales extrem spannend, da vieles tatsächlich aus eigener Kraft heraus gemacht werden kann, ohne viel Geld für Online-Werbebanner bei Google, Facebook und Co. ausgeben zu müssen.

Sebastian, hast Du noch weitere Ergänzungen und Modelle, wie sich B2C- und B2B-Marketing voneinander unterscheiden?

Prof. Sebastian Pioch: Den wichtigsten Unterschied hast Du ja schon genannt: Während B2C-Kunden, also die Endverbraucher, in großer Zahl zum Beispiel über

Social-Media-Kanäle angesprochen werden können, funktioniert das bei B2B-Kunden häufig eher über den persönlichen Kontakt. Im B2C-Bereich benötigt man meistens auch sehr viele Kunden, da die Marge in der Regel geringer ist. Es sei denn, man verkauft Luxusyachten, aber die können sich ja auch nur die wenigsten leisten. Im B2B-Geschäft sind die Gewinnspannen zumeist wesentlich größer, deshalb dauert es eben auch länger, bis eine Kaufentscheidung getroffen wurde.

Daher empfiehlt es sich, explizit auch B2B-Personas zu entwickeln. Man muss nämlich berücksichtigen, dass in so eine Entscheidung, etwa für die Nutzung einer Cloud-Anwendung zum kollaborativen Arbeiten, mehrere Leute involviert sind. Und diese unterschiedlichen Leute im Unternehmen haben jeweils verschiedene Motivationen. So geht es dem Marketeer (Leute, die sich im Unternehmen um das Marketing kümmern) darum, die Bekanntheit des Unternehmens zu steigern und dafür auch zu investieren, wohingegen der Controller das Geld lieber behält. Das ist vergleichbar mit dem Unterschied von Mitarbeitern eines Automobilherstellers. Das Team des Antriebs möchte, dass das Auto schnell fährt, das Team *Bremse* möchte hingegen, dass es schnell und sicher anhalten kann. Diese unterschiedlichen Needs müssen in der Ansprache berücksichtigt werden, um die Leute entsprechend abzuholen. Im B2B-Bereich ist immer noch der gute alte Direktvertrieb erfolgreich, das Gespräch von Mensch zu Mensch. Aber auch *Roadshows* und *Webinare* eignen sich sehr gut für die Akquise.

Im Endkundenbereich erleben wir übrigens gerade einen spannenden Wandel. Der klassische Marketing-Funnel wird inzwischen vermehrt durch das sogenannte *Flywheel* ersetzt. Der Nachteil beim Marketing-Funnel nach der altbewährten AIDA-Formel ist nämlich, dass man diesen Prozess im Kern immer wieder neu starten muss.

Als eines der ersten Unternehmen hat Amazon erkannt, dass es schlauer ist, den Kunden gar nicht mehr gehen zu lassen – und so funktioniert das Flywheel. Die erste Phase ist dem Funnel noch ähnlich, man will die Kunden *anziehen*. Das geht idealerweise über guten Content, etwa in Form von eBooks, die nichts kosten. Als Nächstes folgt dann die Phase *Verbinden*, indem man im Gegenzug die E-Mail-Adresse der Kunden erhält. Jetzt wird der Unterschied sichtbar, nämlich in der Phase *Begeistern*. Idealerweise gelingt es, den Kunden zum Beispiel durch einen ergänzenden Podcast so von dem eigenen Angebot zu überzeugen, dass er es aktiv weiterempfiehlt. Man kombiniert also verschiedene Touchpoints, um den Kunden auf mehreren Kanälen einen Kontakt mit der Marke zu ermöglichen, und lässt die dann entstandene Verbindung idealerweise nie mehr abbrechen.

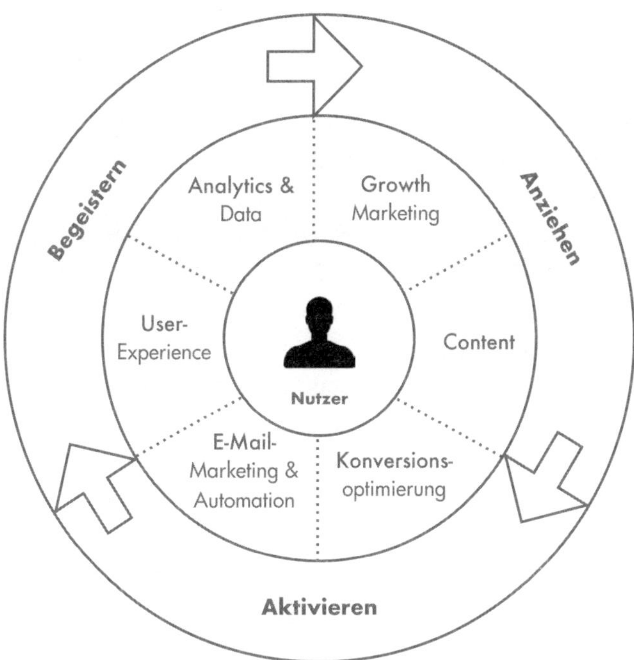

Abb. 5.4: Das Marketing-Flywheel
(In Anlehnung an Herzberger u. Jenny 2020, S. 160)

Was ist der Unterschied zwischen Push- und Pull-Marketing?

Prof. Sebastian Pioch: Das Push-Marketing eignet sich für Produkte, von denen ich gar nicht wusste, dass ich sie benötige. Dinge, die eine Emotion wecken und spontane Kaufentscheidungen auslösen. Das heißt, ich *drücke* etwas in den Markt, um einen Bedarf zu erzeugen, daher auch der Name. Ich erinnere mich da zum Beispiel an diese Social-Media-Kampagne, bei der man junge Leute sah, die so einen Luftsack in den Wind hielten, der sich aufblies und auf dem sie dann die »Basis chillten«. Push-Marketing ist dann gut gemacht, wenn man sich denkt: *Wow, wie konnte ich nur bislang ohne dieses Teil auskommen?* Die Herausforderung bei dieser Art von Marketing ist, dass man damit quasi überschwemmt wird und es kaum noch wahrnimmt. Allein die Vermutung, dass es sich bei einem Post auf Facebook oder Instagram um eine Ad handelt, genügt schon, dass man zügig weiterscrollt.

Beim Pull-Marketing sucht der Kunde aktiv nach einem Produkt, das heißt der Bedarf ist bereits vorhanden. Hier eignet sich insbesondere Suchmaschinenmarketing, also Search Engine Optimization (SEO) beziehungsweise Search Engine Advertising (SEA). Unter SEO subsumieren sich alle Maßnahmen, die dazu führen, dass meine Website bei einer Suche in den organischen Treffern möglichst weit oben angezeigt wird. Diese können durch technische und redaktionelle Optimierungen selbst umgesetzt werden. Alle *nichtorganischen* Treffer sind kostenpflichtige Anzeigen, also das Ergebnis einer SEA-Maßnahme. Wenn also ein Kunde im Herbst nach Winterreifen googelt, ist die Wahrscheinlichkeit sehr groß, dass der Anbieter das Geschäft macht, der in der Trefferliste sehr weit oben auftaucht. Beim SEO helfen unter anderem relevante Inhalte und technisch moderne Websites. Eine erste Einschätzung zur Performance der eigenen Website bekommt man da ganz schnell mit *Test My Site* von Google. Beim SEA kommt es insbesondere auf die Auswahl der richtigen Keywords an, auf die geboten wird. Auch hier unterstützt Google, nämlich mit dem *Keyword-Planner.*

Push-Marketing: Das Produkt will zum Kunden

- Instrument: z. B. Social Media Advertising

Pull-Marketing: Der Kunde sucht das Produkt

- Instrument: z. B. Search Engine Advertising

Abb. 5.5: Push- vs. Pull-Marketing

Hauke Windmüller: In der Praxis zeigt sich, dass die meisten Push-Marketing-Maßnahmen bezahlte Marketingmaßnahmen sind, wohingegen viele Pull-Marketing-Maßnahmen kostenlos sind beziehungsweise sehr günstig umgesetzt werden können. Aus diesem Grund sind Pull-Marketing-Maßnahmen auch bei vielen Gründern so beliebt, da sie sich wunderbar eignen, um in der Anfangsphase mit wenig Budget die ersten Kunden zu gewinnen. Pull-Marketing ist eine moderne Form des Marketings, die vor allem auf Kommunikation mit dem Kunden setzt. Das können die Gründer anfänglich komplett selber umsetzen. Ist über die Zeit Budget vorhanden, können die kostenfreien Pull-Marketing-Maßnahmen um die sehr wirksamen kostenpflichtigen Pull-Marketing-Instrumente wie SEA-Kampagnen ergänzt werden. Diese sind dann auch deutlich skalierbarer.

Bei Familonet haben wir das erste Jahr nur Pull-Marketing betrieben. Wir haben eine SEO-optimierte Landingpage erstellt sowie einen Blog. Auf dem Blog konnten wir wunderbar alle Themen rund um Apps für Kinder und Eltern und Sicherheit der Familie platzieren. Über Social Media haben wir innerhalb kürzester Zeit mehrere Tausend Follower aufgebaut, da wir viel nützlichen Content für unsere Zielgruppe produziert haben. In Verbindung mit aktiver PR-Arbeit konnten wir so den Familien das Thema Lokalisierungs-App für Familien näherbringen. SEA als bezahlte Pull-Marketing-Maßnahme hat bei uns gar nicht funktioniert. Unser Thema war damals so neu, dass niemand nach Lokalisierung-Apps gesucht hat. Über die anderen Pull-Marketing-Maßnahmen wie den Aufbau einer Community durch viel Social Media Content oder den Blog hatten wir bessere Chancen, die Leute an unser Produkt heranzuführen, auch wenn sie nicht explizit danach gesucht haben. Im B2B-Umfeld mit unserer Softwareentwicklungsagentur sowie im Corporate Start-up von Daimler habe ich sehr gute Erfahrungen mit Whitepapers, Case Studies und Testimonials gemacht. Es ging so weit, dass wir kostenlose Webinare angeboten haben, in denen unsere Kunden als Advocats Content für mögliche Interessenten produziert haben.

Ein Pull-Marketing-Kanal, den wir bei Familonet zwar nicht genutzt haben, der aber momentan den größten Zuspruch erfährt, sind Podcasts. Podcasts sind eine wunderbare Möglichkeit, schnell, einfach und kostengünstig Content zu produzieren und darüber auf das eigene Produkt aufmerksam zu machen. Da das Thema momentan sehr gehyped ist, entstehen fast minütlich neue Podcast-Formate. Auch hier gilt es, sich mit gutem Content von der Masse abzusetzen und einen echten Mehrwert für den Zuhörer zu schaffen.

Ab einem gewissen Punkt sind die meisten vorgestellten Pull-Marketing-Maßnahmen aber nicht mehr skalierbar, weil sie an ihre Grenzen der Reichweite stoßen, und es müssen doch Push-Maßnahmen mit in den Marketing-Mix gemischt werden. Vor allem bei B2C-Produkten für den Massenmarkt kommt man um bezahltes Push-Marketing irgendwann nicht mehr herum. So war es auch bei Familonet, als wir über Social Media Content und den SEO-optimierten Blog nicht mehr genug Nutzer akquirieren konnten. Am Ende ist ein sinnvolles Zusammenspiel zwischen Push- und Pull-Marketing entscheidend. Darüber hinaus wird bei vielen Produkten die Kaufentscheidung nicht sofort getroffen und es sind mehrere Kontakte, sogenannte Touchpoints, notwendig, bis ein Kauf getätigt wird. Der erste Touchpoint kann über eine bezahlte Werbeanzeige erfolgen (Push-Marketing), aber die Kaufentscheidung wird womöglich erst beim Lesen interessanter Blog-Beiträge zum Produkt (Pull-Marketing) getroffen. In diesem Fall hätte eine Maßnahme alleine nicht ausgereicht.

Welche Marketingkanäle eignen sich wofür und wie entwickle ich eine Strategie?

Prof. Sebastian Pioch: Hier ist es freilich unmöglich, eine allgemein gültige Antwort zu geben – zumindest keine, die seriös ist. Es kommt, wie so oft, darauf an. Worauf? Zum einen auf die Zielgruppe. Welche Medien nutzt sie? In welcher Stimmung ist sie, wenn sie offen für die Nutzung meines Produkts ist? Welchen Preis ist sie bereit, dafür zu zahlen? Zum anderen natürlich auf mein Produkt. Über welche Kanäle kann ich es liefern? Wie kann ich eine Abgrenzung zum Wettbewerb kommunizieren? All diese Fragen lassen sich im Wesentlichen auf Basis der erfolgten Marktrecherche beantworten und bilden schließlich den klassischen Marketing-Mix aus *Price, Product, Place* und *Promotion*. Ich sollte also einen Plan entwickeln, über welche *Kanäle* ich meiner *Zielgruppe* zu welchem *Zeitpunkt* mit welcher *Aussage* mein *Produkt* zu welchem *Preis* anbiete. Letzteres muss natürlich einmal durchgerechnet werden, da sonst gegebenenfalls kein Geld verdient, sondern womöglich welches aufgrund von unwirksamen Marketingmaßnahmen verbrannt wird.

Fassen wir hier kurz einmal zusammen. Das Start-up hat eine Idee in Form eines MVP nutzbar gemacht und ist zudem auf dem Weg, ein funktionierendes

Geschäftsmodell zu entwickeln. Es strebt nun den Markteintritt an, wofür es eine Marketingstrategie entwickeln muss. Der besagte Marketingplan sollte demnach veranschaulichen, mit welchen Mitteln und Kommunikationsstrategien die Zielgruppe erreicht werden soll. Hierzu können im Kern sechs Schritte genannt werden:

1. **Grundlagen der Strategie beschreiben:** Was biete ich an? Welchen Nutzen erzeugt es für wen und wie lässt sich unser Angebot vom Wettbewerb abgrenzen?
2. **Ziele definieren:** Welche Kommunikationsziele sollen bis wann erreicht werden? Soll uns unsere Zielgruppe zunächst als Marke kennenlernen? Sollen sie unser Produkt verwenden?
3. **Planung der Maßnahmen:** Mit welchen Methoden kann ich die verabschiedeten Ziele über welche Kanäle umsetzen? Welche Prioritäten sind uns dabei wichtig?
4. **Budget kalkulieren:** Welche Ressourcen stehen uns zur Verfügung beziehungsweise wie können wir weitere Mittel beschaffen, um die Kosten der geplanten Maßnahmen zu decken?
5. **Aktionsplan aufstellen:** In diesem Schritt geht es darum, die geplanten Maßnahmen in messbare Einzelschritte herunterzubrechen und sie mittels Projektstrukturplan zu beschreiben.
6. **Erfolgskontrolle durchführen:** Wirken die umgesetzten Maßnahmen wie gewünscht? Hier eignet sich insbesondere die in Kapitel 2 vorgestellte OKR-Methode zum Messen der Zielerreichung.

Um die genannten Maßnahmen unter Nutzung digitaler Automatismen möglichst effizient zu steuern, empfehle ich, das *Growth-Hacking-Konzept* zu nutzen. Dabei handelt es sich um einen interdisziplinären Mix aus Marketingmaßnahmen, datengetriebenen Experimenten und Automatisierungen. Es entsteht so eine Symbiose aus strategischen und analytischen Verfahren, die sich dann im Kern als Growth Hacking bündeln lassen. Ziel dieses Ansatzes ist es insbesondere, jeden Touchpoint der Zielgruppe als potenziellen Kommunikationskanal in Betracht zu ziehen.

Daraus ergibt sich erneut die Erkenntnis, dass es bei der Auswahl der Kanäle nicht zuletzt darauf ankommt, in welcher Phase sich das Start-up befindet. Zu Beginn, wenn kaum Ressourcen vorhanden sind, wird man sich meist keine TV-Kampagne leisten können, auch wenn man damit ideal seine Zielgruppe erreichen würde.

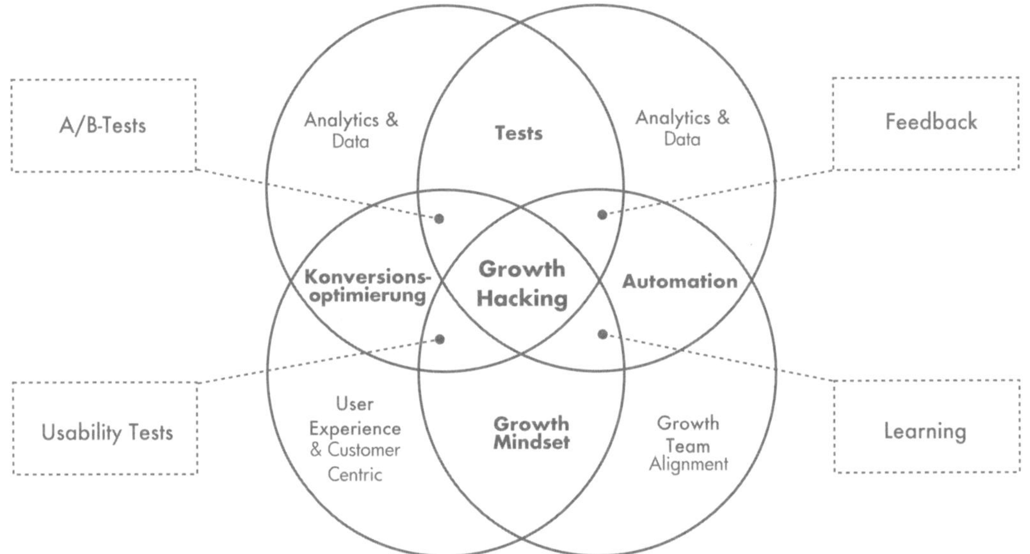

Abb. 5.6: Die Growth Hacking Circles (Nach Herzberger u. Jenny 2020, S. 57)

Da sind Online-Kanäle etwa über Social Media-Kampagnen oder aber Affiliate-Deals wesentlich realistischer. Der Segen von Online-Marketing ist in drei Aspekten begründet. Erstens kann ich fast alles messen. Während man früher gesagt hat: »*Ich weiß, dass 50 Prozent meines Budgets herausgeworfenes Geld sind, allein ich weiß nicht, welche Hälfte.*«, kann man das heutzutage ganz vortrefflich herausfinden. Dank Tools wie *Google Analytics*, *Matomo* oder dem *Facebook-Werbeanzeigenmanager* weiß man ziemlich genau, wie die Kampagnen wirken. Wer hier noch völlig am Anfang steht, dem kann ich zum Beispiel das kostenlose Angebot der *Google-Zukunftswerkstatt* ans Herz legen, da lernt man die ersten Schritte in Sachen Online-Marketing.

Der zweite große Vorteil von Online-Marketing ist das *Targeting*. Ich erreiche meine Zielgruppe sehr treffsicher und habe kaum Streuverluste. Das macht das Ganze so effektiv und wertvoll für Start-ups. Sowohl bei SEA- als auch bei Social-Media-Kampagnen kann ich sehr genau einstellen, an welche Zielgruppe meine Kampagne ausgespielt werden soll – so ich sie denn kenne. Hier also abermals die Empfehlung, die eigene Zielgruppe genau zu beschreiben und zu recherchieren, das ist dann bares Geld wert. Ein dritter Vorteil ist die *Skalierbarkeit*. Während es natürlich wahnsinnig teuer ist, TV-Spots in verschiedenen Ländern zu schalten oder auf diversen Messen vertreten zu sein, kann ich über Online-Marketing auch von Deutschland aus mein Produkt international bewerben.

Nicht zu unterschätzen ist auch das *E-Mail-Marketing.* Bis heute ist die E-Mail der meistgenutzte Dienst im Internet und der Return on Investment (ROI) liegt im Vergleich zu anderen Maßnahmen immer noch an der Spitze. Wenn ich durch relevante Inhalte meine Zielgruppe begeistere, kann ich mir mit der Zeit einen beachtlichen E-Mail-Verteiler aufbauen, der irgendwann eine Umsatzgarantie darstellt. Unternehmen wie OMR oder AboutYou generieren einen Großteil ihrer Verkäufe über kluges E-Mail-Marketing. Abschließend seien auch noch die *Influencer* als spannender Kanal erwähnt. Sie haben möglicherweise bereits Zugang zu genau der Zielgruppe, die man selbst erreichen möchte. Leuten wie Gary Vaynerchuk oder Emily Ratajkowski folgen Millionen Menschen auf Instagram, YouTube oder Twitter. Ein Post von derart erfolgreichen Influencern ist viel Geld wert, da sie eine Umsatzgarantie darstellen. Das haben auch Unternehmen wie Adidas erkannt, die ihre Produkte inzwischen mit Leuten wie Kanye West entwicklen. Niemand kennt in China Adidas, aber alle Kids kennen Pharrell Williams.

Marketingkanäle im Überblick	
Kanal	Beschreibung
1. *Blogger Relations und Influencer*	Gastbeiträge sind sehr effiziente Maßnahmen. So gewann etwa Noah Kagan bereits 40 000 Nutzer für mint.com, bevor er überhaupt online ging.
2. *Publicity beziehungsweise PR*	Basiert auf dem Aufbau von Beziehungen zu Journalisten, die über das Start-up schreiben.
3. *Unkonventionelle PR*	Damit ist das Guerilla-Marketing gemeint, das durch ungewöhnliche Aktionen für Aufsehen sorgt.
4. *Suchmaschinenmarketing*	Sorgt u. a. durch SEA-Kampagnen dafür, dass die Zielgruppe das eigene Angebot über Suchmaschinenanfragen in gesättigten Märkten findet.
5. *Social und Display Ads*	Meint das Schalten von Bannern auf Webseiten oder sozialen Netzwerken.

Marketingkanäle im Überblick	
Kanal	Beschreibung
6. *Offline-Werbung*	Hierunter verbergen sich klassische Medien wie Plakate, Radio- und TV-Spots, Printanzeigen und Prospekte.
7. *Suchmaschinen-optimierung*	Damit sind sämtliche Maßnahmen gemeint, die dazu führen, dass die eigene Website in den organischen Treffern einer Suchmaschinen-anfrage möglichst weit oben angezeigt wird.
8. *Content-Marketing*	Beschreibt die Produktion und Distribution von Inhalten (zumeist Blog-artikel oder Videos), die einen hohen Mehrwert für die Zielgruppe darstellen.
9. *E-Mail-Marketing*	Einer der erfolgreichsten und aktivierendsten Kanäle überhaupt, richtig eingesetzt ein Umsatzgarant. Wichtig ist hier jedoch ebenfalls, relevante Inhalte zu liefern!
10. *Virales Marketing (WoM)*	Durch Mundpropaganda (Word of Mouth – WoM) wird erreicht, dass Kunden genutzte Angebote weiterempfehlen. Sie war der Grundstein für das schnelle Wachstum digitaler sozialer Netzwerke.
11. *Chat-Bots und KI*	Das Nutzen von Anwendungen der künstlichen Intelligenz helfen dabei, die Zielgruppe datenbasiert noch besser zu verstehen und zum Beispiel durch automatische Antworten via Chat-Bots das Start-up zu entlasten.
12. *Affiliate Program-me*	Durch das Vermitteln von Kunden derselben Zielgruppe untereinander können Unternehmen zusätzliche Umsätze generieren, so sich die Angebote nicht kanibalisieren.
13. *Sales/Vertrieb*	Beschreibt die Schaffung eines Sales-Funnels oder eines Flywheels, an deren Ende die Generierung von Interessenten (Leads) und sodann auch der Kaufprozess steht.
14. *Messen und Offline- Events*	Eignen sich besonders für die persönliche Interaktion mit der Ziel-gruppe. Besonders gut für Kunden geeignet, die nur schwer über digitale Kanäle erreichbar sind.
15. *Existierende Plattformen*	Hilft dabei, die Kunden dort abzuholen, wo sie sich bereits aufhalten. Dazu zählen zum Beispiel Angebote wie Xing, LinkedIn, Facebook, nebenan.de oder GuteFrage.net.

Infobox 5.6: Checkliste Marketingkanäle
(Vgl. Herzberger u. Jenny 2020, S. 200ff.)

Summa summarum lautet die Erkenntnis hier: Eine Strategie zu entwickeln bedeutet, die vorhandenen Ressourcen klug einzusetzen, die Maßnahmen hinsichtlich ihrer Wirksamkeit in den einzelnen Kanälen zu testen und dann das zu verstärken, was erfolgreich ist. Welche Kanäle haben bei Euch funktioniert, Hauke?

Hauke Windmüller: Wie oben bereits erwähnt haben wir im ersten Jahr mit Familonet sehr stark auf kostengünstiges Pull-Marketing gesetzt. Entsprechend den Ergebnissen unserer kurzen Marktrecherche und dem anschließenden längeren Testzeitraum haben wir die ersten Marketingmaßnahmen entwickelt. Um unsere Zielgruppe möglichst genau zu treffen und richtig anzusprechen, hat uns die Erstellung von Personas geholfen.

Buyer Personas

Der Begriff »Persona« bezeichnete ursprünglich die Maske des Schauspielers im antiken Theater. Dort sollten direkt alle Charaktere eindeutig erkennbar sein. Im Gegensatz zu den Ergebnissen klassischer Marktforschungen in Form von Zahlen und Daten helfen Personas, die Motivationen und Bedürfnisse verschiedener Zielgruppen besser zu verstehen und zu veranschaulichen. Personas sind fiktive Nutzer der Zielgruppe des Produkts und werden wie reale Nutzer mit demografischen Merkmalen wie Alter, Geschlecht, Beruf sowie Bedürfnissen, Zielen und Fähigkeiten beschrieben. Die Erstellung der unterschiedlichen Personas erfolgt auf Basis von internen Daten wie Kunden-Feedback, User Testings, Online-Befragungen sowie externen Daten wie Marktdaten oder Marktbeschreibungen. Die Daten werden dafür aufbereitet und geclustert, das heißt es werden unterschiedliche Gruppen gebildet mit beispielsweise vergleichbaren demografischen Daten oder Charaktermerkmalen. Auf Basis dieser Gruppen können schließlich Personas erstellt werden. Personas sollen dabei typische Vertreter ihrer Zielgruppe darstellen und möglichst genau beschrieben werden. Je nachdem wie viele Daten vorhanden sind, können Personas sehr oberflächlich oder sehr genau beschrieben werden. Einige Merkmale haben sich bewährt: Name, Geschlecht, Alter, Wohnort, Job, Bildungsgrad, Hobbys und Interessen, Freundeskreis, technische Affinität, etwa welche Apps verwendet werden, und besondere Fähigkeiten. Es empfiehlt sich, am Ende zwei bis drei Personas zu erstellen, anhand derer dann überlegt werden kann, wo und wie diese Personas am besten mit Marketingmaßnahmen erreicht werden können. Das Konzept der Persona eignet sich sowohl für den Einsatz im B2C- als auch im B2B-Bereich. Im Letzteren werden jedoch die für den Sales-Prozess relevanten Personen innerhalb eines Unternehmens etwa hinsichtlich ihrer Position und der jeweiligen Motive skizziert.

Infobox 5.7: Buyer Personas

Eine Persona bei Familonet war beispielsweise Susanne, die wir so charakterisiert haben: »Susanne ist eine voll berufstätige Mutter einer achtjährigen Tochter. Susanne ist 37 Jahre alt, wohnt in der Großstadt und arbeitet als studierte Projektmanagerin in der Digitalbranche. Sie ist sehr digital affin und probiert gerne neue Gadgets und Digitalangebote in ihrer Freizeit aus. Da sie voll berufstätig ist, ist die Organisation des Alltags für sie eine Herausforderung. Ihre Tochter erzieht sie sehr eigenständig, das heißt die Tochter soll bestenfalls bereits ab der zweiten Klasse alleine zur Schule gehen oder radeln können. Mit ihrem iPhone nutzt sie bereits eine bezahlte To-Do-App und ist kostenpflichten Services gegenüber aufgeschlossen. Anhand der Personas konnten wir dann einen strategischen Marketingplan aufstellen, wann und wo wir die einzelnen Personas am besten erreichen können. So kamen wir zu dem Ergebnis, dass wir zunächst den bereits digital affinen Teil der Zielgruppe (zum Beispiel Susanne) ansprechen, da wir diesen besser über Social Media und Content-Marketing auf Blogs erreichen können. Die Zielgruppe der Großeltern sind wir erst zu einem späteren Zeitpunkt angegangen.

Eine richtige Marketingstrategie mit einem umfangreichen Marketing-Mix zu erstellen war bei Familonet sowie bei den meisten Start-ups aus Budgetgründen in der Anfangsphase nicht möglich und kam erst zu einem späteren Zeitpunkt zum Einsatz. Nachfolgend findet ihr unser chronologisches Vorgehen mit Vor- und Nachteilen der Maßnahmen:

Familonet Marketingmix	Maßnahme	Vorteile	Nachteile
1. Pre-Launch	Vorbereitungen, Personas, Tonalität, CI	-	-
2. Launch	PR	Kostengünstig, große Reichweite	Nicht planbar, Timing und Glück erforderlich
3. Produkoptimierung	PR Social Media und Content-Marketing	Siehe oben Kostengünstig, eigenständig durchführbar	Siehe oben Zeitaufwendig, nicht beliebig skalierbar
4. Skalierung	Facebook Performance Marketing Kampagnen Digitale Werbeanzeigen in Online Presse & Magazinen	Extrem gutes Targeting möglich, wenig Streuverluste, Bezahlung nur pro Download Erreicht auch ältere Zielgruppe	Sehr teuer (ROI war nicht lange positiv) Teuer, nicht messbar, kein/wenig Targeting
5. Dauerhaft	Empfehlungsmarketing (Kunden werben Kunden) Rabattaktionen	Kostengünstig, skalierbar, brachte die besten Kunden Sorgt kurzfristig für Peaks	Kritische Masse erforderlich, funktioniert nur wenn das Produkt top ist Nicht beliebig oft einsetzbar

Infobox 5.8 Marketing-Mix nach Phasen am Beispiel Familonet

Das beste Marketing für unser Produkt war tatsächlich immer unser Produkt selbst. Wir haben extrem viel Wert auf Qualität gelegt und darauf, dass wir einen echten Kundennutzen bieten. Das hatte zur Folge, dass unsere Nutzer Familonet weiterempfohlen haben. Gefördert wurde das durch verschiedene Mechanismen in der App, die das Empfehlen durch nur einen Klick sehr vereinfacht haben. Eltern tauschen sich gerne über Produkte aus, die ihnen die Erziehung der Kinder oder die Organisation des Alltags erleichtern. Daher hat Empfehlungsmarketing bei uns sehr gut funktioniert. Am Ende hatten wir 85 Prozent organisches Wachstum bei über zwei Millionen Nutzern. Die 15 Prozent der Nutzer, die über bezahlte Marketingmaßnahmen kamen, haben wir über Facebook-Performance-Marketing gewonnen. Da dies aber sehr teuer war, haben wir immer nur Kick-off-Kampagnen zu jedem Launch in einem neuen Land gemacht, bis wir dort eine kritische Masse erreicht haben, mit der dann das Empfehlungsmarketing funktionierte. Es ist also ratsam, den Marketing-Mix abhängig vom eigenen Produkt zu machen. Auch hierfür spielen die Positionierung und Euer USP eine enorm wichtige Rolle. Was ist an Eurem Produkt und Geschäftsmodell besonders und wo könnt Ihr dort gezielt Marketing einsetzen?

Aktivierung und Umsetzung

Eignet sich Guerilla-Marketing als Marketingstrategie für mich?

Prof. Sebastian Pioch: Wir hatten schon angedeutet, dass Start-ups insbesondere am Anfang noch die Herausforderung haben, dass ihnen nur geringe Budgets zur Verfügung stehen. Auf der anderen Seite muss es ihnen gelingen, gegen das immense Aufgebot an Werbung anzukämpfen, um in den Fokus ihrer Nutzer zu gelangen. Das ist in der Tat nicht ganz einfach und spricht einmal mehr dafür, in einer Nische zu starten. Ein Instrument, das sich dafür eignen kann, ist das *Guerilla-Marketing*. Damit ist eine Strategie gemeint, ausgefallene Marketingmaßnahmen unter Nutzung von Überraschungseffekten zu konzipieren, um aus der Masse an Werbebotschaften herauszustechen und dadurch die gewünschte Zielgruppe zu erreichen. Der Begriff stammt übrigens aus dem Einsatz beim Militär und bezeichnet dort eine Taktik in der Kriegsführung. Dabei operieren kleine selbstständige Kampfeinheiten verdeckt im Hinterland des Gegners und setzen auf den Überraschungseffekt beim Gegner.

Im Guerilla-Marketing stehen verschiedene Techniken zur Verfügung, wie etwa das *Sensation-Marketing*. Dabei geht es darum, besonders spektakuläre Aktionen umzusetzen, um eine entsprechende Aufmerksamkeit zu erzeugen. Hier fällt mir ein Beispiel aus Belgien ein, bei dem ein neuer TV-Sender auf einem Marktplatz einen roten Knopf aufgestellt hat, den die Passanten drücken sollten.

Als sich dann jemand getraut hat, fand ein richtiges Stunt-Spektakel statt (hier der Video-Clip dazu: https://bit.ly/3akLKec).

Strategien im Guerilla-Marketing	
Strategie	Bedeutung
1. *Ambient-Marketing*	Hier geht es darum, das Lebensumfeld der Zielgruppe überraschend zu verändern. Es werden zum Beispiel Haltestellen umgebaut, Häuserwände angestrahlt oder Verkehrsmittel genutzt.
2. *Ambush-Marketing*	Hier werden aktuelle Themen der Medienwelt genutzt, um daran anzuknüpfen. Exemplarisch sind hier Memes, oder Videoclips wie etwa das Aufgreifen verschiedener Länder von Donald Trumps »America first.«. (hier ein Bsp.: https://bit.ly/2wytnnr)
3. *Buzz-Marketing*	Hier geht es darum, seiner Zielgruppe Produktproben zur Verfügung zu stellen.
4. *Moskito-Marketing*	Hierbei werden zum Beispiel Schwächen beim Wettbewerb ermittelt, um diese als kleine gezielte Stiche zum eigenen Vorteil über die Differenzierung auszunutzen.
5. *Sensation-Marketing*	Bei dieser Methode soll ein »Wow-Effekt« bei der Zielgruppe erreicht werden, indem man mit spektakulären Werbeaktionen die Aufmerksamkeit erregt. Idealerweise wird die Zielgruppe aktiv mit in die Aktion einbezogen.
6. *Virales Marketing*	Diese Technik setzt vor allem darauf, dass die Botschaften innerhalb der Zielgruppe durch Mundpropaganda verbreitet werden. Als Beispiel kann hier das Video eines Handwerkers dienen, der durch seine authentische Art einen viralen Hit gelandet hat: https://bit.ly/39gMXSx

Infobox 5.9: Strategien im Guerilla-Marketing
(in Anlehnung an: Duda, T. o. J.)

Als weiteres gutes Beispiel für gelungenes Guerilla-Marketing fällt mir noch die Aktion eines Hamburger Start-ups ein. Das Team von MylittleJob (aus dem inzwischen WorkGenius geworden ist) bot damals Firmen an, ihnen in Phasen starker Auslastung Studierende über eine Plattform zu vermitteln. Sie hatten die These, dass insbesondere Werbeagenturen zu ihrer Zielgruppe gehören, da es dort ja häufig zu Peaks kommt. Das Team hatte die geniale Idee, abends, wenn die Mitarbeiter in den Agenturen schon einen langen Arbeitstag hinter sich haben, direkt vor deren Fenstern eine Drohne aufsteigen zu lassen. Daran war ein Laufschriftdisplay montiert, auf dem man zum Beispiel lesen konnte: *»Na, wollt Ihr mal wieder pünktlich Fei-*

erabend machen? www.mylittlejob.de« Das hat extrem gut funktioniert. Sie hatten sofort die volle Aufmerksamkeit, die Leute ließen alles stehen und liegen, haben aus dem Fenster geschaut und die Aktion total abgefeiert. (Clip: https://bit.ly/2JcWD63)

Fairerweise muss man natürlich sagen, dass nicht jede Guerilla-Marketing-Aktion so gut funktioniert, es gehört immer auch ein Quäntchen Glück dazu. Solche Maßnahmen gehen sogar mit einem gewissen Risiko einher, da man deren Wirkung nur sehr bedingt in der Hand hat und im schlimmsten Fall sogar einen Shitstorm hervorrufen kann. Insofern gilt es, so etwas gründlich abzuwägen und lieber mal eine Nacht darüber zu schlafen. Auf der anderen Seite – wer wagt, gewinnt, oder? Abschließend noch der Hinweis: Die goldene Regel beim Guerilla-Marketing lautet, dass niemals eine bereits verwendete Idee kopiert werden sollte. Hier gilt es also, kreativ zu werden.

Hauke Windmüller: Ich bin persönlich nicht sehr von Guerilla-Marketing überzeugt und kann es aus meiner Erfahrung heraus nur bedingt empfehlen. Es gibt zwar einige Beispiele von Aktionen, die sehr gut funktioniert haben und den Start-ups kurzzeitig viel Aufmerksamkeit mit teilweise recht überschaubarem Budget gebracht haben. Das ist aber in keiner Weise der Regelfall. Guerilla-Marketing setzt oftmals auf einen Wow- oder Überraschungseffekt, der eben vorher nicht testbar ist. Es sind Luck Shots, von denen niemand weiß, ob sie funktionieren. Die Wahrscheinlichkeit, mit Guerilla-Marketing einen viralen Hit zu landen, ist beispielsweise extrem gering. Jeder möchte gerne einen viralen Hit landen, Viralität lässt sich aber leider nicht auf Knopfdruck erzeugen. Ich möchte aber auch nicht der Spielverderber sein. Probiert es gerne mit einer kleineren Maßnahme aus. Immerin macht es viel Spaß, eine Guerilla-Marketing-Maßnahme zu planen und seiner Kreativität freien Lauf zu lassen.

Wann ist PR richtig und wichtig?

Prof. Sebastian Pioch: Wir hatten ja schon über die Themen Storytelling und Guerilla-Marketing gesprochen. Beides kann sehr dabei helfen, dass die Inhalte durch Medien aufgegriffen werden und diese dann über mich als Start-up berichten. Wie bei jeder Maßnahme in Sachen Kommunikation sollte ich mir auch im Bereich PR zunächst die Frage stellen, worum es mir geht. Was soll sich durch einen Beitrag im Medium XYZ für uns ändern? PR ist gut geeignet, um eine Marke aufzubauen, weniger dafür, einen kurzfristigen Abverkauf zu gewährleisten. Die Markenbekanntheit kann man mit Social-Media-Beiträgen grundsätzlich auch vorantreiben, aber ein Interview beziehungsweise ein TV-Beitrag in einem relevanten Sender ist da natürlich eine große Hilfe.

Hier könnte sich das Start-up erneut die Frage stellen, ob es die Dinge selbst in die Hand nimmt oder ob man sich Unterstützung bei einer Agentur holt. Auch hier gibt es aber leider keine klare Antwort. Prinzipiell kann niemand die Vision und die Geschichte eines Unternehmens besser und glaubwürdiger erzählen als die Gründer selbst. Die Kommunikation ist dadurch deutlich ehrlicher und authentischer. Auf der anderen Seite: Was, wenn das Team aus eher introvertierten Leuten besteht, deren Stärke eventuell nicht zwingend in der Kommunikation liegt? Dann ist es durchaus empfehlenswert, sich unterstützen zu lassen.

Wichtig ist auch der Hinweis, dass man den Kontakt zu Journalisten nicht erst dann suchen sollte, wenn man kurz vor einem Launch ist und sich eine entsprechende Medienpräsenz wünscht. Netzwerkaufbau dauert lange und man kann da gar nicht früh genug beginnen. Zu guter Letzt haben einige Aspekte auch heute nichts an Relevanz verloren. Wenn ich etwa Journalisten kontaktiere, sollte ich zügig auf den Punkt kommen, anstatt ausschweifend herumzumäandern. Das Anschreiben sollte die Leidenschaft transportieren, mit der das Team an seiner Idee bastelt. Das Wichtigste ist aber: Warum ist das überhaupt spannend für die Öffentlichkeit? Wenn das nicht in den ersten Absätzen klar wird, liest kein Journalist weiter.

Fünf PR-Tipps für Start-ups	
Strategie	Bedeutung
1. *Spamming vermeiden.*	Viel hilft viel mag irgendwo gelten, hier nicht. Beim Anschreiben von Journalisten ist es wesentlich zielführender, sich einen Nischenreporter zu suchen und nach der Devise *spitz statt breit* zu verfahren.
2. *Trends aufgreifen*	Es ist immer eine gute Idee, wenn das eigene Thema zu Diskussionen passt, die aktuell ohnehin geführt werden. Das Team von *Protonet* launchte, als Edward Snowden seine Files veröffentlichte, und Amorelie surfte auf der Welle von *Fifty Shades of Grey* mit.
3. *Betreffzeile muss rocken*	Wenn Journalisten im Betreff einer E-Mail das Wort »*Pressemitteilung*« lesen, löst das fast schon den »*Löschen-Impuls*« aus. Hier braucht es etwas wirklich Spannendes, damit die Mail eine Chance hat, gelesen zu werden.

Fünf PR-Tipps für Start-ups	
Strategie	Bedeutung
4. *Korrekte Anrede beachten*	Man sollte unbedingt darauf achten, dass der Empfänger adäquat angeschrieben wird. Mann oder Frau? Ist der Name richtig geschrieben? Ist das Duzen angebracht?
5. *Gutes Bildmaterial hilft*	Oftmals verfügen Start-ups über kein hochwertiges Bildmaterial, hier sollte investiert werden. Auch weiterführendes Material wie Factsheets oder Studien sollten dem Journalisten auf Anfrage übersandt werden können. Möglichst zeitnah liefern!

Infobox 5.9: Fünf PR-Tipps für Start-ups

Hauke Windmüller: PR war für Familonet einer der größten Wachstumstreiber und ich bin ein Riesenfan davon. Da PR nicht planbar ist – seriöse Medien kaufen sich keine Artikel ein –, bedarf es einer guten Vorbereitung, einer noch besseren Story und eines guten Prozesses, um die Wahrscheinlichkeit zu erhöhen, dass ein Redakteur die Story aufgreift und darüber berichtet. Direkt zu Beginn von Familonet haben wir uns sehr intensiv mit dem Thema Pressearbeit beschäftigt, da der Launch des Produkts in Deutschland mit großer Presseaufmerksamkeit einhergehen sollte. Dazu sind wir folgendermaßen vorgegangen.

Familonet Launch-PR	
Zielsetzung	Zunächst die Frage nach dem Ziel der PR-Aktion. In diesem Fall war es ganz klar, Familonet im Rahmen einer Launch-Kampagne als Neuigkeit der Öffentlichkeit vorzustellen. Ziel war es, möglichst viele App-Nutzer zu gewinnen.
Medienauswahl	Die Medien haben wir für die Auswahl kategorisiert, damit wir für jede Zielgruppe die richtige Ansprache hatten. Dabei haben wir unterschieden zwischen Publikumspresse (Tageszeitungen, allgemeine Magazine, et cetera), Fachpresse (Wirtschaftspresse, Medien zu IT, Technik, Smartphones), Gründerpresse und TV. Für jede der vier Kategorien haben wir dann die relevantesten Medien herausgesucht und eine Top-Down-Liste erstellt. Oben standen die Medien, die am relevantesten waren und die wir gerne erreichen wollten. Der aufwendigste Teil war das Recherchieren der richtigen Journalisten und Redakteure der einzelnen Medien inklusive Kontaktdaten.

Story	Die Story haben wir für jede der vier Kategorien leicht angepasst. Bei der Publikumspresse und im TV stand die Produktidee im Vordergrund, in der Fachpresse haben wir die wirtschaftliche Relevanz weiter herausgearbeitet und technische Besonderheiten hervorgehoben. Und für die Gründermedien haben wir die Gründerstory weiter in den Vordergrund gestellt.
Pressekit	Zum Familonet-Launch war das Pressekit noch recht überschaubar. Es enthielt die allgemeine Pressemitteilung und abhängig vom Medium, an das wir es geschickt hatten, eine der drei unterschiedlichen Stories als ergänzende Hintergrundinformation. Dazu gab es mehrere hochauflösende Bilder unseres Produkts sowie Gründerfotos.
Exklusivität	Kurz vor dem Launch haben wir dann der Nummer eins aus jeder Kategorie die Pressestory exklusiv vorab zugespielt mit einer Sperrfrist zur Veröffentlichung. Bei der Publikumspresse war es BILD Online, im TV war es RTL, in der Fachpresse Computer BILD und in der Gründerpresse war es Gründerszene. Den jeweiligen Redakteuren haben wir teilweise am Telefon die Funktion der Familonet App näher erklärt und sie die App vor dem Launch testen lassen. Der Plan ist voll aufgegangen und am Tag des Launch haben RTL Punkt 12, BILD Online sowie Gründerszene exklusiv über uns berichtet.
Breite Ansprache	Die Sperrfrist für die exklusiven Medien ging am Tag des Launches bis um 10 Uhr. Um 10 Uhr haben wir dann die Pressemitteilung inkl. Pressekit an allen anderen Medien aus den vier Listen geschickt.
Nachfassen und bedanken	Freundlichkeit zahlt sich aus! Nachdem ein Artikel oder Bericht erschienen ist, gehört es zum guten Ton, sich zu bedanken. Die meisten Artikel haben wir dann selber in unseren Social-Media-Kanälen weiterverarbeitet. Da Journalisten jeden Tag hunderte E-Mails erhalten, kam ein Kontakt auch teilweise erst nach dem zweiten oder dritten freundlichen Nachfassen zustande.

Infobox 5.10: Familonet Launch-PR

Unser Plan ist damals voll aufgegangen und es sind am Tag des Launches mehrere Artikel über uns erschienen. Unser Highlight war, dass wir abends noch in den Nachrichten bei RTL und n-tv liefen. Der Tag hatte uns zehntausende Nutzer auf einmal eingebracht, sodass sogar unsere Server zeitweise in die Knie gingen und den Ansturm nicht bewältigen konnten. Das Thema Pressearbeit hat uns seitdem viel Spaß gemacht, weshalb ich gerne noch weitere Best Practices teilen möchte.

Am wichtigsten ist, wie Sebastian bereits ausgeführt hat, die Story. Ist die eigene Story wirklich relevant für die Öffentlichkeit? Ergibt sie einen Mehrwert für den Leser? Wir haben gute Erfahrung damit gemacht, eine Story nicht komplett auszuformulieren, sondern sie nur anzureißen, damit der Journalist seine eigenen Ideen noch mit einfließen lassen kann. Meiner Erfahrung nach schreiben Journalisten lieber über eine Story, die aus ihrer Feder stammt, anstatt etwas Fertiges abzudrucken. Die Ansprache erfolgt natürlich immer persönlich und niemals per Verteiler-E-Mail. Das erfordert eine Menge Recherchearbeit, die gut an einen Praktikanten oder Werkstudenten ausgelagert werden kann. Dieser sucht nach dem Journalisten eines Mediums, der gegebenenfalls schon etwas zu einem verwandten Thema geschrieben hat. In der persönlichen Ansprache kann man per E-Mail dann darauf Bezug nehmen.

E-Mails am besten immer plain ohne Anhang verschicken. Der Text der Pressemitteilung kommt dann ganz ans Ende der E-Mail nach der Grußformel. In der Anrede wird das Thema angeteasert, um den Journalisten neugierig zu machen. Es ist sehr hilfreich, auf der Homepage einen Pressebereich einzurichten, in dem Kontaktdetails hinterlegt sind und wo sich Journalisten das Pressekit herunterladen können. Den Link dazu könnt Ihr wunderbar mit in die E-Mail schreiben. Zum Schluss noch der wichtigste Tipp: Pressearbeit ist Chefsache! Die Wahrscheinlichkeit ist viel höher, dass ein Journalist oder Redakteur antwortet, wenn Ihr ihn vorher persönlich angeschrieben habt. Jetzt denkt Ihr Euch wahrscheinlich: *Wie soll ich das denn auch noch schaffen?* Keine Sorge, die E-Mails lasst Ihr Euch natürlich alle ebenfalls von einem Praktikanten oder Werkstudenten vorformulieren und schickt sie dann nur in Eurem Namen ab. Das bewirkt Wunder.

Was mache ich selbst und was gebe ich ab?

Hauke Windmüller: Meine Erfahrung ist, dass Gründerinnen und Gründer lange Zeit die meisten Marketingmaßnahmen selber machen können und grundsätzlich fast jeden Prozess im Unternehmen auch mal selbst durchlaufen haben sollten, um ihn besser zu verstehen. Vor allem Marketing, egal ob B2C oder Sales im B2B, ist neben einem funktionierenden Geschäftsmodell der Schlüssel zum Erfolg der Unternehmung. Idealerweise ist ein Mitglied aus dem Gründerteam sogar marketingerprobt oder kann sich schnell in das Thema einarbeiten, es ist nämlich über die gesamte Unternehmenslaufzeit eine der tragenden Säulen. Marketing kann nicht einfach outgesourced werden (zumindest nur sehr selten), die

Unternehmer müssen immer die Metriken kennen. Das ist alleine schon erforderlich, um ein Team korrekt anleiten oder eine Agentur briefen zu können.

Bei Familonet haben wir fast alles inhouse gemacht und uns nur sehr selten Unterstützung dazugeholt. Für den Laien mag Performance-Marketing mit den vielen Einstellungsmöglichkeiten zunächst kompliziert aussehen. Es erfordert auch einiges an Zeit, um sich in alle Sachen reinzufuchsen. Es lohnt sicher aber! Performance-Marketing habe ich lange Zeit selber gemacht. Dazu habe ich mich mit anderen Gründern ausgetauscht, Erfahrungen geteilt, von anderen gelernt und konnte so unsere Kampagnen perfekt auf unsere Bedürfnisse hin optimieren. Der Vorteil daran ist, dass das Wissen in der Firma bleibt und nicht von einer externen Agentur abhängt. Als wir uns zu einem späteren Zeitpunkt externe Unterstützung geholt haben, um noch schneller skalieren zu können, kannte ich alle Metriken und konnte ständig die Dienstleister challengen. Im Endeffekt bin ich aber kein Fan von externen Dienstleistern bei jungen Start-ups, da zu viel Marge abgegeben werden muss, um den Dienstleister noch bezahlen zu können.

Gleiches gilt bei PR. Die beste PR ging von uns Gründern aus. Als wir selbst Hand angelegt hatten, hat es immer am besten funktioniert. Allerdings hatten wir den Vorteil, dass wir drei Gründer waren, also eine gemeinsame Gründergeschichte erzählen konnten. Einzelgründern fällt es manchmal vielleicht etwas schwerer, sich in den Mittelpunkt zu stellen, wie Dr. Sibilla Kawala in ihrem Erfahrungsbericht am Ende des Kapitels berichtet.

Sebastian, hast Du noch weitere Beispiele, warum es sinnvoll ist, dass Gründerinnen und Gründer möglichst viel selber machen?

Prof. Sebastian Pioch: Das zuvor skizzierte Beispiel von MyLittleJob hat ja bereits gezeigt, wie wirksam eigens entwickelte Maßnahmen sein können. Ein weiteres Argument, das dafür spricht, zu Beginn vieles selbst zu machen, ist, dass man ja über erste Kampagnen auch noch sehr viel über seine Zielgruppe erfährt. Selbst machen bedeutet natürlich nicht, dass man sich dabei keine Unterstützung holen darf. Erinnerst Du Dich noch, wie Ihr uns mit Onbyrd geholfen habt, unsere erste Facebook-Kampagne umzusetzen? Dadurch haben wir viel besser verstanden, wer unser Tool nutzt und wie wir unsere Ansprache anpassen sollten.

Ein weiteres schönes Beispiel für selbst umgesetztes Marketing ist eine Idee von explainity. Die produzieren ja diese gezeichneten Erklärvideos für Produkte, die man nicht auf Anhieb versteht. Das bedeutet, ihre Zielgruppe sind im Kern B2B-

Kunden. Sie haben aber erkannt, dass die Entscheider von morgen die Studierenden von heute sind. Wenn man etwa nach Begriffen wie *»kalte Progression«* googelt, findet man unter anderem ein Video von explainity, das einem das einfach erklärt. Das führt dazu, dass die Studierenden die Marke *explainity* positiv wahrnehmen und sich eventuell später im Job daran erinnern, wenn sie die Entscheidung treffen müssen, welchen Anbieter sie für ein Erklärvideo wählen.

Die *eine* Antwort darauf, was man selbst machen und was man abgeben sollte, gibt es mal wieder nicht. Vielmehr kommt es darauf an, wie die Kompetenzen im Team verteilt sind, in welcher Phase sich das Start-up befindet und wie viele Ressourcen zur Verfügung stehen.

Learnings weiterer Gründer

Philipp Westermeyer ist Gründer und Geschäftsführer von OMR. Nach seinem Berufseinstieg als Vorstandsassistent bei der Bertelsmann AG gründete er mit Partnern zwei Digital-Marketing-Firmen im Bereich Vermarktung und Technologie, die später erfolgreich verkauft wurden (adyard an Gruner + Jahr, metrigo an Zalando). Philipp startete OMR zunächst nebenberuflich als Seminarreihe und Konferenz. Daraus ist mittlerweile das OMR-Festival mit Konferenz, Messe und Konzerten sowie die größte Wissens- und Inspirationsplattform für die Digital- und Marketingszene in Europa geworden.

Im Marketing war viele Jahre immer nur vom Funnel die Rede, inzwischen glaube ich aber viel stärker an das Flywheel. Wir stellen uns vermarktungstechnisch deshalb sehr breit auf, um verschiedene, individuelle Zugangsmöglichkeiten zur OMR zu bieten: Über ein Seminar wirst Du zum Messebesucher, dann guckst Du Dir die Konferenz an, dann hörst Du Dir den Podcast an, dann schaltest Du eine Anzeige bei uns. Unser Ziel ist es also, Kunden kontinuierlich zu betreuen und uns viele Kundenbindungsmaßnahmen zu überlegen, um ein möglichst attraktives Flywheel aufzubauen. Das kommt natürlich nicht für alle Start-ups sofort infrage, weil nicht jedes Start-up sofort die Struktur hat. Man kann aber auch am Anfang schon ganz kleine Elemente daraus für sich nutzen und das Flywheel über die Zeit immer weiter ausbauen.

Content war für mich immer einer der größten Hebel. Das kleinste Gefäß dafür ist der Newsletter. E-Mail-Marketing war gewissermaßen auch unser Urknall: Wir haben den Verteiler über viele Jahre aufgebaut und immer darauf geachtet, die Leute nicht zu overspamen, sondern wirklich relevante Inhalte zu produzieren. Den Kanal nutzen wir auch dazu, beispielsweise Tickets für die OMR-Konferenz zu verkaufen. Selbst große Firmen wie AboutYou oder Zalando machen teilweise ein Drittel ihres Umsatzes über E-Mail-Verteiler, indem sie die Leute triggern, etwas zu kaufen. Deswegen ist mein Tipp an Start-ups gerade auch im Marketingbereich: Versucht, Euch einen E-Mail-Verteiler aufzubauen, zum Beispiel mit einem Mailchimp Account. Den könnt Ihr immer gebrauchen, egal was für einen Service Ihr anbietet oder was Ihr verkaufen wollt. Aber bitte schickt nicht irgendwelche Templates raus oder schreibt standardisiertes Zeugs, sondern produziert wirklich persönlichen, authentischen, wilden, schrägen und inspirierenden Content. Das ist ein wahnsinnig mächtiges Instrument, wenn man es gut macht.

Noch vor OMR-Zeiten haben wir darüber zum Beispiel unsere ersten B2B-Kunden gewonnen. Ich hatte damals einen Ratgeber zum Thema RTB Real Time Bidding geschrieben und dafür eine URL gekauft und eine Landingpage gebaut. Das Booklet konnte man dann im Austausch gegen seine E-Mail-Adresse herunterladen. So haben wir einen der wichtigsten Kunden gewonnen, der unsere Firma lange getragen hat.

Deshalb habe ich auch eine konkrete Zukunftsvision: Medien werden in Firmen zunehmend zum Feature, klassische Medienfirmen verschwinden auf lange Sicht. Jedes Start-up, das sich zu einer großen, erfolgreichen Firma entwickelt, wird einen eigenen Medien-/Marketingbereich haben. Daran glaube ich. Nur plump darf es nicht sein. Content muss immer einen Punch haben. Ich bin selber Abonnent von vielen E-Mail-Verteilern und bekomme von vielen Leuten spannende Sachen zugeschickt. Manchmal denke ich: Die haben so ein geiles Produkt, warum machen die nicht guten Content? Das würde mega abgehen. Es muss ja nicht bei E-Mail bleiben, über einen Podcast kann man zum Beispiel auch eine Reichweite aufbauen.

Dr. Sibilla Kawala ist Gründerin und Geschäftsführerin von LIMBERRY, einem der größten Online-Shops für Designer-Trachtenmode. Sibilla studierte International Management am EBC und hält einen Master von der Manchester University sowie einen Doktortitel von der University of Surrey. Vor der Gründung von LIMBERRY arbeitete Sibilla zwei Jahre lang im Familienunternehmen in der Stahlindustrie. Im August 2016 trat sie in der VOX-Fernsehsendung »*Die Höhle der Löwen*« auf und konnte Carsten Maschmeyer und Judith Williams als Investoren gewinnen.

Ich habe acht Monate in die Vorbereitung meines Online-Shops gesteckt, bevor er live ging. Auch die Produktion lief, also schien alles perfekt. Dann bemerkte ich aber ziemlich schnell: Niemand wusste von LIMBERRY. Bis auf ein paar Besucher, die überwiegend meine Freunde waren, passierte auf der Website nicht viel. Ich hatte vergessen, mich um die Vermarktung zu kümmern. SEO war mir ein Fremdwort, Marketing und PR hatte ich auch noch nie selber gemacht. In der Not habe ich dann kurzerhand etwas laienhaft diverse Zeitschriften angerufen, bei denen ich dachte, das Thema könnte passen. Das hat tatsächlich sofort gut funktioniert. Die Redakteure waren ein paar Monate vor dem Oktoberfest froh, einmal eine neue Geschichte erzählen zu können, als zum x-ten Mal über irgendein blaues Dirndl zu berichten. Ich bot als Erste individualisierbare Dirndl in einem Online-Shop an – das war neu und interessant. So stellte ich fest: PR funktioniert mit meinem Thema sehr gut.

Allerdings hatte ich Schwierigkeiten, mich als Einzelgründerin selbst zu verkaufen. Bei der Presse anzurufen, um zu erzählen, dass ich eine ganz tolle Unternehmerin mit einer super spannenden Geschichte bin, fühlt sich jedenfalls komisch an. Deshalb habe ich mir professionelle Hilfe geholt, was ich nur jedem empfehlen kann. Es ist einfacher und auch viel sympathischer, wenn die Gründer-PR-Arbeit jemand anderes macht. Mit Meike Neitz hatte ich dann jemanden gefunden, der mich dabei super unterstützt hat.

Dann bekam ich eine Zusage für die TV-Show *Die Höhle der Löwen*. Von diesem Moment an haben wir die PR-Arbeit auf ein anderes Level gehoben. Bereits drei Monate vor Ausstrahlung haben wir angefangen, die Presse zu kontaktieren, und hatten mit diversen Medien ein Agreement, dass sie erst nach der Ausstrahlung von Höhle der Löwen anfangen, zu berichten. Gemeinsam haben wir uns dann systematisch überlegt, welche Storys wir für welches Pressemedium verwenden können, um medial das Maximale aus *Die Höhle der Löwen* rauszuholen. Wir haben wirklich alles akribisch geplant und nichts dem Zufall überlassen. Das war extrem viel Arbeit und mit einer Menge Durchhaltevermögen verbunden.

Es gab dann viele interessante Anknüpfungspunkte für die Presse. Durch die Sendung selbst hatten wir schon eine gute Story: *Der bekannte Milliardär Carsten Maschmeyer investiert in eine Dirndl-Dame.* Einige Medien sind dann auf die Gründerstory eingegangen: »weibliche Unternehmerin verkauft Dirndl«, andere fanden die Familienunternehmergeschichte interessanter. Wieder andere haben *Die Höhle der Löwen* als Aufhänger genutzt, um über uns zu berichten. Für manche Medien habe ich sogar Fashion-Tipps gegeben, wie man ein Dirndl richtig trägt.

Wir haben uns aber auch selbst laufend neue Geschichten und Ideen überlegt. Zum Beispiel, dass ich ein *Höhle der Löwen*-Tagebuch geschrieben habe. Damit wollte ich einerseits meine Erfahrung weitergeben, wie die Vorbereitung, der Drehtag und die Zeit danach verläuft. Andererseits war es wieder eine tolle PR-Aktion, da das Tagebuch bis heute von zigtausend Leuten gelesen wurde. Bei der Pressearbeit ist es übrigens hilfreich, immer gute Pressefotos für die jeweilige Story zu haben.

All das hat extrem gut funktioniert. Bis heute gehören wir zu den Start-ups, die durch *Die Höhle der Löwen* die meiste Aufmerksamkeit bekommen haben. Am Tag nach der Ausstrahlung hatten wir direkt drei Kamerateams von *Vox Prominent* über *RTL Exklusiv* bis zum NDR bei uns im Büro, und im nächsten halben Jahr gab es über 200 Veröffentlichungen in allen möglichen Zeitungen, Zeitschriften und Medien. *Hamburger Abendblatt, Bild Zeitung, Handelsblatt* – wir haben damals einfach alles mitgenommen.

Lea-Sophie Cramer ist Gründerin und Beirätin von AMORELIE, der führenden Marke für das Liebesleben. AMORELIE sitzt in Berlin, hat 150 Mitarbeiter und ist in 15 Märkten aktiv. Nach Stationen in einer Unternehmensberatung, bei Rocket Internet und Groupon gründete sie 2013 zusammen mit Sebastian Pollok AMORELIE. Sie ist Verwaltungsrätin der Conrad SE und Jury-Mitglied bei der TV-Show *Das Ding des Jahres* von ProSiebenSat.1.

Früher haben wir den Investoren immer gezeigt: Wir kommen von Rocket Internet, Online Marketing kennen wir, so verdienen wir Geld. Dann haben wir aber gemerkt, dass wir gar kein Online-Marketing machen dürfen. Mit Erotik sind wir in derselben Kategorie wie Waffen, Glücksspiel und Alkohol. Bis heute können wir weder Facebook-, Instagram-Marketing, Retargeting oder Google Display Network nutzen. Wenig ist erlaubt. Zu dem Zeitpunkt dachten wir: Das Business ist vorbei, bevor es überhaupt angefangen hat.

Kurz nachdem wir online waren, rief dann aber die Bild-Zeitung an. Ein Artikel, der in der Bild am Sonntag erschien, hatte zu sagenhaften 65 000 Euro Umsatz geführt. Wir konnten das immer ganz gut abgrenzen und messen, da wir ja keine anderen Marketingkanäle bespielen durften. Da erst ist uns die Power von Storytelling, Brand Building und PR bewusst geworden. Mit intensiver PR-Arbeit haben wir im Endeffekt also aus der Not heraus begonnen. Eigentlich sollte das mein Mitgründer Polly machen, aber die Redakteure wollten lieber mit mir sprechen: Mit einer Frau ließ sich eine bessere Geschichte erzählen. Also haben wir die Aufgaben neu verteilt und PR zu einem wichtigen Marketingkanal ausgebaut. Es ist definitiv schwieriger als OnlineMarketing, auch weil die einzelnen Maßnahmen schwieriger nachzuvollziehen und zu messen sind. Aber es ist machbar. Sex ist zwar ein tabuisiertes Thema, interessiert dafür aber viele Menschen.

Nach einem Jahr erfolgreicher PR haben wir entschieden, das Storytelling-Potenzial auf Video zu erweitern. So entstand unsere erste TV-Kampagne, die total durch die Decke ging. Bis heute ist TV unser profitabelster Marketingkanal. Dafür mussten wir allerdings Wege finden, wie wir unser eigentlich tabuisiertes Thema im TV nutzen dürfen. Statt Sexspielzeug haben wir dann beispielsweise angezogene, tanzende Frauen gezeigt und Liebesleben statt Sex gesagt. Alles war sehr clean und hip und dadurch vertretbar fürs Fernsehen. So iteriert man sich nach vorne – bei uns hat es super geklappt.

Weiterführende Literatur

Sandro Jenny u. Tomas Herzberger: *Growth Hacking: Mehr Wachstum, mehr Kunden, mehr Erfolg. Der Praxisratgeber für Durchstarter im Online-Marketing!*

A. Grabs, K. Bannour, E. Vogl: *Follow me!: Erfolgreiches Social Media Marketing mit Facebook, Instagram und Co.*

T. Pyczak: *Tell me!: Wie Sie mit Storytelling überzeugen. Inkl. Praxisbeispiele. Für alle, die erfolgreich sein wollen in Beruf, PR und Online-Marketing*

Daniel H. Pink: *Mehr Wert – Die Kunst, gefragt zu sein*

KAPITEL 6

BOOST YOUR BUSINESS: FINANZIERUNGSOPTIONEN KENNEN UND BEWERTEN

> »Investoren suchen
> ist ein bisschen wie flirten.«
>
> *Gründerweisheit*

Im späten 15. Jahrhundert stellte Königin Isabella von Spanien einem Geschäftsmann Kapital für ein sehr riskantes Unternehmen zur Verfügung. Man könnte sogar sagen, dass sie die erste Risikokapitalgeberin der Welt war. Der fragliche Geschäftsmann? Christoph Kolumbus. Das Unternehmen? Eine kürzere Route nach Indien finden, um Geld und Zeit im Warenhandel zu sparen. Das Thema Finanzierung von waghalsigen Unternehmungen ist also kein neuer Hut, das gab es schon lange vor digitalen Start-ups.

Damals wie heute bleibt die Kapitalbeschaffung aber eine enorme Hürde, insbesondere für Gründerinnen und Gründer, die ein Unternehmen aufbauen möchten, deren Geschäftsmodell sich erst noch beweisen muss. Umso wichtiger ist es deshalb, alle Finanzierungsmöglichkeiten genau zu kennen. Nur für eine glückliche Minderheit ist die externe Finanzierung unter Umständen nicht notwendig – entweder, weil die Idee nicht kapitalintensiv ist, oder weil sie sich aus dem Cashflow heraus finanzieren kann. Welche Finanzierungsoption für Euch infrage kommt, entscheidet sich aber nicht nur anhand des Geschäftsmodells. Auch der Zeitpunkt im Lebenszyklus Eures Start-ups hat Einfluss darauf. Während sich zum Beispiel staatliche Fördermittel zur Finanzierung von Start-ups in der Frühphase eignen, können Venture-Capital-Investoren Eure Bedürfnisse in einer späteren Unternehmensphase wahrscheinlich besser erfüllen.

Die große Tugend liegt hier in der Sorgfalt. Ihr tut auf jeden Fall gut daran, alle verfügbaren Optionen gründlich gegeneinander abzuwägen und bei dieser Entscheidung nichts zu überstürzen. Auch wenn es leider keine Garantie gibt, dass Ihr Eure bevorzugte Finanzierungsmethode auch durchsetzen könnt. Wunsch und

Wirklichkeit liegen bei dieser Frage nämlich oft auseinander: Während sich die meisten Start-ups Finanzierungen durch Risikokapitalgeber oder Business Angels wünschen, um ihre Firma auf das nächste Level zu heben, hält sich die Mehrheit aller Unternehmer, die etablierte Geschäftsmodelle nutzen, immer noch mit eigenen Ersparnissen über Wasser. Um Eure Chance auf eine erfolgreiche Finanzierungsrunde bestmöglich zu nutzen, solltet Ihr einen Großteil Eurer Energiereserven deshalb in einen aussagekräftigen Finanzplan und einen überzeugenden Pitch stecken. Beides wird von Investoren nicht nur verlangt, sondern gern auch gründlich zerlegt.

By the way, lasst Euch nicht so sehr durch die vielen Anglizismen irritieren. Das ist sozusagen Investoren-Slang. Auf diese Weise könnt Ihr Euren Sprachschatz aber gleich um ein paar zentrale Vokabeln erweitern. In diesem Sinne: Nehmt Platz im *Driver Seat* und behaltet Eure *Runway* im Blick. Viel Erfolg!

Entscheidung für die richtige Finanzierung

Welche Arten der Finanzierung gibt es?

Prof. Sebastian Pioch: Bevor wir uns die einzelnen Instrumente etwas genauer ansehen, sollten wir vielleicht neben den bereits angesprochenen Strategieformen in die zwei existierenden Kapitalquellen unterscheiden – in das *Eigen-* und das *Fremdkapital.* Als Eigenkapital werden jene Mittel bezeichnet, die von den Gründern selbst aufgebracht werden. Aber auch das Geld, welches die Gründer durch externe Kapitalgeber bekommen, die in das Start-up investieren und Anteile daran erwerben, zählt zum Eigenkapital. Die großen Vorteile dabei sind, dass keine Verpflichtung zur Tilgung und Zinszahlung besteht und darüber hinaus die Haftung auch auf die Investoren verteilt wird. Demgegenüber steht dann das Fremdkapital, das von externen Kapitalgebern unter der Voraussetzung zur Verfügung gestellt wird, dass eine Rückzahlung erfolgt. So haben zum Beispiel Kredite den Vorteil, dass man keine Firmenanteile veräußert und die Kontrolle behält, dafür aber Sicherheiten anbieten und die Mittel zurückzahlen muss.

Zwischen diesen beiden Polen existiert noch eine hybride Variante, das sogenannte *Mezzanine-Kapital.* Der Begriff mit Mezzanine entstammt der italienische

Sprache und beschreibt darin das Zwischengeschoss zwischen zwei Hauptstockwerken. Vornehmlicher Zweck das Mezzanine-Kapitals ist es, die Lücke zwischen dem herkömmlichen Eigenkapital und der klassischen Fremdfinanzierung zu schließen. Hier sind sowohl Varianten denkbar, die eher eigenkapitalähnlich gestaltet sind, das könnten dann zum Beispiel Genussscheine oder atypische Beteiligungen sein. Beispiel für die entgegengesetzte Variante ist etwa ein nachrangiges Darlehen, das dann entsprechend einen fremdkapitalähnlichen Charakter aufweist. Schauen wir uns nun einmal die wichtigsten Finanzierungsquellen an:

Für gewöhnlich beginnen Start-ups damit, das eigene Geld einzusetzen, um damit so weit wie möglich zu kommen. Dieses Verfahren bezeichnen wir als *Bootstrapping*, was so viel bedeutet wie, sich am Riemen zu reißen, etwas Unmögliches in Eigenleistung zu schaffen oder, wie der Baron von Münchhausen, sich selbst an den Haaren aus einem Sumpf zu ziehen. Bootstrapping hat den Vorteil, dass man niemandem Rechenschaft schuldig ist, außer sich selbst. Daraus erwächst häufig eine starke Motivation beim Gründerteam, den Großen zu zeigen, was mit kleinen Mitteln möglich ist. Zum Teil entsteht eine richtige *David-gegen-Goliath-Stimmung*, was das Team zu Höchstleistungen anspornt. Der Nachteil ist natürlich, dass man damit keine großen Sprünge machen kann und das Geld meistens schon nach wenigen Wochen aufgebraucht ist.

Tatsächlich sollte sich das Team jedoch schon sehr früh die Frage stellen, wie es sich die kommenden Monate vorstellt und welche Finanzierungsformen infrage kommen. Die Entscheidungen in dieser Phase sind bereits sehr prägend für die weitere Entwicklung. So ist es nahezu ausgeschlossen, dass ein Investor sein Geld einem Team anvertraut, das nicht bereit ist, zunächst mit eigenen Ressourcen ins Risiko zu gehen. Frei nach dem Motto: *»Wir glauben nicht, dass das etwas wird, aber mit Ihrem Geld können wir es ja mal versuchen.«*

Im Anschluss an das Bootstrapping folgt häufig die Phase, in der sich die Gründer Geld in der Familie oder bei Freunden leihen, daher nennt man das auch die *Family, Friends & Fools-Phase*. Je nach Vermögenslage des nahen Umfelds kann es gelingen, dass es das Team schafft, damit bereits ein MVP zu entwickeln und auch ersten Traffic zu generieren, der eine Indikation für die Relevanz des Angebots suggeriert. Parallel dazu helfen auch öffentliche Gelder wie zum Beispiel das *Exist-Gründerstipendium* des Bundes oder regionale Angebote wie etwa das des Hamburger *InnoRampUp-Programms*. Derartige Förderungen sind unter anderem hilfreich, um ein erstes Investment einzusammeln, etwa bei *Business Angels*.

Die *Tickets*, so nennt man die eingeworbenen Geldbeträge, haben in dieser Phase eine Größenordnung von etwa 20 000 bis 250 000 Euro. Bei Business Angels handelt es sich um Privatpersonen, die Eigenkapital in junge Unternehmen investieren. Man spricht in solchen Fällen vom *informellen Beteiligungsmarkt.*

Der große Vorteil bei der Zusammenarbeit mit Business Angels ist insbesondere darin zu sehen, dass sie als ehemalige oder noch aktive Unternehmer exzellent vernetzt sind und nicht selten einen direkten Marktzugang gewähren können. Man stelle sich vor, einem Team aus Werkstoffingenieuren gelänge es, ein abnutzungsfreies Bungeeseil zu entwickeln. Die hätten vermutlich in der Höhle der Löwen von Jochen Schweizer direkt einen Deal angeboten bekommen und könnten sich auch gleich über einen spannenden Kunden freuen. Der Nachteil ist jedoch, dass solche erfolgreichen Unternehmerpersönlichkeiten nicht zu Hunderten durch die Gegend laufen und dass der Umgang mit ihnen nicht immer einfach ist. Sie sind nicht umsonst in ihrer Position, auf dem Weg dahin mussten sie viele Widerstände überwinden, was den Gründern bewusst sein sollte.

Wenn dann aus dem MVP ein fertiges Produkt geworden ist und das Unternehmen idealerweise auch bereits Erlöse generiert, ist es an der Zeit, größer zu denken und in einer weiteren Finanzierungsrunde mehr Kapital einzusammeln. In der Regel deutlich mehr! Die Start-ups begeben sich dann auf den *formellen Beteiligungskapitalmarkt* und sprechen mit *Venture-Capital-Gesellschaften.* Dabei handelt es sich um Firmen, deren Geschäft es ist, in diverse Start-ups mit dem Ziel zu investieren, diese erfolgreich zu machen, um dann die erworbenen Anteile zu einem späteren Zeitpunkt höherpreisig wieder zu verkaufen. Da hier neben dem Kapital und dem ebenfalls vorhandenen Netzwerk zudem in erheblichem Maße Know-how beziehungsweise Erfahrung miteingebracht wird, spricht man bei solchen Deals auch vom »*Smart Money*«. So hat etwa der VC von AirBnb dem Team dazu geraten, ihre Zielgruppe von Konferenzteilnehmern auf den Hotelbereich auszuweiten, was eine erhebliche Vergrößerung des Zielmarktes bedeutete.

Abschließend möchte ich noch kurz ein weiteres Instrument vorstellen: das *Crowdfinancing,* zu Deutsch Massen- beziehungsweise Schwarmfinanzierung. Darunter subsumieren sich Instrumente wie das *Crowdfunding,* das *Crowdinvesting* oder das *Crowdlending.* Grundsätzlich eignen sich alle Instrumente eher für kleine Finanzierungssummen und finden vorwiegend im künstlerischen Sektor statt oder unterstützen soziale Projekte. Hinter der Idee steckt der Ansatz, dass viele Privatpersonen Start-ups durch kleine Beträge unterstützen können und so nur ein geringes

Risiko eingehen. Beim Crowdfunding bekommen die Anleger zumeist keine Zinsen oder sonstige monetären Renditen ausbezahlt, sondern erhalten im Gegenzug das Produkt kostenlos oder stark vergünstigt, das durch die Kampagne unterstützt wird.

Im Fall des Hamburger Start-ups Protonet war das Produkt eine orangefarbene Box, die wie eine persönliche Cloud funktioniert und von der Edward-Snowden-Welle profitierte, wie wir im Abschnitt Storytelling bereits erfahren haben. Protonet gelang es, einen Weltrekord im Crowdfunding aufzustellen: Sie sammelten 750 000 Euro in 1,5 Stunden ein. Leider ist das Unternehmen auch ein Beispiel dafür, dass Geld allein keine Garantie für Erfolg darstellt – nur wenige Monate nach diesem beachtlichen Erfolg musste es Insolvenz anmelden.

Crowdfunding hat aber neben dem Geld auch noch weitere Vorteile. So hat es dem Team von Suck My Shirt dabei geholfen, seine Zielgruppe besser zu verstehen, und war darüber hinaus ein sehr guter Marketingkanal. Als nämlich dem Team von den erforderlichen 10 000 Euro nur noch 3 000 Euro fehlten, teilten Leute aus der Zielgruppe die Kampagne in ihrem eigenen Netzwerk und halfen so dabei, die letzte Meile zu gehen, weil sie die T-Shirts unbedingt haben wollten. Die bekannteste Crowdfunding-Plattform ist übrigens kickstarter.com und die ideale Laufzeit für eine Kampagne beträgt etwa 30 bis 40 Tage. Hauke, was ist Deine Erfahrung zu den unterschiedlichen Finanzierungsarten und welche habt Ihr bei Familonet eingesetzt?

Die wichtigsten Finanzierungsarten		
Instrument	Vor- und Nachteile	Eignung für Phase beziehungsweise Geschäftsmodell
1. *Bootstrapping*	Volle Kontrolle Motivierende Wirkung Eingeschränkte Möglichkeiten Hoher Druck	Eignet sich für die sehr frühe Phase Eignet sich für digitale Geschäftsmodelle und Dienstleistungen
2. *Family, Friends & Fools*	Zumeist keine Kapitalkosten Keine Sicherheiten nötig Eingeschränkte Möglichkeiten Risiko des Streits beim Scheitern	Eignet sich für die sehr frühe und die Anfangsphase Eignet sich für digitale Geschäftsmodelle und Dienstleistungen
3. *Öffentliche Förderungen und Stipendien*	Reputation und Anerkennung Keine Sicherheiten nötig Auflagen und Zugangsbeschränkungen Zum Teil kompliziertes Antragsverfahren	Eignet sich zumeist für innovative Ideen in der Anfangsphase, wenn bereits ein MVP existiert oder erste Pilotprojekte umgesetzt wurde

Die wichtigsten Finanzierungsarten		
Instrument	Vor- und Nachteile	Eignung für Phase beziehungsweise Geschäftsmodell
4. *Gründerkredite wie zum Beispiel das KfW-Startgeld*	Geringe Kapitalkosten Kostenlose Zwischentilgung Kredithöhe begrenzt Business-Plan erforderlich	Eignet sich besonders für analoge Geschäftsmodelle und Dienstleistungen in der Anfangsphase einer Gründung
5. *Business Angel*	Finanzieller Spielraum Netzwerk des Business Angels Schwieriger Zugang Konfliktpotenzial	Eignet sich zumeist für innovative Ideen in der fortgeschrittenen Anfangsphase, wenn bereits ein MVP existiert oder erste Pilotprojekte umgesetzt wurden
6. *Crowdfunding*	Geringes Risiko für die Gründer Positive Marketingeffekte Aufwendige Kampagne Nicht für alle Ideen geeignet Erschwert Anschlussfinanzierungen bei Crowd-Investing	Eignet sich zumeist für künstlerische oder soziale Projekte in einer späteren Phase, wenn bereits eine erste Fanbase existiert
7. *Venture-Capital*	Großer finanzieller Spielraum Wissenstransfer und Netzwerk Abgabe von Unternehmensanteilen und Kontrolle Bindung von Ressourcen durch Reporting	Eignet sich zumeist für innovative und skalierbare Ideen in der Aufbau- beziehungsweise Wachstumsphase, wenn bereits ein marktfähiges Produkt besteht und Erlöse generiert werden

Infobox 6.1: Die wichtigsten Finanzierungsarten

Hauke Windmüller: Da wir zum Zeitpunkt der Gründung noch Studenten waren, verfügten wir über keine finanziellen Rücklagen und waren darauf angewiesen, unser Vorhaben direkt zu finanzieren. Wir hatten das große Glück, dass wir bereits für die Entwicklung unseres Prototyps einen Business Angel gewinnen konnten. Das Wort Business Angel hat sich etabliert, weil Privatpersonen neben dem Geld (der eine Flügel) auch noch Know-how und Netzwerk (der andere Flügel) mit einbringen. Meine Erfahrung ist, dass Letzteres teilweise schwierig ist, da sich Investoren ständig im Zwiespalt befinden, Entscheidungen im Sinne der Gründer und des Unternehmens zu treffen oder in letzter Minute ihr Investment zu schützen. Wer unabhängigeren Zugang zu Know-how und Netzwerk möchte, dem würde ich, wie bereits in Kapitel 2 beschrieben, einen gut besetzten Beirat empfehlen.

Als Nächstes hatten wir uns sehr intensiv mit öffentlichen Förderungen und Zuschüssen beschäftigt. Das sind meistens die einzigen Mittel in der sehr frühen Phase, die neben Business Angels infrage kommen. Es ist ein zeitaufreibender und sehr bürokratischer Prozess, der sich aber lohnt. Wer ein innovatives Geschäftsmodell verfolgt, hat zudem sehr gute Chancen, gefördert zu werden. Die Chancen liegen um ein Vielfaches höher, als eine Venture-Capital-Finanzierung zu erhalten. Das Gute an Förderungen ist, dass es zum Teil Zuschüsse sind, die nicht zurückgezahlt werden müssen. Es werden also keine Unternehmensanteile abgegeben. Bei Förderungen, in denen öffentliche Träger wie Finanzinvestoren auftreten und ebenfalls für ihr Investment Unternehmensanteile erhalten, treten sie meistens nicht als Lead-Investor auf, sondern bleiben im Hintergrund. Bei vielen Fördermodellen spiegeln die öffentlichen Investoren das Investment von privaten Investoren. Investiert ein Business Angel beispielsweise 200 000 Euro, würde der öffentliche Investor, wie zum Beispiel der *Innovationsstarter Fonds Hamburg* im Fall von Familonet, über das Fördergramm dieselbe Summe zu den gleichen Konditionen auch noch einmal investieren. Öffentliche Investoren können sich dadurch zu einer Stütze entwickeln, die für mehr Sicherheit bei der Finanzierung sorgt.

In der nächsten Phase denken viele Gründer über die Möglichkeiten eines Crowd-Investings nach. In den Jahren 2012 bis 2015 war Crowd-Investing regelrecht gehyped und für viele Gründer eine gute Alternative, wenn es mit der Venture-Capital-Finanzierung nicht sofort geklappt hat. Leider gehen mit Crowd-Investing auch viele Nachteile einher. Es möchte – wie sonst üblich – nicht nur ein neuer Geldgeber Reportings erhalten und mitreden, wie das Unternehmen weiterentwickelt werden soll, sondern hunderte. Auch wenn für viele der anfänglichen Probleme des Crowd-Investings mittlerweile Lösungen gefunden wurden, ist es nicht beliebt bei Venture-Capital-Investoren, wordurch Folgefinanzierungen erschwert werden. Ich kenne viele Gründer, die früher einmal Crowd-Investing gemacht haben und es nicht wieder tun würden. Ich persönlich bin also kein großer Fan davon.

Da Fremdkapital, zum Beispiel Kredite durch Banken, für die meisten hochrisikobehafteten Start-ups nicht infrage kommt, ist die am weitesten verbreitete Finanzierungsart für Start-ups das Eigenkapital. Eigenkapitalfinanzierungen gehen immer mit einer Unternehmensbewertung einher, auf deren Basis errechnet wird, wie viele Unternehmensanteile Investoren für ihr investiertes Geld erhalten. Die Unternehmensanteile sind mit Stimmrechten verknüpft, sodass sie nicht nur mit im Boot sitzen, sondern im Verhältnis zu ihren Anteilen auch mitentscheiden können. Bei sehr erfahrenen Venture-Capital-Investoren kann dies vorteilhaft sein, da sie ihre Erfahrung als Gesellschafter miteinbringen, wie Du, Sebastian, bereits mit Smart Money beschrieben hast. Dies ist aber nicht immer so, weshalb man das Geschäftsmodell von Venture-Capital-Investoren verstehen muss. VCs sind profitorientierte Unternehmen, die ihr Geld investieren, um es zu vervielfachen. Im Zweifel müssen sie harte Entscheidungen treffen, die nicht unbedingt im Sinne der Gründer sind, aber im Interesse ihres eingesetzten Kapitals. Am Ende geht es ihnen primär darum, Geld zu verdienen.

Zusätzlich zu den rein finanzorientierten VCs gibt es außerdem die strategischen Investoren. Strategische Investoren sind oftmals große Unternehmen, die sich mit einem Investment in ein Start-up einen neuen Geschäftsbereich erschließen, Zugang zu modernen Technologien bekommen oder Zugang zu Talenten erhalten möchten. Strategische Investoren haben den Vorteil, dass sie teilweise einen längeren Atem haben, das Start-up auch durch Krisen zu führen, da sie ein strategisches Interesse verfolgen. Sie können vielfach auch neben dem investierten Geld mit anderen Sachleistungen unterstützen. Bei Familonet haben beispielsweise mehrere Verlage investiert, über die wir dann günstiger oder teilweise ganz kostenlos Werbeanzeigen schalten konnten. Strategische Investoren kommen auch grundsätzlich bereits als potenzielle Exit-Kandidaten infrage. Das ist gleichzeitig auch ein Problem, wenn sie zu früh ins Unternehmen investieren. Es kann finanzorientierte VCs abschrecken, da sich die Tür für andere strategische Investoren oder potenzielle Exit-Partner womöglich schließt. Darauf hatten wir auch bei Familonet geachtet und vor jedem Investment genau geprüft, welche Ziele die strategischen Investoren verfolgen. Die Verlage sahen uns als strategische Ergänzung in ihrem Portfolio, aber ebenfalls auch als finanzielles Investment, wodurch alle Exit-Szenarien möglich waren.

Bootstrapping vs. VC – welche Strategie eignet sich für mich?

Prof. Sebastian Pioch: Die Frage, welche Finanzierungsart sich in welcher Phase eignet, lässt sich zunächst dadurch klären, indem wir uns einmal die beiden zentralen Finanzierungsmodelle ansehen. Zum einen gibt es die *strategiebestimmende* und zum anderen die *strategieerfüllende* Gründungsfinanzierung. Bei der bestimmenden akzeptieren die Gründer ihre beschränkten Mittel, wohingegen sie sich bei der erfüllenden jenem Umstand nicht unterwerfen und stattdessen ihr Geschäftsmodell unabhängig davon entwickeln. Während sich die strategiebestimmende Finanzierung nochmal in das *No-Budget-* und das *Low-Budget-Modell* aufteilt, wird dem strategieerfüllenden Ansatz das *Big-Budget-Modell* zugeordnet. Daraus lässt sich schon einmal ableiten, dass es nicht nur von der jeweiligen Phase der Gründung abhängt, welches Modell geeignet ist, sondern auch davon, um welches Geschäftsmodell es sich jeweils handelt.

Ist es etwa bei Kleingewerbegründungen, die zum Beispiel der Dienstleistungsbranche zuzuordnen sind, sinnvoll, die strategiebestimmende Finanzierung zu nutzen, wählen Technologiegründungen zumeist das strategieerfüllende Modell. Ersterer Ansatz nutzt dabei überwiegend die Mittel der Gründer, öffentliche Zuschüsse oder zum Beispiel auch Bankkredite, wohingegen der zweite Weg zumeist eine Zusammenarbeit mit Business Angels und Risikokapitalunternehmen vorsieht, sogenannten Venture Capitals. Die einzelnen Instrumente diskutieren wir später ja noch ausführlicher.

Grundsätzlich ist zu sagen, dass sich analoge Geschäftsmodelle häufig deswegen auch mit Instrumenten wie dem Eigenkapital der Entrepreneure oder einem Bankkredit finanzieren lassen, weil zum einen durch den früh zu generierenden Cashflow und zum anderen durch Unternehmenswerte wie Anlagen und Maschinen entsprechende Sicherheiten existieren. Darüber hinaus können solche Unternehmen durchaus auch organisch wachsen, damit ihr Geschäftsmodell nachhaltig funktioniert. Bei digitalen Geschäftsmodellen sieht das hingegen anders aus. Sie verfügen zumeist weder über materielle Güter noch über bereits existierende Umsätze, die eine entsprechende Sicherheit darstellen könnten. Sie haben bestenfalls ein MVP und ein bis an die Haarwurzeln motiviertes Team, das »*eine Delle ins Universum schlagen will*«, wie Steve Jobs es einmal ausdrückte.

Sie sehen sich der Herausforderung gegenüber, dass sie zunächst sehr stark wachsen müssen, um eine Chance am Markt zu haben. Im digitalen Sektor gilt das Prinzip »*The Winner Takes all*«. Wir kennen jeweils nur *ein* WhatsApp, *ein* Uber und *ein* AirBnb. Um eine solch dominante Marktstellung zu erlangen, ist viel Kapital nötig, über das jedoch die wenigsten Gründer verfügen. Was geschieht, wenn ein Start-up in der frühen Wachstumsphase nicht in der Lage ist, das nötige Kapital aufzubringen, konnte man vor einigen Jahren in Hamburg am Beispiel von *Jaano* mitverfolgen. Jaano war Anbieter von Mietrollern, der dem Vorbild von

CarSharing-Companies nacheiferte. Das Unternehmen war in Hamburg bereits vertreten und benötigte eine erneute Finanzierungsrunde, um weiter zu wachsen. Diese wurde ihm jedoch verwehrt, da ein größerer Player sehr aggressiv und durch die Firma Bosch mit erheblichen Mitteln ausgestattet auf den Markt drängte.

Neben dem Zeitpunkt und dem Geschäftsmodell entscheiden aber auch die Ziele der Gründer darüber, welche Finanzierungsarten für sie infrage kommen. Wir erinnern uns an das Effectuation-Modell aus Kapitel 3. Vielen ist es wichtig, aus eigener Kraft zu wachsen, sich nicht zu verschulden, oder sie fühlen sich nicht wohl dabei, mit dem Geld von Dritten zu arbeiten. Darüber hinaus liegt es nicht jedem, plötzlich ein Stück Kontrolle etwa an Investoren abzugeben oder sich von einem Business Angel in ihre Ideen hineinreden zu lassen. Auch die umfangreichen Reportings, die zumeist mit Investments einhergehen, sind nicht jedermanns Sache, außerdem bindet das signifikante Ressourcen.

Hauke, was ist Deine Erfahrung und welchen Weg seid Ihr gegangen?

Hauke Windmüller: Gründer, die ihr Start-up gebootstrapped haben, denken sich teilweise »*Wäre ich damals mit einer Finanzierung gestartet, wäre mein Unternehmen jetzt schon doppelt so groß*«, und Gründer, die direkt Venture Capital aufgenommen haben, sind der Ansicht »*Hätte ich nicht so früh Geld aufgenommen, würde mir nun noch der Großteil meines Unternehmens gehören.*« Solche oder so ähnliche Sätze höre ich immer wieder. Bootstrapping vs. Venture Capital, beides hat seine Vor- und Nachteile, die wir im Folgenden gerne diskutieren möchten. Welcher der richtige Weg ist, hängt vor allem von zwei Dingen ab: zum einen von den Zielen des Gründers und zum anderen vom Geschäftsmodell. Es muss auch nicht zwingend eine Entweder-Oder-Entscheidung sein. Viele Unternehmer bootstrappen ihr Start-up zunächst in der Anfangsphase und nehmen dann später noch Kapital auf, um schneller wachsen zu können.

Basiert das Geschäftsmodell auf einem »Arbeit für Geld«-Modell, wie es bei Agenturen, Beratungen oder anderen Dienstleistungen üblich ist, kann ein Geschäft noch am ehesten aus eigener Kraft heraus gestartet werden. Wenn wir über Start-ups sprechen, gehen wir aber überwiegend von digitalen und skalierbaren Geschäftsmodellen aus, die ein Produkt als Grundlage haben und zum Teil andere Erlösmodelle verwenden. Die Produktentwicklung geht im Regelfall mit hohen Kosten einher, die die Gründerinnen und Gründer nicht ohne Weiteres aus ihrem Ersparten finanzieren können. Hinzu kommt, dass sich die allerwenigsten Geschäftsmodelle sofort selbst tragen und meistens mit hohen Marketingausgaben einhergehen, sodass es in vielen Fällen Jahre dauert, bis ein Geschäft profitabel ist. Familonet war beispielsweise ganz klar ein Growth-Modell, das ohne Venture Capital nicht umzusetzen gewesen wäre. Wie in Kapitel 1 beschrieben, basierte das Geschäftsmodell – ähnlich wie bei den meisten Social Networks – darauf, eine lange Zeit in Vorleistung zu gehen, um eine große User Base aufzubauen, die später dann monetarisiert wird. Die wenigsten Gründer verfügen über diese Menge an Kapital, weshalb ein Bootstrapping in den meisten Fällen schlicht nicht möglich ist. Entsprechend gibt es nur wenige bekannte große Start-ups, die komplett gebootstrapped wurden.

Sein Start-up ohne externe Finanzierung aufzubauen bedeutet in fast allen Fällen, sich auf einen sehr langen, zähen und steinigen Weg einzulassen. Oftmals am Rand der Überschuldung und nicht selten in der Anfangszeit am Existenzminimum lebend. Auf der anderen Seite ist es auch die selbstbestimmteste Art der Unternehmensführung, da keinem Investor Unternehmensanteile gehören und außer den Gründern niemand mitbestimmen kann. Ist die Durststrecke am Anfang einmal durchschritten, kann diese Form der Finanzierung also extreme Vorteile haben. Wenn die eigene Gründung kein Side Business ist, sondern eine Full-Time-Gründung, ist die Aufnahme von Fremdkapital oder Eigenkapital in den meisten Fällen unerlässlich. Entweder, weil man nicht auf Erspartes zurückgreifen kann, oder weil man all sein erspartes Geld nicht in ein hochrisikobehaftetes Unternehmen stecken möchte.

Da sich die meisten innovativen Geschäftsmodelle nicht für eine Bankenfinanzierung eignen, kommen neben kleineren Förderungen nur Eigenkapitalfinanzierungen über Venture-Capital-Investoren infrage. Ab dem Zeitpunkt, wo ein VC in das Unternehmen eingestiegen ist, ändert sich aber vieles. Auf einmal muss einem weiteren Gesellschafter Rechenschaft gegeben werden. Es gibt Reportings, Board-Sitzungen und viele Absprachen, die zeit- und zum Teil auch nervenaufreibend sind. Investoren verlangen in fast allen Fällen die vollkommene Hingabe der Gründerinnen und Gründer, da sie in einer Zeitspanne von oftmals weniger als zehn Jahren ihr eingesetztes Kapital mit einem hohen Faktor (Multiple) vervielfacht haben möchten. So ist es üblich, dass Investoren später nicht nur das Doppelte, sondern eher das Fünffache von ihrem Investment zurückerhalten möchten. Außerdem entsteht nicht selten ein Hamsterrad, in dem die Gründer mehr Zeit mit der Investorensuche verbringen, statt ihr Business voranzutreiben. Gleichzeitig bieten Venture-Capital-Finanzierungen aber die Möglichkeit, das Unternehmen schneller aufzubauen und das gesamte Vorhaben viel größer aufzuziehen. Viele Gründer träumen deshalb davon, große Finanzierungsrunden abzuschließen, damit sie ihre Idee wesentlich schneller in den Markt bringen können. In den folgenden Abschnitten zeigen wir Euch ein paar Best Practices und Learnings, die Euch dabei helfen, das Thema Finanzierung strukturiert anzugehen.

Wie viel Geld benötige ich in welcher Phase?

Hauke Windmüller: Der gute alte Business-Plan, wie ihn Studenten im BWL-Studium noch gelernt haben, hat zum Glück in weiten Teilen der Start-up-Welt ausgesorgt. Das etwa 30 bis 50 Seiten lange Dokument verlangen höchstens noch Banken oder bürokratische staatliche Förderungen. Aber auch da hat sich vieles geändert und der Fokus liegt mittlerweile auf einem guten Pitch Deck inklusive Anlagen (zum Beispiel eine ausführlichere Marktrecherche, Auswertungen der wichtigsten Business-Kennzahlen, et cetera) sowie einem umfangreichen Finanzplan. Der Finanzplan als Excel-Tabelle oder Google Spreadsheet ist das Herzstück und die Grundlage jeder Planung und Finanzierung. Die Frage, wie viel Geld in welcher Phase benötigt wird, sollte dort beantwortet werden können. Leider ist das in der realen Welt nicht leicht umzusetzen, da viele Werte im Finanzplan auf Annahmen basieren. Man kann sich also nur möglichst gut annähern. Aus meiner Sicht ist es daher ratsam, den Finanzplan immer wieder zu challengen und ihn erfahreneren Unternehmern zu zeigen. Gerade Gründerinnen und Gründer, die das erste Mal ein Unternehmen aufbauen, im Investoren-Fachjargon *First-Time-Gründer* genannt, unterschätzen anfänglich die Kosten massiv und planen zu optimistisch. Wenn ich in all den Jahren eine Sache gelernt habe, dann kann ich sagen: Es dauert meistens alles länger und kostet mehr Geld als ursprünglich gedacht – oder es einem zumindest lieb ist. Es ist also ratsam, immer genug Puffer einzuplanen und in der Planung im Zweifel etwas konservativer zu sein.

Wie wir bereits aufgeführt haben, kostet die Gründung einer UG oder GmbH wenige Tausend Euro und die Erstellung eines Softwareprototyps häufig zwischen 10 000 Euro und 40 000 Euro. Das ist die erste und wichtigste Phase, in der Ihr entscheidet, ob Ihr Eure Idee weiterverfolgt oder nicht. Auf Basis der Ergebnisse der Prototyp-Phase kann auch bereits eine verlässlichere Planung der Entwicklungskosten des Produkts vorgenommen werden, was euren Finanzplan weiter verfeinert. Bei Familonet waren die Ergebnisse damals so gut, dass wir damit unsere erste richtige Venture-Capital-Finanzierung mit institutionellen Investoren abschließen konnten. Falls Ihr ebenfalls Venture Capital aufnehmen könnt, errechnet sich die Höhe auf Grundlage des Finanzplans und einer recht weit verbreiteten Faustregel: Eine Finanzierungsrunde sollte Euch mindestens anderthalb, besser zwei Jahre Laufzeit (im Fachjargon Runway genannt) geben, bis Ihr eine nächste Finanzierungsrunde benötigt oder womöglich schon profitabel seid. Eine verlässliche Aussage darüber zu treffen, wie viel Geld in welcher Phase benötigt wird, wäre unseriös. Aber wir können uns einmal den typischen Phasen und damit einhergehenden Finanzierungen von Start-ups in Deutschland nähern:

Die wichtigsten Finanzierungsphasen		
Start-up-Phase	Typische VC-Finanzierung	Investmentbetrag als grober Richtwert in Deutschland in Euro
Evaluierungsphase	Business Angel/Pre-Seed-Finanzierung	Fünfstelliger Betrag
Gründungsphase	Seed-Finanzierung	Sechs- bis siebenstelliger Betrag
Early-Stages, Frühphasen	Series-A-Finanzierung	Sieben- bis achtstelliger Betrag
Growth Stage, Wachstumsphase	Series-B-Finanzierung	Achtstelliger Betrag
Later/Steady Stage, Reifephase	Series-C/D/E-Finanzierung	Acht- bis in seltenen Fällen neunstelliger Betrag
Exit/IPO, Verkauf/Börsengang	-	-

Infobox 6.2: Die wichtigsten Finanzierungsphasen

Diese Werte sind jedoch nur Richtwerte und lassen sich nicht allgemein auf jedes Start-up übertragen. Sie beziehen sich auch explizit auf VC-finanzierte Start-ups, bei denen das Wachstum nicht organisch durch den steigenden Umsatz erzielt wird, sondern bei denen das Wachstum durch den hohen Kapitaleinsatz beschleunigt wird.

Sebastian, welche Bestandteile sollte ein guter Finanzplan beinhalten?

Prof. Sebastian Pioch: Ein Finanzplan ist sehr wichtig für die Entscheidung von Banken oder Investoren, wenn Start-ups Geld für ihre Gründung oder später für das Wachstum benötigen. Banken und Investoren schätzen häufig insbesondere anhand der Zahlen ein, ob die Teams in der Lage sein werden, den Kredit inklusive Zinsen auch zurückzuzahlen, beziehungsweise ob das Start-up als lukratives Investitionsprojekt angesehen wird. Ein guter Finanzplan ist somit ein wichtiger Erfolgsfaktor für die Finanzierung des jeweiligen Vorhabens. Es gibt nicht *das* alleingültige Muster für einen Finanzplan. Wenn man im Internet nach Mustern, Beispielen oder Vorlagen für Finanzpläne sucht, finden sich unterschiedlichste Gliederungen. Ich kann aber zum Beispiel den folgenden Aufbau empfehlen:

- Umsatzplanung
- Umsatzabhängige Kosten (variable Kosten)
- Betriebs- beziehungsweise laufende Kosten inkl. Löhne und Marketingkosten
- Gründungskosten
- Investitionen
- Liquidität & Kapitalbedarf
- Finanzierungsplan
- Rentabilitätsrechnung

Durchführung der Finanzierung

Wie läuft der Prozess beim Fundraising ab?

Hauke Windmüller: Fundraisen ist ein sehr langwieriger Vorgang, für den man viel Durchhaltevermögen und gute Prozesse braucht. Es kann sehr viel Spaß machen, die richtigen Investoren zu suchen, sein Unternehmen zu pitchen und eine erfolgreiche Finanzierungsrunde abzuschließen. Los geht's mit der richtigen Vorbereitung. Dazu zählt in erster Linie ein gutes *Pitchdeck*. Dabei handelt es sich um eine circa zehn bis zwölf Folien starke Präsentation, die in der Regel in 20 Minuten vorgetragen wird und die Schriftgröße 30 verwendet, wenn man dem amerikanischen Investor Gay Kawasaki Glauben schenken kann. Das Pitchdeck ist das A und O beim Fundraisen, denn es entscheidet über den ersten

Eindruck und darüber, ob Investoren tiefer in die Materie einsteigen möchten und weitere Informationen erfragen.

Das perfekte Pitchdeck	
Es gibt unzählige gute Vorlagen. Ein Pitchdeck sollte nicht zu lang sein (max. zwölf Slides) und die wichtigsten Informationen enthalten, die für eine erste Bewertung relevant sind. Hilfreich sind ansprechend designte Slides mit vielen Grafiken und Fotos. Das Pitchdeck soll die Investoren über die Story und Vision emotional packen und das Interesse wecken.	
1. Elevator Pitch	6. Das Geschäftsmodell
2. Das Team	7. Die »magic« bzw. unfairer Vorteil, z. B. besondere Technologie
3. Das Problem	8. Der Wettbewerb
4. Die Lösung	9. Marketingplan
5. Marktgröße	10. Benötigtes Geld

Infobox 6.3: Das perfekte Pitchdeck

Für viele ist die größte Herausforderung, das eigene Produkt (*4. Die Lösung*) nur auf ein, maximal zwei Slides zu komprimieren. Denn das Produkt alleine ist nicht entscheidend, ein Investor bewertet alle Elemente und legt am Anfang beispielsweise besonderes Augenmerk auf das Team. Neben dem Pitchdeck gehört der detaillierte Finanzplan zum Paket. Darin enthalten sind auch die Informationen wie auf Slide zehn des Pitchdecks (*10. benötigtes Geld*), in dem ersichtlich wird, wofür das Geld eingesetzt werden soll. Darüber hinaus werdet Ihr über die Zeit immer mehr Anhänge in Form von Zusatzpräsentationen erstellen, die Ihr den Investoren bei Bedarf schicken könnt. Diese enthalten nähere Informationen zur Technologie, zum Markt oder zum Wettbewerb. Gute Beispiele sowie weitere Tipps und Tricks findet Ihr auch auf unserer Homepage www.startup-skills.com verlinkt.

Als Nächstes folgt die Recherche nach geeigneten Investoren. Vorab: In vielen Fällen investiert nicht nur ein Investor alleine pro Finanzierungsrunde, sondern wünscht sich weitere Geldgeber. Das heißt, Ihr steht meistens mit mehreren Investoren in Kontakt und müsst einige Bälle gleichzeitig in der Luft halten. Wichtig ist es in jedem Fall, dass Ihr zielgerichtet nach Investoren sucht, die zu Euch und Eurem Angebot passen. Viel zu häufig versuchen Start-ups leider völlig wahllos, so viele Kontakte wie möglich herzustellen – das kostet aber nur Zeit und führt nicht zum Ziel. Sortiert Euch die Investoren lieber nach sinnvollen Kriterien:

- In welcher Phase investiert der Investor (als Early Stage Start-up ergibt es keinen Sinn, einen Later-Stage-Investor anzufragen)?
- Welchen Investmentfokus hat der Investor (ein FinTech-Investor wird vermutlich nicht in BioTech investieren)
- Gibt es Referenzen, anhand derer Ihr herleiten könnt, ob der Investor zu Euch passt?

Neben Datenbanken wie Crunchbase, Pitchbook oder der Gründerszene-Datenbank habe ich gute Erfahrungen damit gemacht, die einschlägige Gründerpresse zu studieren und zu gucken, welcher Investor in welche Start-ups investiert hat. Tatsächlich kommt es häufiger vor, dass neue Investoren auf den Plan treten, die in der Szene noch niemand auf dem Zettel hatte. Das beste Mittel sind für mich aber Empfehlungen aus dem eigenen Netzwerk, die womöglich sogar noch mit einer persönlichen Kontaktherstellung (Intro) einhergehen.

Die Ansprache der Investoren erfolgt bestenfalls niemals kalt. Investoren erhalten teilweise mehrere Pitchdecks pro Tag und haben daher nicht die Zeit, um auf jede Anfrage zu reagieren. Aus diesem Grund solltet Ihr Euch immer um ein Intro bemühen, Euch also von einer gemeinsam bekannten Person vorstellen lassen. Das ist der schwierigste Teil und bedarf mitunter einiges an Zeit, bis Ihr eine solche Person im eigenen Netzwerk über Xing und LinkedIn gefunden habt. Es gibt sogar einige Investoren, die nur in Start-ups investieren, die ihnen empfohlen wurden. Ein gutes Intro ist also Gold wert! Meistens fragt der Introgeber erst beim Investor an, ob er den Kontakt herstellen darf. Dafür lohnt es sich, einen sogenannten *One Pager* zu erstellen, der die wichtigsten Informationen aus dem Pitchdeck auf einer Seite zusammenfasst. Diesen One Pager kann der Introgeber dann als Teaser an den Investor schicken und fragen, ob Interesse besteht und er den Kontakt herstellen darf. Aber: Bitte seid sparsam mit der Anfrage nach Intros. Sie sind sehr wertvoll und können nicht beliebig oft wiederholt werden.

Eine weitere Möglichkeit, die Aufmerksamkeit von Investoren zu erlangen, sind Pitch-Wettbewerbe. Es gibt mittlerweile in fast jeder größeren Stadt lokale Pitch-Wettbwerbe, bei denen Gründer ihre Idee auf einer Bühne vor Investoren pitchen. Die Kunst dabei ist, das eigene Start-up innerhalb von wenigen Minuten (meistens zwischen fünf und zehn Minuten) so zu pitchen, dass die Investoren anschließend von alleine auf euch zukommen. Auf diese Weise haben wir damals mit Familonet unseren Lead-Investor gewonnen. Alle anderen Investoren kamen über persönliche Empfehlungen und Intros. Kein einziges Investment bei Familonet kam über eine kalte Ansprache per E-Mail zustande.

> **»Als wir bei einer ziemlich zähen Pitch-Veranstaltung gesehen haben, dass viele Investoren im Publikum bereits mit dem Handy rumspielten, da die Aufmerksamkeit nicht mehr sehr hoch war, hatten wir uns kurzerhand etwas ziemlich Schräges überlegt. Statt eines Fünf-Minuten-Pitches haben mein Mitgründer Polly und ich auf der Bühne eine Produktvorführung gemacht und abwechselnd erklärt, was das Besondere an bestimmten Dildos und Vibratoren aus unserem Amorelie-Sortiment ist. Innerhalb weniger Sekunden hatten wir die volle Aufmerksamkeit und die Pitch-Veranstaltung wurde ein Erfolg.«**
>
> **Lea-Sophie Cramer, AMORELIE**

Der Pitch vor dem Investor verläuft eigentlich nie nach demselben Muster. Einige vereinbaren ein kurzes Vorgespräch per Telefon oder Videocall mit einem Analysten, der zunächst mehr Informationen abfragt, bevor es in die nächste Runde zum Gespräch mit dem eigentlichen Investmentmanager oder Partner einer VC-Gesellschaft geht. Andere laden direkt persönlich zum Gespräch ein. In jedem Fall aber ist eine sehr gute Vorbereitung natürlich das A und O. Der Pitch muss sitzen und das Gründerteam muss eingespielt sein. Wer sagt was, wer gibt auf welche Frage eine Antwort? Solche Abläufe solltet Ihr vorher üben.

Bei Familonet haben wir uns genau aufgeteilt und traten immer als starkes Gründerteam auf. Jeder hatte seinen Redeanteil. Es kann auch zu wirklich unangenehmen Situationen kommen, nicht selten sind wir schweißgebadet aus einem Investorentermin gekommen. Eine der prägendsten Erfahrungen war sicherlich der persönliche Pitchtermin mit Oliver Samwer von Rocket Internet. Oliver hatte uns zunächst mit recht harten und kritischen Fragen extrem auf die Probe gestellt, um zu testen, ob wir dem Druck standhalten oder einknicken. Nachdem er gemerkt hat, dass wir sehr schlagfertig antworten und uns nicht unterkriegen lassen, entwickelte sich daraus ein extrem spannendes Gespräch und er hat uns am Ende sogar einen Investment-Deal angeboten und ein Termsheet mitgegeben. Das Termsheet enthält die wichtigsten Bedingungen, unter denen ein Investor bereit ist zu investieren, beispielsweise die Investment-Summe und die Unternehmensbewertung, zu der ein Investor in das Unternehmen einsteigen würde. Näheres zum Termsheet findet Ihr in der Antwort zur Frage, was bei einer klassischen Eigenkapitalfinanzierung beachtet werden sollte. Das Angebot von Oliver enthielt aber schlussendlich zu viele Bedingungen, die wir nicht eingehen wollten, sodass der Deal nicht zustande gekommen ist.

Damit kommen wir auch schon zum nächsten Punkt, nämlich zur Dauer des Fundraising. Dass wir am selben Tag von einem Investor eine Investmentzusage mit Termsheet erhalten haben, ist uns nur genau einmal passiert. Normalerweise ziehen sich Gespräche mit Investoren über Wochen und Monate hin, bis sie eine Entscheidung treffen. Solange Investoren nicht das Gefühl haben, eine Investmentchance zu verpassen, lassen sie sich Zeit und beobachten das Start-up lieber über einen längeren Zeitraum, um dessen Entwicklung zu bewerten. Halten die Gründer, was sie noch vor zwei Monaten in ihrem Finanzplan suggeriert haben? Aus diesem Grund ist es wichtig, die Beziehung zu Investoren zu pflegen und sie immer wieder mit Updates zu versorgen.

Bei Familonet haben wir übrigens sehr gute Erfahrungen mit einem Investoren-Newsletter gemacht. Einmal im Quartal habe ich ein ansprechend designtes Two-Pager-PDF mit allen wichtigen Entwicklungen, Kennzahlen und Errungenschaften erstellt, das ich dann an alle Investoren geschickt habe, mit denen ich jemals in Kontakt war. Auch an Investoren, die normalerweise erst in späteren Phasen investieren, damit sie uns durchgängig auf dem Radar hatten. So ein Investoren-Newsletter kommt sehr gut an und ist eine wunderbare Möglichkeit, mit wenig Aufwand die Kontakte zu pflegen.

Der erste große Schritt ist dann erreicht, wenn Ihr eine Zusage für ein Investment in Kombination mit einem Termsheet erhaltet. In den meisten Fällen genügt ein Investor jedoch nicht, weil entweder mit einem Geldgeber nicht die notwendige Summe zusammenkommt oder weil der initiale Investor nicht alleine investieren möchte, um sein Risiko zu minimieren. Denn mit mehreren Investoren können auch Folgefinanzierungen auf mehrere Schultern aufgeteilt werden. Die Suche nach weiteren Investoren ist nun eine knifflige Phase, in der das Momentum ausgenutzt werden muss: Dauert die Suche zu lange, besteht die Gefahr, dass der erste Investor das Interesse verliert und abspringt. Daher könnt Ihr ruhig offensiv mit Eurem Termsheet auf andere Investoren zugehen und sie fragen, ob sie die Chance noch ausnutzen möchten, dass sie bei der Finanzierungsrunde dabei sein *dürfen*.

Sind alle Investoren gefunden, geht's in die umfangreiche Prüfung, die auch *Due Diligence* genannt wird, sowie in die anschließende Vertragserstellung. Bei der Due Diligence wird Euer Start-up einmal auf links gedreht und alles genauestens geprüft. Spätestens jetzt zahlt sich eine gute und penible Ablage und Buchhaltung aus. Da solche Unternehmensprüfungen immer nach demselben Schema ablaufen, konnten wir die meisten Daten und Informationen recht schnell zusammentragen. Es ist also hilfreich, Dokumente über IP-Rechte (Intellectual Property, also geistiges Eigentum und Schutzrechte) oder verwendete Lizenzen im Softwarebereich kontinuierlich up to date zu halten. Die umfangreichste Due Diligence hatten wir beim Verkauf unseres Unternehmens an Daimler. Über Monate hinweg haben die Daimler-M&A-Mitarbeiter und -Anwälte jeden kleinen Krümel durchforstet, um 100 Prozent sicherzugehen. Die anschließende Vertragserstellung dauert in der Regel mehrere Wochen und es ist unbedingt ratsam, dass die Gründer einen eigenen Rechtsanwalt mit einschalten.

Zu guter Letzt kommt der große Tag des Signings beim Notar. Die Tage vor der Unterschrift sind meistens noch einmal sehr stressig und jeder im Team ist voll mit Adrenalin. Ein Deal ist erst durch, wenn die Tinte beim Notar trocken ist (warum das so ist, erzähle ich später noch ausführlich). Es passiert manchmal, dass Investoren und Anwälte noch einmal in letzter Sekunde während des Notartermins versuchen, ein paar Terms zu ändern. Wir hatten das große Glück, dass uns so etwas nie passiert ist. Den eigenen Anwalt beim Signing dabei zu haben oder ihn telefonisch erreichen zu können ist aber unbedingt ratsam. Ein großes Highlight war immer das Closing Dinner mit den Investoren am Abend, bei dem alle gemeinsam auf die erfolgreiche Finanzierungsrunde angestoßen haben. Kleiner Tipp: Wählt ein Restaurant im mittleren Preissegment. Geht Ihr in ein teures Steak-Restaurant und fahrt Champagner auf, könnten die Investoren das Gefühl bekommen, dass Ihr nicht sorgsam genug mit ihrem Geld umgeht. Denn die Rechnung zahlt selbstverständlich das frisch gefundete Start-up.

Sebastian, wie läuft denn eine Unternehmensfinanzierung standardisiert aus Investorensicht ab?

Prof. Sebastian Pioch: Im Gegensatz zu Unternehmen, die bewährte Geschäftsmodelle nutzen beziehungsweise über eine längere Umsatzhistorie verfügen, haben junge Start-ups meistens das Problem, dass große *Informationsasymmetrien* zwischen Gründern und Investoren bestehen. Es existieren schlichtweg keine Daten, auf die sich die Business Angels und VCs beziehen können, um ihre Unsicherheit zu reduzieren, unter der sie entscheiden müssen. Wir kennen dabei drei Arten von Unsicherheiten. Zum einen existiert zu Beginn die *Uncertainty of Supply*, also die Unsicherheit, ob das Start-up in der Lage sein wird, ein marktfähiges Produkt zu entwickeln. Sollte dies gelingen, besteht zum anderen die *Uncertainty of Demand*, die Unsicherheit bezüglich der Frage, ob die erwartete Kundennachfrage auch eintritt. Darüber hinaus wissen sie nicht, wie sich die Wettbewerbssituation gestaltet, woraus die *Competitive Uncertainty* erwächst. Und wäre das nicht bereits unsicher genug, haben die Investoren am Ende des Tages auch keine Garantie dafür, dass die Gründer nicht das Unternehmen verlassen oder ihnen ihre Motivation abhandenkommt, was auch immer die Beweggründe dafür sein können. Dieses Phänomen nennen wir die *Dependency of Founders*, also die Abhängigkeit von den Gründern.

Daher haben viele Investoren einen ausgeklügelten Entscheidungsfindungsprozess entwickelt, der je nach Erfahrung und Größe des Investors etwa zehn Tage oder zehn Monate dauern kann. Als ungefähre Größenordnung kann man sich vorstellen, dass ein VC-Unternehmen pro Jahr etwa 500 Pitchdecks, also Bewerbungen von Start-ups, sichtet, davon etwa 30 Teams einlädt und schließlich 10 bis 15 von ihnen ein Angebot unterbreitet. Dieses Verhältnis variiert freilich je nach Größe der VC-Gesellschaft.

Der wohl langwierigste und aufwendigste Part des gesamten Prozesses, auf die Du ja schon kurz eingegangen bist, ist die eigentliche Beteiligungsprüfung, auch *Due Diligence* genannt. Diese hat zum Ziel, die eingangs erwähnten Informationsasymmetrien weitgehend zu reduzieren. Als wichtigste Unterpunkte dieser Prüfung können folgende Fragen angesehen werden: Handelt es sich um einen lukrativen Markt und eine innovative Technologie beziehungsweise Herangehensweise? Wie stellen sich die finanziellen Aspekte im Rahmen der Gewinn- und Verlustpositionen dar? Welche juristischen Gegebenheiten wie etwa bestehende Beteiligungen oder existierendes geistiges Eigentum liegen vor? Und schließlich: Wie setzt sich das *Team* zusammen, welche *Vision* verfolgt es und welche *Kompetenzen* in den Bereichen *Durchhaltevermögen*, *Umgang mit Risiken*, *Überzeugungskraft* sowie *Kenntnis des Zielmarktes* lässt es vermuten? Stehen anschließend alle

Signale auf Grün, folgt das Aushandeln der durch dich bereits erwähnten Termsheets, die jedoch sehr individuell gestaltet werden können.

Also um Deine Frage abschließend zu beantworten: Ja, es existieren standardisierte Prozesse, aber es sind je nach Geschäftsmodell, Technologie oder Unternehmenshistorie verschiedenste Ausprägungen innerhalb des Vorgehens denkbar.

Infobox – Ablauf einer Unternehmensfinanzierung aus Investorensicht		
Stufe	Arbeitsschritte	Phase
1. *Vorauswahl*	Auswahl von geeigneten Pitchdecks Sichtung und Recherche von Technologien	Vorabphase
2. *Vorprüfung der Eckdaten*	Sichtung der Pitchdecks und Prüfung der Eckdaten wie Gründungsdaten und des inhaltlichen Matchings zum eigenen Portfolio	Sichtungsphase
3. *Gespräche, Besichtigungen, Pitch*	Persönliche Gespräche Pitch und Firmenbesichtigung Einholen externer Gutachten Ggf. NDA-Unterzeichnung	Kontaktphase
4. *Due Diligence*	Detailprüfung technischer, wirtschaftlicher, jur. und persönlicher Aspekte Evtl. Vorvertrag über Beteiligungskonditionen (Termsheet) Vertragsvorschlag durch den Investor	Prüfungsphase
5. *Verhandlung*	Verhandlungen der Beteiligungskonditionen Vertragsabschluss (u. a. Gesellschaftsvertrag)	Verhandlungsphase
6. *Unterstützung*	Einfluss zum Beispiel auf Beirat Operative Unterstützung (zum Beispiel Netzwerk, Kommunikation und Strategie) Controlling	Managementphase
7. *Exit*	Abschreibung/Insolvenz Börsengang (IPO) Trade Sale Secondary Purchase Buy Back	Desinvestitionsphase

Infobox 6.4: Ablauf einer Unternehmensfinanzierung
(Vgl. Kollmann 2019, S. 516)

Für etablierte Unternehmen kommt ergänzend noch das Instrument des *Buyout* in Frage. Hiermit ist die Übernahme von den Alteigentümern durch ein Managementteam gemeint. Wenn dies dergestalt erfolgt, dass das neue Management auch schon vor der Transaktion Mitarbeiter des Unternehmens war spricht man von einem *Management Buyout*. Es ist heutzutage allerdings auch ebenso üblich, dass die VC-Gesellschaft ein Team externer Manager zusammenstellt. Rekrutiert sich dieses nicht aus ehemaligen Mitarbeitern, wird von einem *Management Buyin* gesprochen.

Was sind die häufigsten Dealbreaker?

Hauke Windmüller: Laut dem Deutschen Start-up Monitor 2019 haben 55,3 Prozent der Start-ups externes Kapital aufgenommen. Wir kennen die genaue Erhebung nicht, aber es lässt vermuten, dass viele Start-ups Schwierigkeiten bei der Aufnahme von externem Kapital haben. Woran mag das liegen? Entweder sie haben ihr Start-up komplett gebootstrapped – was in der Masse sehr unwahrscheinlich ist – oder sie haben es noch nicht geschafft, erfolgreich an Kapital zu kommen und eine Finanzierungsrunde abzuschließen. Dafür gibt es sehr viele Gründe, die sich schwer verallgemeinern lassen. Im Folgenden möchte ich Learnings aus meinen eigenen Finanzierungsrunden teilen sowie Erfahrungen, die viele Unternehmerinnen und Unternehmer aus meinem Netzwerk gemacht haben. Häufige Fehler, beziehungsweise Blocker, warum eine Finanzierungsrunde nicht zustande kommt, sind:

1. Das Start-up kann weder Erfolge noch Wachstum aufzeigen. Es lässt sich keine gute Story erzählen, warum sich ein Investment in das Start-up zu genau diesem Zeitpunkt lohnt.
2. Die Gründer können nicht glaubhaft belegen, wofür sie das Kapital benötigen, und haben keine Roadmap inklusive Marketingplan.
3. Es können keine zum Business passenden Business Angels oder VCs identifiziert und gefunden werden.
4. Zu wenig PR, Fundraising oder Presse, ergo zu wenig Aufmerksamkeit. Investoren lieben PR in der Fach-/Gründerpresse und wollen das Gefühl haben, an etwas »Heißem« dran zu sein. Dadurch entsteht ein Momentum und die Investoren bekommen überspitzt gesagt eine regelrechte *FOMO* (fear of missing out, also die Angst, etwas zu verpassen).

5. Die Gründer haben zu wenig finanziellen Puffer, stehen mit dem Rücken zur Wand und sind daher gezwungen, sich auch auf einen schlechten Deal einzulassen.
6. Investoren mögen keine fragmentierte Gesellschafterstruktur (mit anderen Worten: zu viele Gesellschafter, die alles verkomplizieren).
7. Die Gründer halten nur noch zu wenig Anteile (Shares), sodass sie in Folgefinanzierungen zu stark verwässern (diluten) würden.

Als Letztes möchte ich noch eine sehr schmerzhafte eigene Erfahrung teilen, die wir kurz vor einer Übernahme machen mussten. Über die Zeit hört man als Gründerin immer wieder Horrorgeschichten, von denen man glaubt, dass sie nicht wahr sein können. Eine davon: Finanzierungsrunden platzen am Tag vor dem Notartermin – oder sogar noch währenddessen. Traurig, aber wahr: Genau das ist uns passiert.

Etwa zwei Jahre vor der Übernahme durch Daimler wollte uns ein großer deutscher Medienkonzern aufkaufen. Es war ein über Monate hinweg eingefädelter Deal, in den bereits zehntausende Euros an Anwaltskosten geflossen sind. Nach etlichen Verhandlungsrunden und wochenlanger Vertragsausgestaltung sollte dann endlich der Deal stattfinden. Nachmittags sollten meine Mitgründer und ich in den Flieger steigen, da am nächsten Tag der Notartermin war. Bevor es zum Flughafen ging, sind wir noch mal mit dem Team Mittagessen gegangen, weil die Vorfreude bei allen Mitarbeitern immens war. Während des Mittagessens passierte dann aber das Unvorstellbare: Der Vorstand des Konzerns rief mich an und sagte mir am Telefon, dass aufgrund einiger Unruhen an der Börse der Aufsichtsrat alle anstehenden Deals gestoppt hat und dass der für morgen geplante Notartermin nicht stattfinden kann. Vollkommen bleich ging ich zurück ins Restaurant, denn ich wusste, wir haben nur noch für zwei Wochen Geld auf dem Konto, bevor wir Insolvenz anmelden müssen. Wir haben uns die komplette Nacht um die Ohren geschlagen und uns überlegt, wie wir das möglichst transparent, aber behutsam unseren Mitarbeitern am nächsten Tag kommunizieren. Die darauffolgenden Tage haben wir dann damit verbracht, einen Plan zu schmieden, wie es mit dem Unternehmen weitergeht.

Die Insolvenz konnten wir zum Glück abwenden, weil wir mit der Unterstützung unserer Altinvestoren unser Business breiter aufgestellt und weitere Geschäftsbereiche gegründet haben. Daraus ist die Softwareentwicklungsagentur *onbyrd* entstanden, von der ich bereits berichtet habe, sowie das SaaS-Start-up *closely*, mit dem wir unsere Lokalisierungstechnologien per Lizenzen verkauft haben. Die folgenden

Wochen und Monate waren aber mit Abstand die schlimmste Zeit meines Unternehmerdaseins, in der wir auch viele Mitarbeiter entlassen mussten. Daraus habe ich sehr viel gelernt. Unter anderem: niemals alles auf eine Karte setzen und immer einen guten Plan B bereithalten. Ein Deal ist erst durch, wenn das Geld auf dem Konto liegt. Das Team sehr vorsichtig über solche heiklen Geschehnisse informieren. Transparenz ist extrem wichtig, aber an einigen Stellen ist es besser, Informationen mit Bedacht zu filtern. Bei der Übernahme durch Daimler konnten wir dann von diesen Erfahrungen profitieren. Nichtsdestotrotz war die Nacht vor dem Daimler-Notartermin ziemlich kurz. Eine Mischung aus Sorge, dass noch etwas dazwischenkommen könnte, und extremer Vorfreude hatte uns damals den Schlaf geraubt.

Was sollte ich bei einer klassischen Eigenkapitalfinanzierungsrunde beachten?

Hauke Windmüller: Eigenkapitalfinanzierungen sind die gängigste Form der Finanzierung von Start-ups. Sie sind so komplex und vielfältig, dass wir dem Thema ein eigenes Buch widmen könnten. Im Folgenden gehe ich auf einige einzelne Aspekte, Grundlagen und Learnings ein. Unsere Empfehlungen ersetzen natürlich keine Rechtsberatung. Ich empfehle jeder Gründerin und jedem Gründer dringend, sich von einem erfahrenen Rechtsanwalt beraten zu lassen und sich aus Kostengründen nicht nur auf den Anwalt der Investoren zu verlassen.

Wie bereits erwähnt, ist die Unternehmensbewertung ausschlaggebend dafür, wie viele Unternehmensanteile Ihr an den Investor abgebt. In sehr frühen Phasen lässt sich eine Unternehmensbewertung nicht rein rechnerisch durch Umsatz- oder EBIT-Muliples bestimmen, sondern basiert vielfach auf Annahmen und ist abhängig vom Verhandlungsgeschick der Gründer und Investoren. Werden am Anfang zu viele Unternehmensanteile an Investoren abgegeben, bleibt nicht mehr genug für die Gründer übrig. Denn die Anteile der Gründer verwässern bei jeder weiteren Finanzierungsrunde, in der mehr Unternehmensanteile an Investoren ausgegeben werden. Bewegen sich die Gründer irgendwann nur noch im einstelligen Prozentbereich, lässt womöglich die Motivation schneller nach, weil es sich nicht mehr nach dem eigenen Unternehmen anfühlt. Das haben zum Glück viele Investoren mittlerweile verstanden und sind vor allem in der Anfangsphase auch bereit, sich auf höhere Bewertungen einzulassen. Als Faustregel kann man im Hinterkopf behalten, dass pro Finanzierungsrunde insgesamt nicht mehr als 20 Prozent der Unternehmensanteile an Investoren ausgegeben werden sollten.

Um die Finanzierungsrunde inklusive Investmentbeträge der einzelnen Investoren, Bewertungen und Verschiebungen der Mehrheitsverhältnisse zu planen, empfiehlt sich die Erstellung eines *Cap-Table* (Capitalization-Table). Das ist ein Analyse-Tool, das die Verteilung und Verwässerung des Eigenkapitals der Gesellschafter über die Finanzierungsrunden hinweg aufzeigt. Das Cap-Table hat uns Gründern damals enorm geholfen, bei einer geplanten Zwischenfinanzierung über der 50-Prozent-Marke der Unternehmensanteile zu bleiben, um weiterhin im *Driver's Seat* zu sitzen, also die wichtigsten Entscheidungen selber treffen zu können.

Alle weiteren für die Finanzierungsrunde relevanten Daten und Regelungen werden in einem Termsheet festgehalten. Aus dem Termsheet wird später der Investmentvertrag, auch Beteiligungsvereinbarung genannt, erstellt. Ihr solltet Euch unbedingt selber mit der Materie beschäftigen und die Terms in einem Termsheet verstehen. Sie haben teilweise erheblichen Einfluss auf Euer Start-up und sind später selten rückgängig zu machen. Hier eine Übersicht der wichtigsten Bestandteile eines Termsheets:

Termsheet-Bestandteil	Erläuterung
Pre-Money- und Post-Money-Bewertung	Pre-Money ist die Bewertung des Start-ups vor der Finanzierungsrunde. Pre-Money-Bewertung + investierter Betrag ergibt dann die Post-Money-Bewertung, anhand derer die Verteilung der Geschäftsanteile berechnet wird.
Verwässerungsschutz	Einige Investoren versuchen einen Verwässerungsschutz zu erhalten, damit ihr Anteil am Unternehmen nicht geringer wird, auch wenn sie in Folgerunden nicht mit investieren. Das ist nicht immer üblich, wird aber gerne angewandt, um sich vor extremen Down-Rounds zu schützen. Also vor Bewertungen die deutlich geringer sind als vorherige Bewertungen.
Drag along	Dabei handelt es sich um eine Verkaufspflicht. Stimmen beispielsweise 50 oder 75 Prozent der stimmberechtigten Gesellschafter einem Verkauf zu, müssen die anderen nachziehen und das Unternehmen wird verkauft. Dies wird für Gründer kritisch, wenn sie weniger als 50 Prozent halten, da sie dann schnell überstimmt werden können.
Tag along	Tag along ist ein Mitverkaufsrecht. Es sichert (kleinere) Gesellschafter ab, dass sie beim Verkauf des Unternehmens ihre Anteile zu den gleichen Konditionen mit verkaufen können.

Termsheet-Bestandteil	Erläuterung
Liquidationspräferenz	Dies ist ein sehr heikler Bestandteil, der große Auswirkungen für die Gründer haben kann. Eine Liquidationspräferenz besagt, dass der Investor bei einem Verkauf des Unternehmens zunächst sein Investment zurückerhält, bevor der Rest aufgeteilt wird. Beim üblichen Fall einer »anrechenbaren Liquidationspräferenz« erhält der Investor zunächst sein Investment zurück und falls die Pro-rata-Verteilung seinen Vorzugsbetrag überschreitet, erhält er entsprechend der Pro-rata-Verteilung weiteres Geld. Gründer müssen wissen, dass, egal wie viele Anteile sie haben, die Investoren erst mal alles bekommen, bis sie ihr Investment wieder drinhaben. Die zum Glück marktunüblichere Liquidationspräferenz ist eine »nicht anrechenbare Liquidationspräferenz«. Dabei erhalten die Investoren zunächst ihr Investment und anschließend noch einmal zusätzlich ihren Pro-rata-Anteil on top. Auf eine doppelte Liquidationspräferenz, bei der Investoren also erst das doppelte Investment zurückerhalten, würde ich mich persönlich nicht einlassen.
Vesting	Vesting gibt den Investoren die Sicherheit, dass Gründer sich nicht verfrüht aus dem Staub machen, sondern unter gewissen Umständen ihre Anteile verlieren würden. Das ist ebenfalls ein heikles Thema, bei dem die Gründer die Terms genau verstehen sollten, damit sie wissen, worauf sie sich einlassen. Üblicherweise wird eine Vesting-Periode vereinbart (zum Beispiel drei Jahre) in denen sich die Gründer ihre Anteile »erdienen«, also »vesten«. Je nach Ausgestaltung werden dann sogenannte »Good Leaver«- und »Bad Leaver«-Events definiert. Scheidet ein GründerIn auf eigenen Wunsch früher aus, kann er/sie nur die bereits gevesteten Anteile behalten. Wird ein GründerIn aus wichtigen Grund gekündigt, kommt es oftmals zu einem Bad-Leaver-Event, bei dem es sein kann, dass der Gründer alle Anteile verliert. Hier ist wirklich Obacht geboten!
Katalog zustimmungspflichtiger Geschäfte	Der Katalog zustimmungspflichtiger Geschäfte enthält Geschäfte, die der/die GründerIn, obwohl er/sie GeschäftsführerIn ist, nicht alleine bestimmten kann, sondern für die er/sie die Zustimmung der Investoren benötigt. Es sind üblicherweise größere Geschäfte ab einem Volumen im fünf- oder sechstelligen Euro-Bereich oder der Verkauf von IP und Schutzrechten.
Exklusivität, Vertraulichkeit und Kosten	Einige Investoren möchten sich eine Exklusivität zusichern, dass ein Deal auch mit ihnen zustande kommt und vertraulich behandelt wird. Im Gegenzug kann eine Vertragsstrafe vereinbart werden, wenn eine Partei ohne Grund die Verhandlungen abbricht und sich aus dem Deal zurückzieht. Im Termsheet wird zudem festgehalten, bis zu welcher Höhe beispielsweise die Investoren die Kosten (Notar- und Anwaltskosten) der Finanzierungsrunde tragen.

Infobox 6.5: Termsheet-Bestandteile

Das Aushandeln der Regelungen im Rahmen des Termsheets und die anschließende Vertragserstellung ist ein leidiges Thema, was auf beiden Seiten viele Nerven kostet. In den meisten Fällen wollen Gründer und Investoren dasselbe: ein erfolgreiches Unternehmen aufbauen, von dem alle wirtschaftlich profitieren. In der Realität kommt es jedoch auch zu Situationen, in denen die Interessen nicht immer deckungsgleich sind. Investoren sichern sich entsprechend über viele Regelungen ab, da sie, wie Du, Sebastian, anschaulich erklärt hast, keine echten Sicherheiten haben, sondern voll abhängig sind von den Gründern. Einige Investoren versuchen die Gründer deshalb verständlicherweise an der kurzen Leine zu halten, um möglichst viel Einfluss zu haben. US-Amerikanische Termsheets sind um ein Vielfaches kürzer, das Investment ist noch gründerfokussierter. Meine Wahrnehmung ist aber, dass sich dies auch in Deutschland ändert und Gründer mehr und mehr Verhandlungsspielraum haben.

Da wir damals bei Familonet noch ein sehr junges und unerfahrenes Gründerteam waren und Investoren bei uns in einer ziemlich frühen Phase eingestiegen sind, gab es auch entsprechend viele Regelungen. Wir haben uns damals beispielsweise auf operative Milestones im Rahmen einer Finanzierung eingelassen, die im Nachhinein teilweise gar keinen Sinn ergeben haben. So mussten wir eine völlig unnütze Filterfunktion in unsere App einbauen, weil ein Investor das so wollte. Dieses als »Lasche« getaufte Feature war für uns fortan das Sinnbild dafür, dass Smart Money nicht unbedingt immer smart sein muss.

Nichtsdestotrotz hatten wir zu unseren Investoren immer ein sehr gutes Verhältnis. Wir haben sie als Partner verstanden und konnten wirklich viel von ihnen lernen. Auch wenn wir teilweise über Tage hinweg knallharte Verhandlungen geführt haben. In diesen Extremsituationen zeigt sich dann das wahre Gesicht aller Beteiligten und es kommt nicht selten zu ungewollten Machtspielchen. Da Verhandlungen das tägliche Brot für Investoren sind und sie darin entsprechend gut geübt sind, kann ich jedem GründerIn nur ans Herz legen, sich mit dem Thema Verhandlungsführung auseinanderzusetzen. Geändert hat sich das Machtverhältnis übrigens, als wir mit unserem Unternehmen profitabel waren.

Learnings weiterer Gründer

Dr. Sibilla Kawala ist Gründerin und Geschäftsführerin von LIMBERRY, einem der größten Online-Shops für Designer-Trachtenmode. Sibilla studierte International Management am EBC und hält einen Master von der Manchester University sowie einen Doktortitel von der University of Surrey. Vor der Gründung von LIMBERRY arbeitete Sibilla zwei Jahre lang im Familienunternehmen in der Stahlindustrie. Im August 2016 trat sie in der VOX-Fernsehsendung »Die Höhle der Löwen« auf und konnte Carsten Maschmeyer und Judith Williams als Investoren gewinnen.

Gegründet habe ich LIMBERRY mit dem Bausparvertrag, den meine Eltern zu meiner Geburt für mich abgeschlossen hatten. Selbst die 10-Euro-Geschenke meiner Oma flossen dort früher regelmäßig rein. In meinem Gründungsjahr wurde er fällig und ich konnte über die 55 000 Euro verfügen. Zusätzlich hatte ich einen Gründerzuschuss beantragt und bekam ein Gründer-Coaching bewilligt. Parallel habe ich bei meinem Vater gearbeitet, um die Kasse aufzufüllen. So habe ich mein Unternehmen anfänglich also gebootstrappt. Das war definitiv kein einfacher Weg, aber es hat geklappt. Auf dieser Basis habe ich mein Unternehmen Schritt für Schritt weiter ausgebaut.

Später sind dann Carsten Maschmeyer und Judith Williams aus *Die Höhle der Löwen* bei mir eingestiegen. Ich bekam 250 000 Euro für 20 Prozent Firmenanteile, 10 Prozent pro Investor. Ich bin ursprünglich aber nicht zur Show gegangen, um Investoren zu finden, sondern um den Marketinghebel zu nutzen. Deswegen hatte ich den Deal auch nicht großartig verhandelt. Aus heutiger Sicht war das ein Fehler. Ich hätte viel mehr Geld nehmen müssen und mehr Anteile abgeben sollen, wie sich im Nachhinein herausgestellt hat.

Früher habe ich Ware, die ich nicht selbst produziert, sondern von anderen Herstellern bezogen habe, immer auf Kommission erhalten. Ich hatte weniger Marge genommen, als hätte ich die Ware direkt eingekauft, musste dafür aber erst bezahlen, wenn ich das Geld von meinen Kunden erhielt. Das funktionierte gut, weil es für alle eine Win-win-Situation war. Irgendwann wurde ich sogar ein sehr wichtiger Vertriebskanal für die Hersteller. Das alles hat sich durch *Die Höhle der Löwen* aber schlagartig geändert. Am Tag nach der Ausstrahlung riefen mich mehrere Hersteller an und erlaubten mir den Kauf auf Kommission nicht mehr, weil ich ja jetzt reich sei. »Jetzt hast Du den Milliardär Maschmeyer drin, die Williams und 250 000 Euro. Ware auf Kommission geben wir Dir nicht mehr.« Das war natürlich erst mal ein Schock, weil jetzt das gesamte Investment der Löwen für den Einkauf der Ware draufging.

250 000 Euro sind natürlich super viel Geld. Und die Erwartung, dass es nach der *Höhle der Löwen* nun mega abgeht, war groß. Dadurch, dass fast alles ins Lager ging, blieb aber nicht mehr viel übrig, um Leute einzustellen, einen Online-Marketing-Profi zu engagieren oder coole Marketingkampagnen mit Influencern zu machen. Mein Learning daraus ist daher: lieber mehr Geld aufnehmen, als zu knapp planen.

Dirk Freise hat bereits während seiner Studienzeit zusammen mit zwei Kommilitonen sein erstes Unternehmen, handy.de, gegründet, das sich rasch zum europäischen Marktführer im Mobile Entertainment etablierte und kurz darauf an Bertelsmann verkauft wurde. Sein zweites Unternehmen, der Mobilfunkdiscounter blau.de, wurde ebenfalls nach nur drei Jahren erfolgreich an die KPN verkauft. Seit 2012 leitet Dirk mit seinem langjährigen Kompagnon den Venture Capital Fonds Shortcut Ventures und engagiert sich mit seiner non olet GmbH als aktiver Business Angel.

Als Investor möchte ich nicht nur einen Business-Plan sehen, sondern vor allem schon ein wenig Traction. Das erste Geld für ein MVP sollte bestenfalls über Family, Friends und Bootstrapping zusammenkommen. In einer Situation hatten wir zwar nur aufgrund des Business-Plans eine irre Bewertung akzeptiert, aber das war ein sehr erfahrener Gründer, der bereits einen riesigen Exit hinter sich hatte und die notwendige Credibility mitbrachte. Im ganzen Investmentmarkt geht es sehr viel um Credibility. Die kann sich zum Beispiel durch eine starke Persönlichkeit äußern, einen funktionierenden Prototyp oder einen vorherigen Versuch eines anderen Side Projects. Wenn man es selber schafft, von einem Papier zu einem Prototyp zu kommen, hat man bereits Wert geschaffen. Alles, was die Credibility der Story erhöht, ist für Investoren relevant, um die Idee zu bewerten.

Darüber hinaus sind Markt und Geschäftsmodell entscheidend. Ein perfektes Financial Model ist mir gar nicht so wichtig. Viel wichtiger ist mir die Herangehensweise. Wenn Gründer einfach nur jedes Jahr ein Wachstum von 20 Prozent annehmen und das in der Excel-Tabelle hochziehen – bestenfalls in Kombination mit nur 15 Prozent Kostensteigerung, sodass das EBIT immer größer wird –, werde ich skeptisch.

Beim Investoren-Pitch möchte ich außerdem mehr über Herangehensweise und Persönlichkeiten der Gründerinnen und Gründer erfahren. Deshalb stelle ich Fragen, um zu testen, wie sie reagieren. Wenn sie mir beispielsweise erzählen, dass der Preis für ein Produkt 12,90 Euro ist, frage ich sie: »Warum genau dieser Preis? Warum nicht 10,90 Euro oder 15,90 Euro?« Dann kommt leider oft als Antwort »Ja, das haben wir uns so überlegt«. Ich bewerte eine Idee aber ganz anders, wenn Zahlen nicht sauber hergeleitet wurden, zum Beispiel durch Tests. Darüber hinaus schaue ich, ob die Gründer stringent argumentieren und überzeugend auftreten. Denn so wie sie sich beim Pitch verhalten, verhalten sie sich auch vor Kunden.

Außerdem achte ich darauf, wie reflektiert sie sind und welche Motivation sie antreibt. Viele Unternehmer sind irgendwie schräge Typen, und das meine ich gar nicht abwertend. Mein Eindruck ist aber, dass oft Leute am erfolgreichsten sind, die irgendwann einmal eine Kränkung erfahren haben. Denen es nicht nur ums Geld geht, sondern um eine Mission. Ich habe auch so einen Treiber: Mein Vater wollte unbedingt, dass ich sein Unternehmen übernehme, ich hatte damals aber dankend abgelehnt. Seitdem wollte ich beweisen, dass diese Entscheidung richtig war. Das ist mir aber viel später erst bewusst geworden, als er mir gesagt hat, wie stolz er auf mich ist und dass er meine Entscheidung für richtig hielt. Solche Vatergeschichten kenne ich viele. Aber auch die Story vom Außenseiter in der Schule oder die vom Gründer, der erfolgreich sein will, um damit auf Frauen attraktiver zu wirken. Alles total schwere Geschichten, bei denen eben Geld nicht der Haupttreiber ist.

Im Pitch frage ich deshalb gern, was die Gründer machen würden, wenn sie ein Jahr nichts zu tun hätten, aber genug Geld vorhanden wäre. Wenn die Antwort lautet »Ich würde nochmal gerne zur Singularity University, um etwas zu lernen«, ist das etwas ganz anderes, als wenn jemand sagt, er würde sich einen Ferrari kaufen und rumcruisen. Das ist aber keine nachhaltige Motivation. Denn jedes Start-up, das ich kenne, ist mindestens in eine schwere Krise geraten. Und die Leute, die nur das schnelle Geld suchen, sind dann schnell weg. Aber die Menschen, bei denen mehr dahintersteckt, sind meist hartnäckiger und hangeln sich da eher wieder raus.

Für eine positive Investmententscheidung muss ich mich am Ende deshalb immer ein bisschen in das Gründerteam und die Idee verliebt haben, aus dem Meeting gehen und denken: »Mist, warum bin ich eigentlich nicht selbst auf die Idee gekommen?« Dann ist auch meistens ein großer Markt vorhanden.

Jeder Investor hat also seine eigenen Kriterien. Daher rate ich Gründern immer: niemals aufgeben, sondern weitersuchen. Irgendwann passt es zusammen. Aber: Schaut ganz genau hin. Oft trifft man sich vor dem Notartermin nur wenige Male und steckt danach Jahre lang wie in einer festen Beziehung. Wenn ich als Gründer also das Gefühl habe, der Investor ist mir unsympathisch, dann bloß die Finger weg. Denn in einer Krise wird es deutlich schlimmer, da potenzieren sich alle schlechten Eigenschaften. Das habe ich selbst als Gründer erlebt.

Weiterführende Literatur

Scott Kupor: *Secrets of Sand Hill Road: Venture Capital and How to Get It*

Nicolas Schmidlin: *Unternehmensbewertung & Kennzahlenanalyse: Praxisnahe Einführung mit zahlreichen Fallbeispielen börsennotierter Unternehmen*

KAPITEL 7

WACHSTUM – INTERNATIONALISIERUNG – EXIT!

> »Unternehmen werden
> nicht verkauft,
> sondern gekauft.«
>
> *Investorenweisheit*

Vom Garagen-Start-up zum Weltunternehmen: Auch wenn Firmen heute nicht mehr oft zwischen Schraubenschlüsseln und Motoröl gegründet werden, sondern in Co-Working-Spaces oder Inkubatoren, taugen die Gründungslegenden von Apple, Hewlett Packard und Co. immer noch als Sinnbild für den großen Durchbruch. Sie transportieren die Message, dass sich auch mit wenigen Ressourcen und vielen Stolperfallen das nächste große Ding entwickeln lässt. Die Frage ist nur: Wie führt man ein Unternehmen zu nachhaltigem Wachstum?

Einen Spoiler vorweg: Es gibt leider keinen einfachen Trick, um aus 500 Nutzern fünf Millionen zu machen. Natürliches Wachstum ist ein kontinuierliches strategisches und kreatives Unterfangen. Nachhaltige Growth-Ziele müssen teilweise über Jahre diszipliniert geplant, gemessen und verfolgt werden. Spätestens jetzt zahlen sich Eigenschaften wie Durchhaltevermögen und Beharrlichkeit extrem aus. Welche Wachstumsstrategie für Euer Business konkret infrage kommt, hängt von Eurem Produkt und Eurem Geschäftsmodell ab. Für digitale Start-ups gehören Internationalisierungsbestrebungen fast selbstverständlich zur Wachstumsoffensive. Schließlich lassen sich Apps oder Software-as-a-Service-Produkte übers Internet problemlos auch in anderen Märkten verkaufen. Wenn Ihr dagegen zum Beispiel lokale Dienstleistungen anbietet, ist die Erweiterung Eures Leistungsportfolios wahrscheinlich die bessere Alternative, um einen größeren Markt bedienen zu können. Ein genauerer Blick auf die Unterscheidung zwischen Extensions-, Explosions- und Expeditionsstrategien ist hier in jedem Fall lohnenswert, um sich ein umfassendes Bild der vielen spannenden Möglichkeiten zu machen.

Ein gesundes Wachstum ist nicht immer, aber oft genug die Voraussetzung für das Szenario, von dem die meisten Start-ups träumen: einen Exit hinlegen. Um ganz ehrlich zu sein: Den wenigsten gelingt dieser Schritt überhaupt. Ganz zu schweigen von astronomischen Verkaufssummen wie bei der Übernahme von WhatsApp durch Facebook (über 19 Milliarden US-Dollar). Ein minimaler Trost: Wirklich in der Hand hat man einen Verkauf in den meisten Fällen sowieso nicht, denn in der Regel initiieren die Käufer den Deal. Umso mehr liegt es uns am Herzen, Euch mit den Geschichten unserer Experten ein letztes Mal zu inspirieren. Sie spornen Euch hoffentlich dazu an, mit ähnlich viel Leidenschaft, Geduld und Schweiß an der eigenen Erfolgsstory zu arbeiten.

Skalierung meines Start-ups

Was sind die wesentlichen Aspekte von Wachstum und Skalierung? Welche Strategien gibt es?

Prof. Sebastian Pioch: Bevor wir die wesentlichen Aspekte von Wachstum und entsprechende Strategien diskutieren, würde ich gern zunächst eine Verortung dahingehend vornehmen, in welcher Phase Wachstum für gewöhnlich beginnt. Ausgehend von Bleichers *Lebenszyklustheorie* findet innerhalb einer Organisation ein Wandel im Rahmen verschiedener Entwicklungsschritte statt. Für gewöhnlich beginnt alles mit der *Seed Stage*, in der die Konzeption erfolgt und noch keine Umsätze existieren. Daran schließt sich die *Start-up Stage* an, in der ein MVP entwickelt wird und zum Teil auch bereits erste Umsätze entstehen. In der *Growth Stage* findet dann zumeist erstmalig ein nennenswertes Wachstum statt, da dann erst die Marktreife erreicht wurde. Nur sehr wenige Start-ups erreichen die *Later Stage*, in der dann beispielsweise ein Exit in Form eines Börsengangs oder einer Übernahme bevorsteht. Beendet wird der Lebenszyklus bisweilen mit der *Steady Stage*, in der eine Stagnation der Umsätze stattfindet und auch das Wachstum zum Erliegen kommt.

Generell kann das Wachstum eines Start-ups beziehungsweise eines Unternehmens aus drei verschiedenen Perspektiven betrachtet werden. Zum einen ist da die *finanzielle* Perspektive, die ein Wachstum in den Bereichen *Einkommen*, *Ausgaben* und *Gewinne* betrachtet. Zum anderen gilt es, das *strategische* Wachstum zu betrachten, etwa in den Aspekten von neuen *Marktanteilen* oder dem Erreichen *komparativer Vorteile*. Schließlich wächst auch die gesamte *Organisation*, unter anderem in ihrer *Form*, im Rahmen von *Prozessen* oder ihrer *Struktur*.

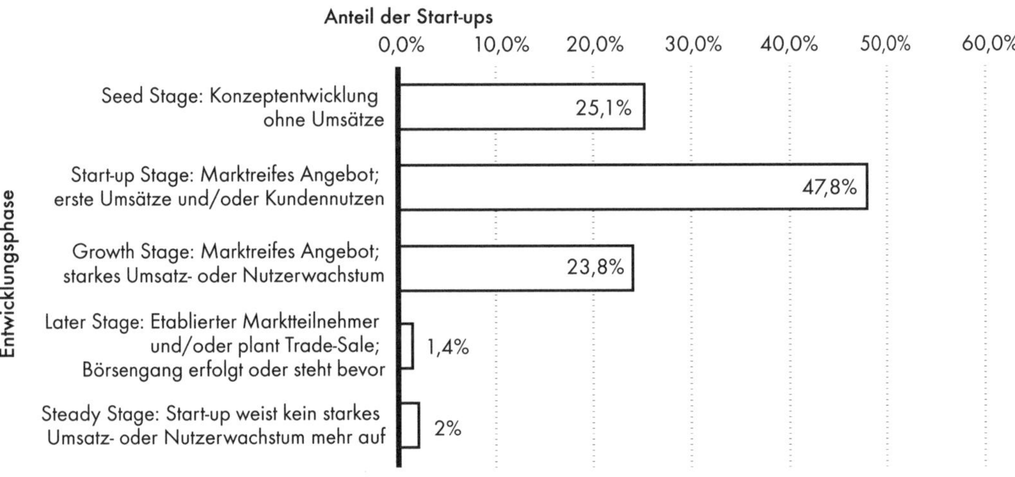

Abb. 7.1: Verteilung von Start-ups in Deutschland nach Entwicklungsphase *(Quelle: Bundesverband Deutsche Start-ups et al.)*

Bevor wir uns gleich näher mit konkreten Wachstumsstrategien beschäftigen, würde ich gern kurz auf die Gründe eingehen, warum ein Unternehmen überhaupt wachsen sollte. Hierfür sprechen einige *interne* Faktoren, aber es gibt auch *äußere* Gründe. Zu den inneren Faktoren zählen zum Beispiel die *Ausrichtung des Geschäftsmodells*, wenn zum Beispiel *Netzwerkeffekte* ausgenutzt werden sollen. Als Beispiel kann man hier auf das Geschäftsmodell von Airbnb schauen. Hier funktionieren Netzwerkeffekte so: Je mehr Menschen eine Immobilie auf der Plattform einstellen, desto mehr wird sie zum Marktplatz für Gäste, die eine Unterkunft suchen. Und je mehr Gäste nun die Plattform besuchen, desto mehr Leute wollen wiederum ihre Immobilie anbieten. Beides fördert sich also gegenseitig.

Ein weiterer interner Faktor ist das *Ausnutzen von Ressourcen*. Amazon benötigt zum Beispiel in bestimmten Phasen eine immense Rechenleistung, um die Logistikprozesse funktional zu halten. Inzwischen verhält es sich sogar so, dass die Amazon Web Services knapp 60 Prozent des Gewinns ausmachen, und das, obwohl sie nur 11 Prozent des Umsatzes darstellen. Zu den externen Wachstumsfaktoren zählen zum Beispiel die *Marktsituation* und die *Technologieinduktion*. So könnte es zum Beispiel sein, dass die anvisierte Geschäftsidee nur dann gelingt, wenn tatsächlich das gesamte Marktvolumen erschlossen wird. Im Rahmen der Technologieinduktion könnte etwa ein Payment-Dienstleister durch das Nutzen der Near-Field-Communication-Technologie neue Zielgruppen erschließen, um wettbewerbsfähig zu bleiben – und um zu wachsen.

Interne und externe Wachstumsfaktoren	
Interner Faktor	Bedeutung
Ausrichtung des Geschäftsmodells	Einige Geschäftsmodelle entfalten erst unter Ausnutzung von Netzwerkeffekten ihre volle Wirkung, weshalb sie ein entsprechendes Wachstum erfordern.
Produkt- beziehungsweise Preisstrategie	Der Webbaukastenanbieter Jimdo hat etwa zunächst seine Produkte kostenlos angeboten und ist dann nach einer entsprechenden Akzeptanz am Markt zu einer kostenpflichtigen Variante gewechselt.
Ausnutzen von Ressourcen	Bedeutet, dass initial benötigte Ressourcen in einer späteren Phase des Lebenszyklus zum Wachsen genutzt werden können. Hiermit ist u. a. gemeint, dass durch Erfahrung eine höhere Effizienz dazu führt, dass Leistungen günstiger angeboten werden können, woraus Wettbewerbsvorteile entstehen.
Optimierung des Unternehmenswerts	Wenn etwa die Vergütung des Gründers im Anschluss an eine Finanzierung an die Optimierung des Unternehmenswertes gekoppelt ist, begründet sich dadurch eine entsprechende Wachstumsstrategie.
Erwartungen der Investoren	Wenn zum Beispiel die im Business-Plan dargelegte Wachstumsprognose eine wesentliche Entscheidungsgrundlage der Investoren war, entsteht durch deren Erwartungshaltung ein weiterer interner Wachstumsfaktor.
Möglicher Kapitalzufluss	Im Falle einer Umfirmierung zur Aktiengesellschaft können etwaig steigende Aktienkurse einen entsprechenden Kapitalzufluss bedeutet, was wiederum zu einem Wachstumsanstieg führen würde.
Externer Faktor	Bedeutung
Marktsituation	Sollte ein Geschäftsmodell nur dann erfolgreich sein, wenn das gesamte Marktvolumen erschlossen wird, zwingt jener Umstand das Start-up zu wachsen,
Marktsättigung	In saturierten Märkten steigt der Wettbewerbsdruck oftmals, da die Marktaustrittsbarrieren entsprechend hoch sind – das Start-up muss wachsen.

Interne und externe Wachstumsfaktoren	
Interner Faktor	Bedeutung
Umwälzungen am Nachfragemarkt	Wenn sich der Zielmarkt stark verändert oder gar transformiert, ergeben sich dadurch bisweilen Wachstumsanreize. Als Beispiel soll hier die neue Medienlandschaft dienen, wo sich zum Teil völlig neue Nachfragesituationen entwickelt haben – print vs. digital // tägliche vs. stündliche Updates.
Technologieinduktion	Durch das Nutzen neuer Technologien können Start-ups entweder einen zusätzlichen Kundennutzen bieten oder aber neue Zielgruppen bedienen.

Infobox 7.1: Interne und externe Wachstumsfaktoren
(Vgl. Kollmann 2019, S. 588 ff.)

Nachdem wir nun die elementaren Wachstumsfaktoren betrachtet haben, schauen wir uns einmal konkrete Wachstumsstrategien an. Hier können wir im Kern zwischen vier Ansätzen unterscheiden. Erstens gibt es die *Marktdurchdringung*. Diese hat zum Ziel, die Umsätze mittels bestehender Produkte zu erhöhen. Das kann entweder gelingen, indem man unter anderem durch *Preiserhöhungen* den Umsatz pro Kunde steigert oder aber durch intensive *Marketingstrategien* neue Kunden im gleichen Markt gewinnt. Zweitens wäre da die *Produktentwicklung*, mittels derer bestehende Märkte mit neuen Produkten beliefert werden können. Ein schönes Beispiel dafür ist die Online-Dating-Plattform Tinder, die mittels neuer kostenpflichtiger Features wie dem *Super-Like* oder dem *Boost* entsprechendes finanzielles Wachstum erzeugt.

Drittens ist die *Marktentwicklung* zu nennen, bei der neue Märkte mithilfe bestehender Angebote erschlossen werden. Exemplarisch kann hier der Energy-Drink Red Bull genannt werden, der inzwischen in mehr als 160 Ländern erhältlich ist. Viertens fehlt noch die *Diversifikation*, womit gemeint ist, dass das Unternehmen in die Entwicklung und den Verkauf neuer Produkte investiert. Dies ist die risikoreichste Wachstumsstrategie, weshalb sie sich eher für eine spätere Phase eignet.

Ferner unterscheiden wir in *organisches Wachstum* und jenes, das durch *Anreize* versehen wird. Wir haben das schon kurz beim Thema Suchmaschinenmarketing angesprochen. Organisch wächst ein Unternehmen sozusagen aus sich heraus. Durch Empfehlungen der Kunden, durch Reinvestitionen oder durch eine zunehmende Reputation. Man kann dem Ganzen aber auch etwas auf die Sprünge helfen, wie uns das Beispiel von PayPal zeigt. Bei deren Geschäftsmodell handelt es sich um die schwierigste aller Ausgangssituationen – einem Peer-to-Peer-Modell (das bedeutet, man versucht, zwei Peers, also Gruppen mit ähnlichen Merkmalen, zueinanderzubringen.). Daraus entsteht häufig ein sogenanntes Henne-Ei-Problem. PayPal hatte keine Nutzer (Peer 1), die bereit waren, die neue Zahlform zu nutzen, weil es noch keine Firmen (Peer 2) gab, die bereit waren, diese Bezahlmöglichkeit anzubieten. Warum? Nun, weil PayPal ja noch keine Nutzer vorweisen konnte. Sie haben dann Folgendes gemacht: Nutzer, die den Bezahldienst verwendeten, bekamen 10 Dollar, wenn sie PayPal einem Freund weiterempfahlen, der den Dienst dann ebenfalls nutzte. So konnte zum Teil ein 7- bis 10-prozentiges Wachstum erzeugt werden – pro Tag! Irgendwann war dann der Tipping Point erreicht und der 10-Dollar-Deal verschwand. Aber auch organisch wuchs das Unternehmen, weil jeder Verkäufer in dem Moment, wenn ein Käufer mit PayPal zahlen wollte, ein Konto einrichten musste, was entsprechend hilfreich für die Verbreitung des Dienstes war.

Abschließend möchte ich gern noch zwei Methoden vorstellen, die innerhalb der skizzierten Strategien auf unterschiedliche Weise zum Einsatz kommen können. Eine der größten Hürden für Start-ups ist es nämlich, aus einer anfänglich adressierten Nische heraus zu wachsen und einen Mainstream-Markt zu erschließen. Das tangiert vorwiegend jene Start-ups, die sich auf den B2C-Markt konzentrieren. Gelingt es ihnen zu Beginn relativ gut, die sogenannten *Technologie-Enthusiasten* davon zu überzeugen, ihr innovatives Produkt zu nutzen, wird es bei den *Visionären* schon schwieriger. Diese sind nämlich weniger an der Technologie selbst, sondern lediglich an dem strategischen Wettbewerbsvorteil interessiert, der sich durch die Nutzung des jeweiligen Produkts ergibt.

Die größte Schwierigkeit besteht dann darin, die Kluft zu den *Pragmatikern* zu überwinden, die etwa ein Drittel des gesamten Marktes ausmachen. In seinem berühmten Buch *Crossing the chasm* beschreibt Geoffrey Moore, wie das gelingen kann. Vereinfacht formuliert funktioniert das so, dass man sich zunächst innerhalb des Lagers der Pragmatiker eine Nische sichert und deren Bedürfnisse vollumfänglich deckt. Ein Beispiel, um das zu verdeutlichen, sind die Elektroautos von Tesla. Um ein von der Masse akzeptiertes Produkt zu werden, musste Tesla einige Hürden überwinden. Denn die Zielgruppe der Pragmatiker kauft sich ein

Produkt nicht, ohne von vornherein zu 100 Prozent sicher zu sein, dass es ihre Erwartungen in vollem Umfang erfüllt. Diese Kundengruppe nimmt neue Produkte zumeist erst dann an, wenn diese so gut wie einwandfrei zuvor von einer anderen Zielgruppe getestet wurde. Hier war es also wichtig, zunächst die Nische der Technologie-Enthusiasten zu adressieren, damit diese die Autos für gut befinden und sie quasi an die Visionäre »durchwinken«, bevor sich schließlich auch die Pragmatiker trauen, sich dem Trend anzuschließen.

Das zweite Wachstumskonzept richtet sich insbesondere an Start-ups mit digitalen Geschäftsmodellen, welche ein entsprechend rapides Wachstum umsetzen müssen, um dem bereits im letzten Kapitel erwähnten Gesetz des *The Winner Takes All* gerecht zu werden. Diese Strategie wird *Blitz-Scaling* genannt und unter anderem von Reid Hoffman im gleichnamigen Buch beschrieben. Wie unfassbar erfolgreich dieses Konzept ist, sieht man allein schon daran, dass unter den im Jahr 1996 weltweit fünf wertvollsten Unternehmen wie General Electric, Coca-Cola oder ExxonMobil kein einziges davon zwei Jahrzehnte später in jener Liste zu finden ist. Da stehen inzwischen Namen wie Apple, Google, Amazon und Facebook.

Der Name Blitz-Scaling setzt sich aus dem Deutschen Wort *Blitz* und dem englischen *Scaling* zusammen, was so viel wie *Wachstum* bedeutet. Blitz ist in diesem Fall dem unrühmlichen *Blitzkrieg* der Deutschen im Zweiten Weltkrieg entnommen worden, das aber eindringlich veranschaulicht, was damit einhergeht: Das massive Vorrücken der deutschen Truppen hatte zwar den Vorteil, dass man den Überraschungseffekt auf seiner Seite hatte und schnell vorankam, aber dieser Weg war auch sehr riskant. So bestand nämlich die Gefahr, dass die vorderen Truppen keine Nachschubmöglichkeiten hatten und dass ihnen gegebenenfalls der Rückzug abgeschnitten wurde. Ähnlich riskant ist auch das radikal schnelle Wachstum, das dem Blitz-Scaling innewohnt.

So hat zum Beispiel Amazon die Anzahl seiner Mitarbeiter innerhalb von nur drei Jahren von 151 auf 7 600 aufgestockt und Airbnb seine internationalen Büros zwischen 2011 und 2012 ad hoc von null auf neun erhöht. Es wäre freilich sicherer gewesen, nach und nach die Zahl der Büros zu erhöhen, aber der deutsche Wettbewerber Widmu saß Airbnb so sehr im Nacken, dass entsprechend schnell expandiert werden musste.

Damit das Konzept des Blitz-Scaling aufgeht, müssen mehrere Faktoren gegeben sein. Zum einen ist eine entsprechende *Marktgröße* vonnöten. Die Geschäftsmodelle von YouTube, Facebook und Twitter funktionieren nur aufgrund des riesigen Marktes. Seine Ausmaße ermöglichen die Allokation von Millionen an Nutzern, die wiederum eine attraktive Werbefläche für Unternehmen darstellen. Ein weiterer Faktor ist eine große *Bruttomarge*. Diese gibt an, wie viel Geld ein Unternehmen einnimmt, nachdem alle Kosten gedeckt sind. Durch höhere Margen steigt der Gewinn und somit der finanzielle Spielraum, um die Kosten des Wachstums zu decken. Abschließend hilft auch ein bereits bestehender *Vertriebskanal*, um exponentiell zu wachsen.

So hat Netflix in seinen frühen Tagen, als es noch DVDs verliehen hat, das Vertriebsnetz der US-Post genutzt, ebenso wie Amazon. Sind alle diese Voraussetzungen gegeben, kann es passieren, dass ein Tipping Point zu einer Wachstumskurve führt, die wir als *Hockeystick* bezeichnen. Als Tipping Point wird der Moment des Erreichens einer kritischen Masse bezeichnet, ein Siedepunkt an der Schwelle zu etwas Neuem. Hauke, was hat Euren Tipping Point ausgelöst und dazu geführt, dass Eure Wachstumskurve die Form eines Hockeysticks angenommen hat?

Hauke Windmüller: Wenn ich an Skalierung denke, muss ich mich immer daran erinnern, wie wir bei Familonet im Team die *Vollgasmaßnahmen* ausgerufen haben und das ganze Team auf Wachstum trimmten. Zu dem Zeitpunkt hatten wir uns zuvor ein Jahr lang nur auf die Optimierung unseres Produktes konzentriert und anhand von Kunden-Feedback und Daten jede einzelne Conversion, viele KPIs und Nutzungsdaten verbessert. Nachdem wir damit erreicht hatten, dass unser Produkt langsam organisch wuchs, weil mehr Nutzer unser Produkt weiterempfohlen haben, als wir Nutzer verloren haben, war die Zeit für die nächste Unternehmensphase gekommen, in der es primär um Wachstum ging.

So stellten wir uns also vor das Team und erklärten ihnen, dass es von nun an um schnelles Wachstum geht und dass alle Entscheidungen danach ausgerichtet werden sollen. Wir involvierten das Team und erarbeiteten gemeinsam einen Wachstumsplan, woraus die erwähnten Vollgasmaßnahmen resultierten. Den Begriff haben wir dann etabliert, um alle Mitarbeiter richtig anzuspornen. Denn Wachstum ist immer die Summe vieler kleiner Maßnahmen, die für jedes Produkt und jedes Unternehmen individuell sind. Eine Blaupause gibt es leider nicht. Bei Familonet haben die folgenden Vollgasmaßnahmen für Wachstum gesorgt:

1. Jeder aus dem Team fokussierte sich auf die Erhöhung der Anzahl der aktiven Nutzer.
2. Produktseitig konzentrierten wir uns auf die Verbesserung unserer Lokalisierungs-Technologien (denn dies führte immer zu mehr Aktivität der Nutzer und zu mehr Kundenzufriedenheit).
3. Unterstützung von älteren Android-Betriebssystemen, damit auch Kinder und Jugendliche mit älteren Smartphones Familonet nutzen können.
4. Kürzere Iterationszyklen, um schneller feststellen zu können, ob Produktverbesserungen die erhoffte Wirkung hatten, und um schneller nachbessern zu können.
5. Benennung und Optimierung der zwei wichtigsten KPIs: 1. Anzahl der registrierten Nutzer und 2. Aktivitätsindex (Anteil der aktiven Nutzer).
6. Start der Internationalisierung.

Um das Team richtig darauf einzuschwören, haben wir den Aktivitätsindex auf einem Display mitten im Büro angezeigt. Jeder ist morgens daran vorbeigelaufen und konnte sehen, ob wir aktuell mehr aktive Nutzer haben als am Tag zuvor. Die Anzeige wurde von unseren Mitarbeitern schnell *Vollgasometer* getauft. Denn wenn die Nadel im grünen Bereich war, waren alle happy und haben sich gefreut, dass die von ihnen initiierten Maßnahmen etwas gebracht haben. So haben wir es geschafft, innerhalb von wenigen Monaten ein exponentielles Wachstum zu erzeugen, das einem Hockeysschläger ähnelte.

Als »Hockeystick-Kurve« wird ein Graph bezeichnet, der plötzlich exponentiell ansteigt. Zu Topzeiten hatten wir über zwei Millionen registrierte Nutzer, die eine halbe Million Check-ins pro Tag mit Familonet gemacht haben. Das heißt fünfmal pro Sekunde wurde eine automatische Benachrichtigung an Familienmitglieder gesendet, dass ein Kind irgendwo auf der Welt sicher an einem bestimmten Ort angekommen ist. Dies hat uns Gründer und das Team in einen positiven Freudenrausch versetzt, der uns extrem motiviert hat.

Zusammengefasst bestand unsere Wachstumsstrategie also zum einen daraus, weiter einen sehr starken Produktfokus zu haben und die Kernfunktionalitäten zu verbessern. Und zum anderen das Produkt einer größeren Zielgruppe zugänglich zu machen, indem wir die Verfügbarkeit erhöht haben und internationalisiert sind. Dazu haben wir das ganze Team auf Wachstum getrimmt und alle Maßnahmen auf zwei Haupt-KPIs ausgerichtet.

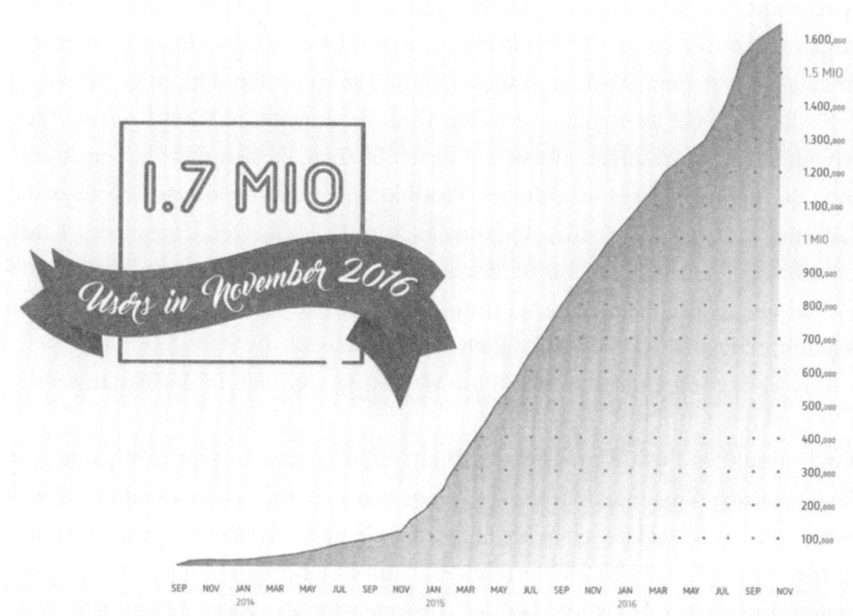

Abb. 7.2: Familonet-Hockeystick-Wachstum

Wie wirkt sich Wachstum auf mein Start-up aus, was sind die Vor- und Nachteile?

Hauke Windmüller: Wachstum macht zunächst einmal extrem viel Spaß. Es ist ein großartiges Gefühl, wenn das eigene Start-up aus der Gründungsphase herauswächst, die Geschäftsidee angenommen wird, Umsätze generiert werden und das Unternehmen sich positiv entwickelt. Es ist die Bestätigung für die meist sehr harte Anfangsphase. In vielen Fällen ist Wachstum auch notwendig, damit aus kleinen Margen über Skaleneffekte höhere Erträge entstehen. Für das Team ist Wachstum die Bestätigung, dass es an einem relevanten Thema arbeitet und einen Mehrwert schafft, für den tatsächlich Nachfrage besteht. Es gibt nichts Schlimmeres für ein Team, wenn nie oder nur sehr selten Erfolge gefeiert werden können. Ich habe ja schon erzählt, dass wir bei Familonet oft Wachstumsziele ausgesprochen und die

Erfolge anschließend mit dem Team gefeiert haben. Der millionste Nutzer, zwei Millionen Nutzer, später die Profitabilität, als wir uns mit dem Unternehmen breiter aufgestellt hatten. Wachstum spornt an und sorgt für ein sehr gutes Klima.

Skalierung geht aber auch mit vielen Veränderungen und Wachstumsschmerzen einher. Auswirkungen gibt es auf vielen Ebenen, da sich das Start-up verändert. Bei digitalen Start-ups, dessen Produkt eine Softwarelösung ist, muss das Backend, also die Serverinfrastruktur, auch mitspielen. Der Umbau des Familonet-Backends hat uns mehrere Monate gekostet, in denen unsere Softwareentwickler einige Nächte durchprogrammiert haben, um dem starken Ansturm von zehntausenden neuen Nutzern täglich gerecht zu werden.

Das Marketing ändert sich, da Pull-Marketing, was sich in der Anfangsphase sehr gut eignet, um die ersten Kunden zu gewinnen, an seine Grenzen stößt und durch bezahltes Push-Marketing ergänzt werden muss. Unsere Erfahrung war, dass bezahltes Push-Marketing wie Werbeanzeigen auf Facebook über die Zeit teurer werden, sobald der erste, leicht zu adressierende Teil der Zielgruppe erreicht wurde. Zumindest bei Nischenprodukten kann dies der Fall sein. Hinzu kommen weitere Kosten für Tools, die bei der Aussteuerung der Kampagnen helfen (Ad Tech). Dadurch verändern sich aber auch die Unit Economics und das Geschäftsmodell wird auf die Probe gestellt. So kann es sein, dass starkes Wachstum zu keinem positiven ROI (Return on Investment) mehr führt und unwirtschaftlich wird. Bei Familonet hatten wir das insbesondere bei der Internationalisierung in einigen Schwellenländern bemerkt.

Neben den Auswirkungen auf das Produkt und das Geschäftsmodell hat Wachstum meist aber auch Auswirkungen auf das Team: In der Regel muss es mitwachsen. Ein Start-up mit fünf bis zehn Mitarbeitern funktioniert anders als ein Start-up mit 20 Mitarbeitern, wo auf einmal Organisationsstrukturen wichtiger werden. Die Gründer können nicht mehr alles selber entscheiden, müssen in einem anderen Maße delegieren und Verantwortung abgeben. Als wir mit Familonet die Schwelle von 20 Mitarbeitern erreicht hatten, merkten wir deutlich, dass wir nicht mehr das kleine familiäre Start-up sind, in dem wir Gründer zu jedem Mitarbeiter eine sehr persönliche Beziehung hatten.

Ein Start-up ab etwa 10 bis 20 Mitarbeitern erfordert auch teilweise anderes Personal mit anderen Fähigkeiten. Es werden erfahrenere Mitarbeiterinnen und Mitarbeiter benötigt, die ein entsprechendes Mindset für Wachstum mitbringen und sehr gut in der Execution sind. Das Unternehmen wandelt sich sehr stark in dieser

Phase. Auf einmal sind Prozesse, KPIs, ROI et cetera viel wichtiger. Aus der Probierphase geht es in die Execution-Phase. Dieser Wandel setzt sich fort, wenn die Anzahl der Mitarbeiter weiter steigt. Bei einer Mitarbeiterzahl von 100 Personen können die Gründer vielleicht noch alle Namen auswendig, es werden aber andere Managementmethoden wie zum Beispiel OKRs notwendig, um die Abteilungen und Teams innerhalb des Unternehmens zu führen. Ab 500 Mitarbeitern wird es dann auch langsam mit den Mitarbeiternamen schwierig und das Start-up entwickelt sich zu einem Corporate, was nur noch sehr wenig mit dem ursprünglichen Start-up aus den Anfangsjahren gemeinsam hat.

Ich kenne nicht wenige Gründerinnen und Gründer, die ab einem bestimmten Zeitpunkt gemerkt haben, dass ihnen das Aufbauen von Unternehmen wesentlich mehr Spaß macht als die spätere kontinuierliche Verbesserung von Prozessen in der Wachstumsphase oder Later-Stage-Phase. Gründer entwickeln sich bei stark wachsenden Unternehmen über die Zeit hinweg verstärkt zu Managern. Nicht allen Gründern liegt das, weshalb viele sich eine starke zweite Führungsreihe aufbauen, die sie im operativen Geschäft entlasten soll. Nicht selten geben Gründer ab einem gewissen Zeitpunkt sogar die gesamte Geschäftsführung ab, um nur noch strategisch am Unternehmen zu arbeiten oder um sich einem ganz neuen Projekt widmen zu können, in dem sie ihre Stärken beim Erschaffen von etwas Neuem ausleben. Daher sind viele Vollblutunternehmer auch Seriengründer – einmal angefangen, können sie nie wieder die Finger davon lassen.

Wachstum durch Internationalisierung

Was sind die wesentlichen Aspekte im Rahmen einer Internationalisierung? Welche Strategien gibt es?

Prof. Sebastian Pioch: Grundsätzlich lassen sich drei Erfolgsfaktoren für die Internationalisierung ableiten. Die *Wettbewerbsfähigkeit* ist insofern notwendig, als die angebotenen Produkte einen spezifischen Wettbewerbsvorteil auf dem ausländischen Markt haben müssen. Das bedeutet, die Entwicklungs- und Testphase muss abgeschlossen worden sein. Darüber hinaus sind bestimmte *Fähigkeiten* erforderlich, wie etwa das Beschaffen von Marktkenntnissen, die Allokation von Finanzmitteln, kulturelle Kompetenzen sowie die Fähigkeit, Standards einzuführen. Schließlich bedarf es dann noch eines entsprechenden *Engagements* der Gründer und des gesamten Teams, damit aus der Internationalisierung eine Erfolgsgeschichte wird. Risiken und Chancen müssen richtig eingeschätzt und das Team auf die bevorstehende Phase eingeschworen werden, damit es auch voll und ganz hinter dem Vorhaben steht.

Wir kennen vier Internationalisierungsstrategien, die sich hinsichtlich der *Geschwindigkeit* und der *Art der Finanzierung* unterscheiden. Gerade besagtes Unternehmen boo.com nutzte etwa die *Explosionsstrategie*. Diese sieht vor, dass

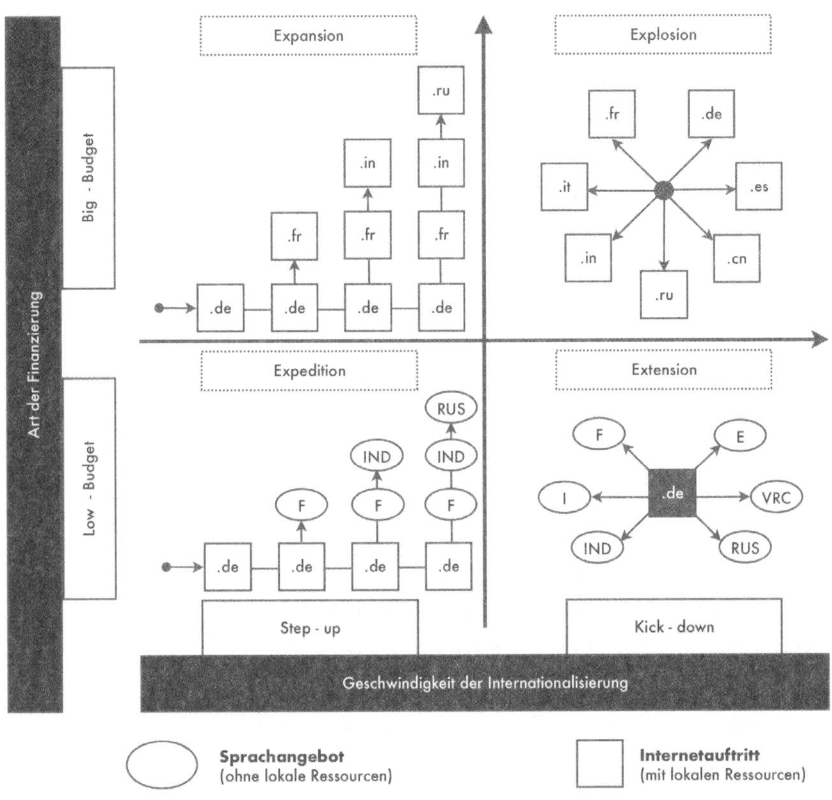

Abb. 7.3: Strategiematrix der Internationalisierung
(In Anlehnung an Kollmann u. Christofor 2004, S. 114)

das Start-up aufgrund einer guten finanziellen Lage direkt und simultan unter Nutzung lokaler Ressourcen mit entsprechenden Außenstellen vertreten ist. Strategie Nummer zwei ist die *Extensionsstrategie*, bei der das Start-up auch angesichts limitierter Ausstattung ohne lokale Ressourcen zeitgleich versucht, mit seinem Webauftritt in verschiedenen Sprachen international vertreten zu sein. Des Weiteren gibt es die *Expansionsstrategie*, die wiederum bedeutet, dass ein finanziell gut ausgestattetes Start-up den Versuch unternimmt, schrittweise über lokale Ressourcen mit länderbezogenen Internetauftritten präsent zu sein. Schließlich kennen wir dann noch die *Expeditionsstrategie*, bei der versucht wird, trotz finanzieller Einschränkungen schrittweise ohne lokale Ressourcen, aber in verschiedenen Sprachen international präsent zu sein. Hauke, welchen Ansatz habt Ihr damals angewendet, die Extensionsstrategie?

Hauke Windmüller: Ja, wir haben Familonet ohne lokale Ressourcen in den jeweiligen Ländern vor Ort in insgesamt 16 Sprachen internationalisiert. Das hat bei uns so gut funktioniert, da wir als App einen einheitlichen Distributionskanal über die App Stores hatten. Ob eine Internationalisierung sinnvoll ist und funktioniert, hängst stark vom Produkt ab. Im reinen Softwarebereich ist das mittlerweile sehr gut möglich und kann in vielen Fällen ohne lokale Ressourcen vor Ort umgesetzt werden. Entscheidend dafür ist, wie stark das Produkt lokalisiert, also an die lokalen Gegebenheiten angepasst werden muss. Wir sind bei unserer Internationalisierung damals folgendermaßen vorgegangen:

Zunächst ging es um die Auswahl der Länder, in die wir Schritt für Schritt internationalisieren wollten. Dafür haben wir uns ein eigenes Modell gebaut, das uns bei der Auswahl geholfen hat. Das Modell bestand aus fünf Kategorien, denen wir insgesamt zwölf Faktoren zugeordnet haben.

Marktgröße & Ausblick	○ Bevölkerung (Größe) ○ Bevölkerungswachstum ○ Smartphone Penetration ○ Smartphone Penetration Wachstum
Zahlungsbereitschaft	○ Paid-over-free-apps ratio (%)
Wirtschaftswachstum	○ Bruttoinlandsprodukt pro Kopf ○ Bruttoinlandsprodukt pro Kopf Wachstum der letzten 5 Jahre ○ Bruttoinlandsprodukt pro Kopf als Forecast fürs nächste Jahr

Produktbezogene Faktoren	○ Kriminalitätsrate ○ Nutzung von Social Networks mit dem Smartphone
Wettbewerb	○ Ranking unseres größten Wettbewerbers Life360 auf iOS ○ Ranking unseres größten Wettbewerbers Life360 auf Android

Infobox 7.2: Familonet-Kriterien zur Internationalisierung

Die Daten haben wir aus öffentlich zugänglichen Quellen bezogen und das Modell so für etwa 30 Länder befüllt, die uns relevant erschienen. Die Faktoren haben wir selber gewichtet, wodurch sich ein individuell auf unser Produkt abgestimmtes Ranking ergab. Für die top-sieben Länder haben wir im nächsten Schritt lokalisierte Werbekampagnen über Facebook geschaltet. Lokalisiert heißt in diesem Fall, dass wir die Werbetexte in die Landessprache übersetzt und für jedes Land eigenes Bildmaterial ausgesucht haben, das der lokalen Werbung am nächsten kommt. Es gibt mittlerweile viele Stock-Bild-Agenturen, die landestypisches Bildmaterial für diverse Länder anbieten.

Über die zunächst kleineren lokalisierten Werbeanzeigen konnten wir die CPIs (Cost Per Install) ermitteln, die uns aufgezeigt haben, wie teuer es wird, Familonet in dem jeweiligen Land zu bewerben. Als Nächstes haben wir die Retention, also die Dauer, wie lange ein neu gewonnener Nutzer aktiv bleibt, der jeweiligen Länder ausgewertet. Addiert ergibt dies die Kosten für einen aktiven Nutzer in einem bestimmten Land. Diese selbst ermittelten Daten haben wir wiederum mit dem Ranking aus dem Modell zusammengeführt und darüber ein Master-Ranking erstellt, was wir *Country's Value of Benefit* getauft haben. Gepaart mit ein wenig Bauchgefühl hatten wir so unsere eigene Rangliste und Reihenfolge der Internationalisierung bestimmt. Die ersten beiden Länder, in die wir internationalisiert sind, waren die Türkei und Brasilien.

An dieser Stelle möchte ich auch gerne noch einmal auf die Sinnhaftigkeit der Internationalisierung zu sprechen kommen. Bei Familonet wollten wir damals Wachstum um jeden Preis erzeugen. Das war auch die Erwartungshaltung unserer Investoren, dass wir schnell expandieren und wachsen. Im Nachhinein weiß ich, dass Wachstum alleine bei Weitem nicht ausreicht. Es muss auch nachhaltig passieren. So sind wir beispielsweise sehr stark in Brasilien gewachsen. Wir waren dort in den Top-Listen der App Charts mit mehreren Hunderttausend registrierten Nutzern, was für unsere Investoren-Story sehr sinnvoll war. Monate später hat sich dann aber zunehmend herausgestellt, dass die Zahlungsbereitschaft der

Nutzer wesentlich geringer ist und dass das Nutzerwachstum in dieser Region unwirtschaftlich war. Über die Zeit haben wir uns dann vermehrt wieder auf unseren Heimatmarkt in Deutschland fokussiert, da wir dort die zahlungskräftigsten Kunden hatten. Ähnliche Geschichten habe ich von vielen anderen Gründer gehört. Heutzutage würde ich das Thema Internationalisierung etwas bedachter angehen und immer wieder hinterfragen: Welches Ziel verfolgen wir damit?

Was sind die größten Herausforderungen bei der Internationalisierung?

Prof. Sebastian Pioch: Neben dem erhöhten *Absatzpotenzial*, dem gesteigerten *Renditegewinn*, dem damit verbundenen *Unternehmenswachstum* und gesteigerten *Lerneffekten* stehen einer Internationalisierung auch verschiedene Risiken gegenüber. Hierzu zählen vor allem die hohen *Investitionssummen* in Kombination mit dem entsprechenden *Personalaufwand*. Die Entscheidung dazu sollte demnach wohl überlegt sein, auf relevanten Daten basieren und unter Nutzung von umfassendem Expertenwissen stattfinden. Andernfalls kann es dem internationalisierenden Start-up so ergehen wie dem britischen Modehändler *boo.com*. Dieser erschloss nämlich mittels seiner 3D- und Zoom-Technologie direkt mal eben 18 internationale Märkte im ersten Jahr. Es wurden Auslandsniederlassungen eingerichtet und lokales Personal eingestellt. Nach sechs Monaten musste das Unternehmen jedoch Insolvenz anmelden, es hatte 120 Millionen Dollar verbrannt …

Wie jede Phase im Leben eines Start-ups ist natürlich auch die Internationalisierung sehr herausfordernd. Im Wesentlichen kann man die schwierigsten Aspekte auf folgende Bereiche verdichten: Zum einen gilt es herauszufinden, welche Preise geeignet sind, damit das Angebot im jeweiligen Markt funktioniert. Nur weil ein Produkt A in einem Markt B einen Preis Y hat, bedeutet das noch lange nicht, dass man mit demselben Preis auch in einem Markt C erfolgreich wäre. Mir ist bekannt, dass das in einem früheren Kapitel erwähnte Hamburger Start-up WorkGenius bei seinem Eintritt in den US-Markt die Erfahrung gemacht hat, dass ihre in Deutschland erfolgreiche Strategie in New York einfach nicht funktionierte. Sie wollten schon fast die Zelte wieder abbrechen, da sagte ihnen jemand: *»Freunde, Ihr seid einfach zu günstig, das nimmt niemand ernst. Verdreifacht den Preis, dann klappt das.«*

»Das können wir unmöglich machen, das klappt doch nie«, dachten sich die Gründer. Schließlich haben sie aber alles auf eine Karte gesetzt, sind dem Ratschlag gefolgt und siehe da – es hat geklappt.

Ein erster Anhaltspunkt, um auf den für einen internationalen Markt funktionierenden Preis zu kommen, ist der sogenannte *Big-Mac-Index*. Dabei handelt es sich um einen Indikator, der die Kaufkraft unterschiedlicher Währungen anhand der Preise für einen Big Mac in verschiedenen Ländern vergleicht. So kostet der Burger aktuell in der Schweiz umgerechnet 6,71 US-Dollar, wohingegen man ihn in Russland für lediglich 2,20 US-Dollar kaufen kann. Daraus ergibt sich dann ein entsprechender Schlüssel, der dann auf die eigenen Preise anwendbar ist.

Die nächste Herausforderung besteht darin, etwaige *Markteintrittsbarrieren* zu erfahren und Lösungen zu finden, diese zu umgehen. Im Kapitel Marktrecherche hatte ich darauf hingewiesen, dass Uber damit zu kämpfen hat, dass in Deutschland ein Personenbeförderungsschein vonnöten ist, um das Angebot hier zu launchen. Wir beim proofler haben das Problem, genau aufpassen zu müssen, wenn wir Daten von Entscheidungen, die außerhalb Europas getroffen wurden, zu Analysezwecken hier in Deutschland verwenden, selbst wenn diese natürlich völlig anonymisiert wurden. Das Ganze geht dann weiter über Einfuhrbestimmungen, Haftungsfragen oder Zulassungsbeschränkungen. Letzteres kann man sich gut vorstellen, wenn ein Unternehmen Kosmetikprodukte in einen anderen Markt einführen möchte, dessen Regierung diese jedoch als Medizinprodukte einstuft.

Die dritte große Hürde besteht aus *kulturellen Herausforderungen*. Gerade wenn das Start-up die Strategie verfolgt, auch lokales Personal zu nutzen, oder wenn intensive Verkaufsgespräche zu erwarten sind, können sich hieraus diverse Probleme ergeben. Diese dürften insbesondere in der verbalen und in der nonverbalen Kommunikation bestehen, hier mal einige Beispiele: Symbole wie das Hakenkreuz sind in Europa extrem negativ konnotiert, wohingegen es in Indien als Glücksbringer gilt. Aber auch sprachliche Missinterpretationen sind möglich. Beispielsweise wurde Coca-Cola mit »Ke-kou-ke-la« für den chinesischen Markt übersetzt, was jedoch die rätselhafte Aussage: »Beiß die wächserne Kaulquappe« ergibt. Auch die Hersteller des Urinal Sirup und das Team hinter dem Webbaukastensystem wix.com haben sich, zumindest was die deutschsprachigen Märkte angeht, mit ihrer Namensgebung eher keinen Gefallen getan.

Aber auch im Rahmen der verbalen Kommunikation können kulturelle Unterschiede zu Missverständnissen führen. So gilt es etwa in Bezug auf Sprechpausen im Westen eher als Zeichen einer engagierten Diskussion, wenn man sich gegenseitig ins Wort fällt. Asiaten und Araber hingegen äußern ihre Wertschätzung, indem sie das Gesagte zunächst nachklingen lassen, um später erneut darauf zurückzukommen. Für den Aufbau eines multikulturellen Teams sollte man demnach deutlich mehr Zeit einplanen als bei einer homogenen Gruppe, weil das Kennenlernen schlichtweg länger dauert. Diese Dinge hat auch die *ICUnet Group* erkannt und bietet daher Unternehmen an, sie bei der geplanten Internationalisierung zu unterstützen.

Eine letzte Herausforderung ist die Skalierung als solches. Auch hier werden einmal mehr die Vorteile sichtbar, welche digitale Geschäftsmodelle jenen voraus haben, die eine Produktion physischer Güter beinhalten. Als ganz einfaches Beispiel möge man sich vorstellen, ein Kind mit einem Limonadenstand will sein *Imperium* erweitern. Um mehr Limo zu verkaufen, bräuchte es mehr Zitronen, mehr Tassen und auch Arbeiter. Wenn es lediglich in einem der Bereiche wächst, scheitert es. Es geht also darum, dass bei einer Internationalisierung mehrere Dinge ineinandergreifen, woraus eine immense Komplexität erwächst.

Digitale Start-ups haben es insofern leichter, als sie kaum Lieferengpässe befürchten, keine Produktion hochfahren oder zusätzliche Mitarbeiter einstellen müssen, weil der Absatz steigt. Wenn etwa ein Online-Game in andere Sprachen übersetzt und auf neuen Märkten eingeführt wird, müssen höchstens zusätzliche Server angemietet werden, um weitere tausende Outfits für eine Figur aus dem Spiel zu verkaufen. Dass aber auch hier infrastrukturelle Engpässe entstehen können, sah man 2003 bei dem sozialen Netzwerk Friendster. Der Ansturm war so groß und die Serverkapazität so klein, dass es bisweilen 40 Sekunden dauerte, bis die Webseite geladen war.

Schließlich liegt in der Internationalisierung aber auch ein immenser Aufwand im Rahmen des Organisationsaufbaus. Vor allem, wenn man bedenkt, wie komplex ein Unternehmen dadurch wird, dass sich die Anzahl der Beziehungen vervielfacht, wenn es wächst. Bei einem Team aus vier Leuten kann alles relativ formell ablaufen und auf Eins-zu-eins-Beziehungen basieren, da es schließlich nur sechs Paare mit je einer Beziehung gibt. Stellt man nur zwei zusätzliche Personen ein, steigt die Anzahl der Beziehungen auf 15 und bei weiteren 20 Mitarbeitern auf 325. Wächst das Start-up exponentiell auf, sagen wir mal, 25 000 Mitarbeiter an, dann reden wir bereits über 312 Millionen Beziehungen. Facebook hatte übrigens Ende 2019 fast 45 000 Mitarbeiter …

Wie war das bei Euch, Hauke? Welches waren die größten Herausforderungen bei Familonet, als Ihr internationalisiert habt?

Hauke Windmüller: Die größte Herausforderung war zunächst die Lokalisierung des Produkts auf die jeweiligen Länder. Dazu zählte bei uns in erster Linie die Übersetzung der Apps, der Homepage, der App-Store-Auftritte sowie aller Marketing- und Kommunikationsmaßnahmen. In einigen Ländern mussten wir zudem noch andere Dinge beachten, wie beispielsweise, dass Push-Mitteilungen nur zu bestimmten Uhrzeiten versendet werden durften und spezielle Datenschutzanforderungen beachtet werden mussten. Auch Bildmaterial haben wir angepasst, um einen möglichst authentischen, lokalen Look zu erlangen.

Die Übersetzungen stellten uns schnell vor eine Herausforderung. Übersetzungsagenturen sind zum einen nicht gerade günstig, und zum anderen waren wir oft mit der Qualität nicht zufrieden, da wenige Übersetzungsagenturen auf Apps spezialisiert waren. Das Problem ist, dass viele Übersetzer nur die extrahierten Wörter und Sätze zum Übersetzen erhalten und die Informationen dann aus dem Kontext gerissen sind. Die Übersetzung einer Software ist aber sehr kontextbezogen. Es gibt beispielsweise mehrere Bezeichnungen für einen Button. Nur wenn man die dahinterliegende Funktion kennt, weiß man auch, wie der Button korrekt zu übersetzen wäre.

Aus diesem Grund sind wir für die Übersetzungen einen sehr unkonventionellen Weg gegangen, der bei uns aber wunderbar funktioniert hat. Wir haben uns für jede Sprache Muttersprachler gesucht, die gerade in Hamburg waren. Den größten Erfolg hatten wir bei ausländischen Austauschstudenten, die beispielsweise ein Auslandssemester in Hamburg gemacht haben. Es gibt viele Gruppen in Social Networks, in denen sich Austauschstudenten und Expats austauschen, sodass wir dort gut die Übersetzungsjobs inserieren konnten. Pro Sprache haben wir zwei Übersetzerinnen engagiert, damit diese im Vier-Augen-Prinzip arbeiten können und die Fehlerwahrscheinlichkeit geringer ist. Das Besondere war, dass wir die Übersetzerinnen zu uns ins Büro eingeladen haben für die Übersetzungen.

Sie erhielten eine ausführliche Produkterklärung, lernten uns kennen, nutzten selber Familonet und konnten die Übersetzungen daher auf einem viel höheren Qualitätsstandard durchführen. Da sie ihre Heimatländer und Kulturen perfekt kannten, konnten sie uns zudem wertvolle Tipps für die Ansprache in Werbeanzeigen geben. In dieser Zeit haben wir extrem viel dazugelernt, wie unterschied-

Abb. 7.4: Familonet internationale Werbeanzeigen

lich Werbung in den jeweiligen Kulturen funktioniert. Ein weiterer positiver Nebeneffekt war, dass sich unser Büro zu einem multikulturellen Ort entwickelt hat, in dem ständig Menschen aus aller Welt gearbeitet haben. Bezahlt haben wir die Übersetzer pro Stunde, wodurch wir insgesamt günstiger unterwegs waren, als hätten wir alles für 16 Sprachen über Agenturen übersetzen lassen.

Eine weitere große Herausforderung war der Kundenservice in 16 Sprachen. Da die große Masse der Nutzer Familonet kostenlos nutzte, haben wir den Support für Free User nur auf Englisch gemacht. Den Support für die zahlenden Premium User haben wir dann in der Landessprache umgesetzt. Da wir uns zu dem Zeitpunkt kein Support-Team mit 16 Muttersprachlern leisten konnten, haben wir den Support selbstständig mithilfe von Online-Übersetzungs-Tools durchgeführt. Das hat erstaunlich gut funktioniert, da nicht alle Kunden aus aller Welt direkt damit gerechnet haben, dass wir ihnen in ihrer Landessprache antworten.

Verkauf meines Start-ups

Welche Formen des Exit gibt es und inwiefern unterscheiden sie sich?

Prof. Sebastian Pioch: Aus verschiedenen Aspekten kann es interessant sein, sein Unternehmen in Teilen oder ganz zu verkaufen, dieser Prozess wird als *Deinvestitionen* beziehungsweise als *Exit* bezeichnet. Insbesondere wenn VCs in das Start-up investiert haben, wünschen sie sich oft einen Ausstieg, da sie entsprechende Renditeabsichten hegen. Diese liegen übrigens nicht selten bei 30 Prozent pro Jahr, worüber sich die Gründer im Klaren sein sollten. Generell unterscheiden wir vier Arten von Deinvestitionen. Welche davon infrage kommt, hängt zum einen vom *Geschäftsumfeld* wie den bedienten Märkten ab, in denen sich das Unternehmen bewegt, und zum anderen, wie es *finanziell* um das Start-up bestellt ist. Darüber hinaus spielen selbstverständlich auch die *Bestrebungen* der involvierten Stakeholder eine Rolle, je nachdem, was deren Ziele und Interessen sind.

Eine häufig verwendete Form des Exit ist der *Verkauf an einen strategischen Investor*, auch *Trade Sale* genannt. Hierbei erfolgt der Verkauf an einen Industrieinvestor, der vorwiegend durch ein *strategisches Interesse* am Wissenstransfer zu dem Deal motiviert wird. Häufig handelt es sich bei solchen Investoren um Unternehmen aus der Industrie, welche etwa die Technologie des Start-ups für das eigene Portfolio nutzen wollen. Hieraus ergeben sich oft spannende Synergiepotenziale durch die Eingliederung in das große Unternehmen. Verbleibt der Gründer nach dem Verkauf im Unternehmen, muss ihm jedoch klar sein, dass er nun die Kontrolle abgibt. Dies führt häufig zu Konflikten und mithin zu Enttäuschungen, wenn jener Verbleib dann unter der Beaufsichtigung der neuen Eigentümer erfolgt.

Als *Secondary Purchase* wird eine Exit-Alternative bezeichnet, die dem Trade Sale stark ähnelt, allerdings erfolgt der Verkauf hierbei an einen *finanziellen Investor.* Dies macht allerdings für gewöhnlich nur Sinn, wenn die verkaufende VC-Gesellschaft dringend auf liquide Mittel angewiesen ist oder wenn deren spezielles Know-how für das Start-up nicht mehr nutzbar ist.

Die seltenste Exitvariante ist der *Börsengang*, welche jedoch nicht zwingend zu favorisieren ist. Auch wenn es sich dabei je nach wirtschaftlicher Lage um die Deinvestitionsform mit den höchsten Renditechancen handelt und sich damit oft signifikante *Marketingeffekte* verbinden, so ist ein IPO (Initial Public Offering) doch mit erheblichen Anstrengungen verbunden. Auch der zeitliche Aspekt ist nicht unwesentlich. Kann ein Trade Sale bereits nach zwei bis drei Monaten abgewickelt werden, muss man beim Börsengang mit mindestens einem Jahr rechnen. Ursächlich dafür ist unter anderem, dass das Start-up zunächst einmal seine *Börsenreife* erlangen muss. Um das zu erreichen, sind zum einen *qualitative Kriterien* wie etwa die *Marktposition*, die *Wachstumschancen* und die *Innovationskraft* vonnöten. Zum anderen sind *quantitative Kriterien* entscheidend, wie zum Beispiel die *Höhe des Grundkapitals*, das *Alter des Unternehmens* oder der *Anteil der frei handelbaren Aktien.*

Wann ein Unternehmen die Börsenreife erreicht hat, kann nicht pauschal beziffert werden. Allerdings wird es kaum gelingen, wenn man nicht in der Lage ist, genügend Anlagekapital zu mobilisieren. Das wird in einigen Fällen über eine *Bridge-Finanzierung* gelöst, wenn etwa die bestehenden VCs nicht bereit sind, die Vorbereitung des Börsengangs zu finanzieren. Dass jedoch selbst die nachgewiesene Börsenreife kein Garant dafür ist, dass ein IPO gelingt, kann man gut am Beispiel von Uber sehen. Die Erwartungen an den Fahrdienstleiter waren sehr hoch, aber der Ausgabepreis der Aktien von 45 US-Dollar enttäuschte die Anleger. Darüber hinaus verlor die Aktie am ersten Tag bereits mehr als 7 Prozent an Wert, was den Flop dann komplett machte.

An dieser Stelle möchte ich gern noch auf ein Konzept hinweisen, das viele Start-ups im Zuge ihrer Internationalisierung und Finanzierung umtreibt – den *US-Flip*. Damit ist die Umstrukturierung einer deutschen GmbH in eine Delaware Corporation gemeint. Dieser Schritt ist quasi obligatorisch, wenn das Start-up beabsichtigt, in den USA Investorengelder einzusammeln oder von einem US-Unternehmen aufgekauft werden möchte. Die Finanzierungsrunden in den USA sind immer noch um ein Vielfaches höher als in Deutschland, obgleich sich da in den vergangenen Jahren einiges getan hat. Um jedoch einen Deal mit einem VC etwa aus dem Silicon Valley abzuschließen, ist es in den allermeisten Fällen seitens des Investors eine Voraussetzung, dass das Unternehmen seinen Sitz in den USA hat.

Grundsätzlich kann man in jedem der 50 US-Bundesstaaten gründen, aber aus historischen und praktischen Aspekten hat sich das Gesellschaftsrecht des Staates Delaware als bevorzugte Variante entwickelt. So verwenden mehr als 90 Prozent der jährlichen Börsengänge eine Delaware Corporation. Ursächlich dafür sind zum einen die Tendenz zu einer Managementfreundlichkeit gegenüber den Rechten der Aktionäre und zum anderen eine hohe Effizienz der Behörde. So beträgt dort die Anmeldezeit für eine Corporation in der Regel gerade einmal ein bis zwei Werktage.

Für gewöhnlich fungiert die Corporation dann als eine Holding, in die der VC investiert, der wiederum die Rechte an der deutschen GmbH übertragen werden. Zu beachten sind dabei nicht unwesentliche steuerliche Aspekte und der Umstand, dass daher dieser Flip möglichst früh erfolgen sollte, da die deutsche GmbH dann noch über eine relativ geringe Bewertung verfügt und sich daher die Verlustvorträge noch in Grenzen halten. In jedem Fall würde ich empfehlen, sich bei diesem Schritt durch Anwälte beraten zu lassen, die ihren Sitz in den USA haben. Im Silicon Valley etwa leben auch deutsche Anwälte wie zum Beispiel Achim Hoelzle und Kai Westerwelle, die interessierte Leser auf LinkedIn finden können.

Infobox 7.3: US-Flip

Der Vollständigkeit halber schauen wir uns auch noch kurz eine weitere Form des Exit an – den sogenannten *Rückkauf* durch die Gründer, auch *Buy-Back-Option* genannt. In diesem Fall kaufen die Altgesellschafter Anteile am Unternehmen von den Eigenkapitalinvestoren zurück. Der wesentliche Vorteil besteht darin, dass dies zum *Erhalt der Unternehmenskultur* führt. Andererseits dürften die wenigsten Gründer dafür über die nötigen finanziellen Mittel verfügen, ansonsten hätten sie ja vorher keine Investoren benötigt. Aus dieser Variante ergibt sich demnach ein signifikantes finanzielles Risiko für die Gründer, wobei diese Transaktion zumeist nicht einmal einen strategischen Nutzen aufweist. Hauke, unsere Leser sind inzwischen wahrscheinlich schon sehr gespannt darauf zu erfahren, für welche Exitvariante Ihr Euch bei Familonet entscheiden habt und wie genau das abgelaufen ist.

Vor- und Nachteile der Exitalternativen		
Exit-Variante	Ausprägungen	Vor- und Nachteile
Buy-Back-Option	In der Regel erfolgt der Verkauf an die Altgesellschafter	○ Erhalt der Unternehmenskultur ○ Übernahme eines hohen finanziellen Risikos ○ Kein strategischer Nutzen
Trade Sale	Verkauf an einen industriellen/ strategischen Investor	○ Schnelle und kostengünstige Abwicklung ○ Nutzung von Synergiepotenzialen ○ Abgabe der Unternehmenskontrolle
Secondary Purchase	Veräußerung an einen Finanzinvestor	○ Nutzung der Branchenerfahrung des Investors ○ Einräumung eines Mitspracherechts bei strategischen Entscheidungen
Börsengang	Einführung der Gesellschaft am Kapitalmarkt	○ Chance auf einen höheren Verkaufserlös im Vergleich zum Trade Sale ○ Positive Marketingeffekte ○ Steigende Publikationsanforderungen ○ Hohe finanzielle Aufwendungen ○ Nachhaltiger Leistungsdruck auf das Managementteam ○ Langwieriger Prozess

Infobox 7.4: Vor- und Nachteile der Exitalternativen (vgl. Kollmann 2019, S. 633)

Hauke Windmüller: Im vorherigen Kapitel habe ich bereits erzählt, wie der Verkauf an einen großen Medienkonzern einen Tag vor dem Notartermin geplatzt ist. Dabei handelte es sich um einen Trade Sale, also einen Verkauf an einen strategischen Investor. Der Deal war so gestrickt, dass der Medienkonzern zunächst eine siebenstellige Eurosumme an Eigenkapital sowie eine knapp achtstellige Eurosumme an Medienleistung investiert hätte, um Familonet in den folgenden ein bis zwei Jahren noch einmal deutlich größer werden zu lassen. Der Plan war es, Familonet durch groß angesetzte Kampagnen im deutschsprachigen Raum deutlich bekannter zu machen und für Wachstum zu sorgen. Je nach Zielerreichung sah der Plan vor, dass die Alt-Investoren und die Gründer durch sogenannte Put- und Call-Optionen schrittweise ihre Unternehmensanteile an den Medienkonzern verkauft hätten. Die Put-Option der Alt-Investoren sah vor, dass sie ab einer gewissen Zielerreichung im Business-Plan ihre Unternehmensanteile zu einem vorher definierten Wert an den Medienkonzern verkaufen dürfen. Gleichzeitig hatte der Medienkonzern durch eine Call-Option das Recht, die Anteile der Alt-Investoren, bei einer bestimmten Zielerreichung im Business-Plan und zu einem vorher definierten Wert, abzukaufen.

Wir Gründer hätten zu diesem Zeitpunkt nur einen minimalen Anteil unserer Anteile zu der gleichen Unternehmensbewertung verkaufen können und wären noch länger an das Unternehmen gebunden gewesen, um es weiter aufzubauen. Wir hätten zu einem späteren Zeitpunkt jährlich unsere Anteile mit einer Put-Option und einem zugrunde liegenden EBIT-Multiple, über den der Kaufpreis errechnet worden wäre, verkaufen können. Der Medienkonzern hatte ebenfalls ein entsprechendes Kaufrecht der Gründeranteile.

Ihr merkt, dass es ein sehr komplexes Konstrukt war, was aber vollkommen üblich ist bei der Übernahme eines Start-ups durch einen strategischen Investor. Die Unternehmensbewertung beim schrittweisen Verkauf der Unternehmensanteile an den strategischen Investor ist oftmals an Ziele geknüpft. Dabei ist es enorm wichtig, dass die Ziele auch tatsächlich von den Gründern erreicht werden können und sie weiterhin im Driver Seat sitzen. Denn wenn die Gründer nicht mehr genug selber entscheiden können oder für strategische Entscheidungen die Mehrheit des Boards (Aufsichtsrat) oder eine Investorenmehrheit benötigen, liegt das Erreichen der Ziele und somit das Erzielen einer attraktiven Unternehmensbewertung nicht mehr alleine in ihrer Hand. Das waren erfahrungsgemäß die längsten Verhandlungstage, in denen es sich gelohnt hat, dass wir Gründer hart geblieben sind, um für alle Beteiligten faire Ziele zu bestimmen. Der Deal mit dem Medienkonzern hätte für uns somit extrem vorteilhaft ausgehen können, hätte aber gleichzeitig beim Verfehlen der Ziele auch in die Hose gehen können.

Im Anschluss daran haben wir uns breiter aufgestellt, um nicht mehr alles auf eine Karte zu setzen. Wir gründeten zwei weitere Geschäftsbereiche im B2B-Umfeld. Zum einen entwickelten wir uns zu einem B2B Lokalisierungs-Software-Spezialisten weiter und haben unsere vielfach prämierten Lokalisierungstechnologien als Software as a Service an andere Unternehmen über Lizenzmodelle verkauft. Und zum anderen gründeten wir eine Software-Consulting-Agentur. Mit den neuen beiden Geschäftsbereichen waren wir innerhalb weniger Monate mit einem sechstelligen Monatsumsatz profitabel.

Das zweite Unternehmen, das nun bei uns angeklopft hatte und uns kaufen wollte, war die Daimler AG über die Tochtergesellschaft moovel. Moovel war zu diesem Zeitpunkt auf der Suche nach Technologiepartnern im Bereich Location-based-Services für die neuartigen Mobilitätsangebote des Konzerns, also genau unserem Schwerpunkt. Sie waren also primär an unseren leistungsstarken Lokalisierungstechnologien und dem Know-how unseres Teams interessiert, das fast ausschließlich aus spezialisierten Softwareingenieuren und -entwicklern bestand. So einen Deal nennt man typischerweise *Tech & Team Deal*. Die Familonet-App, mit ihren zu dem Zeitpunk über zwei Millionen Nutzern, war für sie die Bestätigung, dass unsere Technologien hoch skalieren können und weltweit funktionieren. Der Fit war also perfekt.

Der Trade-Sale durch Daimler verlief dann ganz anderes als der zuvor geplatzte durch den Medienkonzern. Der Prozess wurde von der Daimler-M&A-Abteilung durchgeführt und war wesentlich komplexer. Im Rahmen der Due Diligence wurde unser Unternehmen regelrecht auf den Kopf gestellt, alles wurde genauestens untersucht und es dauerte entsprechend länger. Der Deal war aber dafür umso klarer und einfacher. Es gab eine ausgehandelte Kaufsumme und moovel hat direkt 100 Prozent der Geschäftsanteile der Alt-Investoren und Gründer gekauft. Keine Put-Call-Optionen oder weitere Zielvereinbarungen, die den Kaufpreis nochmals hätten verändern können. Um eine erfolgreiche Integration in den Konzern sicherzustellen, bestand Daimler jedoch auf eine dreijährige Earn-Out-Phase für uns Gründer. Dies bedeutete, dass wir einen Teil unserer Kaufpreiszahlung in Tranchen über drei Jahre hinweg erhalten haben, damit wir noch länger an den Konzern gebunden sind. Die Earn-Out-Phase war extrem lehrreich für mich, jedoch sind drei Jahre retrospektiv zu viel. Wir konnten sie auch zum Glück abkürzen, um uns früher wieder anderen Projekten widmen zu können. Falls ich noch einmal in der Situation bin, würde ich darauf achten, dass der Earn-Out ein beziehungsweise maximal zwei Jahre beträgt.

Wie fädele ich den Verkauf meines Start-ups ein und wie gelingt eine erfolgreiche Integration?

Hauke Windmüller: An dem Spruch »*Unternehmen werden gekauft und nicht verkauft*« ist etwas Wahres dran. Ich für meinen Teil kann sagen, dass alle drei Übernahmeinteressenten von Familonet auf uns zugekommen sind beziehungsweise wir einen Verkauf nicht aktiv angestoßen hatten. Bei dem ersten, bisher noch nicht erwähnten Interessenten handelte es sich um einen großen Softwarekonzern aus den USA, der ursprünglich einmal in Tschechien gegründet wurde. Wir erhielten damals eine E-Mail von einer Mitarbeiterin der M&A-Abteilung, die zunächst wochenlang unbemerkt blieb. Dort gab es, genauso wie bei dem Medienkonzern und später Daimler, einen längeren Kennenlernprozess. Zuerst per Telefon, dann ein gemeinsames Abendessen mit dem Hauptansprechpartner auf Käuferseite und später noch diverse Präsentationen vor größeren Runden. Für das persönliche Kennenlernen wurden wir sogar nach Tschechien eingeladen, um den Vorstand in der alten Gründungs-Firmenzentrale kennenzulernen. Am Flughafen wurden wir von einer schwarzen Limousine abgeholt und zum Firmensitz gefahren. Ich kann mich noch genau an die besondere Situation erinnern, in der wir Gründer Angst hatten, dass uns der Fahrer abhört. Die ganze Fahrt über saßen wir still da und haben über keine Betriebsinterna oder den potenziellen Deal gesprochen. Im Nachhinein war das natürlich totaler Quatsch. Aber so eine aufregende Situation erlebt man als Gründer auch nicht alle Tage.

Die Annäherung zwischen Gründer und potenziellem Käufer ist also schon wesentlich konkreter als bei der regulären Investorensuche. Wenn die Kaufinteressenten auf einen zukommen, haben sie meistens bereits ein klares Ziel vor Augen. Nämlich zu schauen, ob das Start-up ihren Anforderungen entspricht und tatsächlich als Übernahmekandidat infrage kommt. Die ersten Tage und Wochen im Prozess laufen dann ein wenig ab wie Flirten. Das Start-up und die Gründer wollen sich interessant machen, ohne direkt schon alle Karten auf den Tisch zu legen. Gleiches gilt andersrum für den potenziellen Käufer, der konkrete Zahlen und Details des Übernahmeangebots erst ziemlich spät preisgibt.

Wichtig ist, dass die Ausgangslage des Start-ups entspannt ist und kein Druck zum Verkauf besteht. Nach der Erfahrung mit dem Medienkonzern haben wir bei der Übernahme durch Daimler stark darauf geachtet, dass das Geschäft normal weiterläuft und wir nie auf einen Deal angewiesen sind. Wir waren zu dem Zeitpunkt bereits knapp ein Jahr profitabel und hatten keinerlei Druck zu verkaufen. Das hat sich extrem positiv auf unsere Verhandlungsposition ausgezahlt. Gleichzeitig ist es hilfreich, ein gewisses Momentum aufzubauen, damit der Käufer das Gefühl hat, zuschlagen zu müssen. Diese Anspannung darf nicht verloren gehen, zum Beispiel weil sich ein Deal zu lange hinzieht, damit der Käufer oder Investor nicht das Interesse verliert.

Dazu fällt mir eine Anekdote von Lea-Sophie Cramer ein. Bei Instagram hatte sie die Geschichte erzählt, dass sich ein Investor mit der kritischen Unterzeichnung eines Termsheets sehr lange Zeit gelassen hat. Sie und ihr Mitgründer haben deshalb kurzerhand ein Foto von zwei Jägermeister Shots mit der Botschaft an den Investor geschickt, dass sie die Gläser sofort exen würden, wenn er endlich das unterschriebene Termsheet rüberschickt. Das Termsheet kam prompt, die beiden mussten exen und der Deal war gerettet. Solche witzigen Aktionen kommen wahrscheinlich nicht bei jedem gut an. Das Beispiel zeigt aber sehr gut, dass es manchmal nur Kleinigkeiten sind, die ein Momentum ausmachen und am Ende entscheidend sein können.

Zurück zur Übernahme von Familonet durch die Daimler-Tochter moovel. Nachdem die Verträge ausgehandelt waren und der Verkauf unseres Start-ups durch den aufregenden Notartermin besiegelt war, ging es an die Post Merger Integration. Also an die Integration unseres Unternehmens in die moovel Group. Das ist bei Übernahmen ein sehr kritischer Moment. Viele Übernahmen scheitern tatsächlich im Nachgang an einer erfolgreichen Integration, weil die kulturellen Unterschiede der Unternehmen, die zusammengeführt werden, zu groß sind oder weil das Management kein Feingefühl an den Tag legt. Bei Familonet haben wir sehr großen Wert auf eine behutsame Post Merger Integration gelegt, die unsere Mitarbeiter in den Vordergrund stellte und auf die ich im Nachhinein sehr stolz bin.

Noch vor der tatsächlichen Übernahme hatten wir ein gemeinsames Beratungsprojekt durchgeführt, durch das wir Gründer sowie wenige ausgewählte Mitarbeiter die gegenseitigen Arbeitsmethoden kennengelernt hatten. Auch wenn beide Unternehmen in der Softwareentwicklung bereits agil gearbeitet haben, gab es viele Unterschiede. Das Beratungsprojekt half uns, die Prozesse, Teamstrukturen und die Unternehmenskultur besser zu verstehen. Als wir nach dem Notartermin das gesamte Team über die Übernahme informiert hatten, kannten zumindest einige Mitarbeiter bereits unseren Käufer und haben positiv über das gut verlaufende Beratungsprojekt und die netten neuen Kollegen berichtet.

Der Auftakt war ein gemeinsames Team-Event mit Hafenrundfahrt und Grillabend, an dem wir uns gruppenweise durch ein paar Spiele näher kennengelernt haben. Der Umzug unseres Unternehmens in die Räumlichkeiten der moovel Group erfolgte noch in derselben Woche. Damit es nicht zu einem zu starken Aufeinanderprallen von zwei unterschiedlichen Kulturen kam, sind wir zunächst in einen eigenen Bürotrakt gezogen. So waren wir in den ersten Wochen noch unter uns, hatten aber bereits jeden Tag in diversen Meetings, beim Kickern oder Kaffeeholen bereits Kontakt zu den neuen Kollegen. Wir haben Wert darauf gelegt, dass nicht eine Kultur die andere übernimmt, sondern Elemente von beiden beibehalten werden. So haben wir beispielsweise unser wöchentliches Teamfrühstück am Montagmorgen eingebracht, was herzlich angenommen wurde. Auch die Fachteams haben wir zunächst bewusst nicht vermischt, damit die Eingewöhnung leichter fällt. Das ist nach einigen Monaten ganz von allein passiert. Die Integration hat insgesamt etwa ein Dreivierteljahr gedauert und verlief zur Freude für alle Beteiligten sehr reibungslos.

Rückblickend hat mich die gesamte Familonet-Zeit, mit all ihren Herausforderungen und Erfolgsmomenten, wahnsinnig erfüllt. Es ist schon eine ganz besondere Erfahrungen, aus dem Nichts eine Idee zu entwickeln, aus der ein funktionierendes Unternehmen entsteht, und es bis zur Übernahme durch einen renommierten Konzern auf Wachstum zu trimmen.

Learnings weiterer Gründer

Rolf Schrömgens gründete bereits während seines Studium an der Handelshochschule Leipzig sein erstes Unternehmen. Mit Amiro/Ciao prägte er eine der bestfinanzierten und erfolgreichsten Firmen der ersten Gründungswelle um die Jahrtausendwende. In 2005 gründete er die Hotelsuche trivago und führte das Unternehmen zu mehr als einer Milliarde Euro Umsatz und zum Börsengang an der Technologiebörse NASDAQ. In 2020 wechselte er von seiner Rolle als CEO in den Aufsichtsrat.

Irgendwann kommt ein Zeitpunkt, an dem Du Dich fragst: »Was erzeugt für mich ein Erfolgserlebnis?« Das kann für jeden was anderes sein, auch wenn es natürlich ein paar allgemeine Trends gibt. Ich hatte diesen Glücksgefühlmoment, als auch unseren Mitarbeitern im Rahmen eines Secondaries und später beim Teilverkauf unserer Firma an Expedia ihre Optionen ausgezahlt wurden. Damals dachte ich aber gar nicht: »Oh yes, jetzt habe ich es geschafft.« Was mich total gefreut hat, war der Erfolg für unsere ersten Mitarbeiter, die den Weg ganz früh mit uns gegangen sind und die wir seit 2006 virtuell beteiligt hatten. Wir waren damals eine der ersten, die solche Phantom Stocks an unsere Mitarbeiter ausgegeben hatten. Viele von ihnen sind dadurch finanziell unabhängig geworden. Das fand ich saucool. Es ist großartig, wenn man den Geschäftserfolg am Ende teilen kann. Für mich ist daher ganz klar: Wenn ich heute eine neue Firma gründe, würde ich mein Equity viel breiter aufteilen und mehr Leute am Erfolg partizipieren lassen.

Ein weiteres Learning habe ich bei einer großen Finanzierungsrunde gemacht. Der US-Investor Insight Ventures wollte bei uns investieren, zu einer Bewertung von 80 Million Euro, bei der wir 25 Prozent unserer Anteile abgegeben hätten. Ich hatte damals noch etwa 45 Prozent der Anteile, es ging also um viel Geld. Wir als Gründerteam wollten den Deal machen, der Notartermin sollte an einem Donnerstag stattfinden. Am Abend davor hatte ich noch einen Termin mit meinem EO-Forum (EO = Entrepreneurs' Organization), einem monatlichen Gruppentreffen zum Erfahrungsaustausch für Unternehmer. Als alle ihr obligatorisches Update mit der Runde geteilt hatten, bekam ich das Feedback: »Du Rolf, da scheint ja was Wichtiges zu passieren bei Euch. Aber irgendwie klang das komisch – willst Du nicht darüber sprechen?« Ich hatte anfangs abgewiegelt, schließlich war ja schon alles gelaufen. Aber dann hat sich das Gespräch doch weiterentwickelt und in der Diskussion hat sich herausgestellt: Ich wollte den Deal gar nicht und hatte mich da so reintreiben lassen. Mir war meine Freiheit viel wichtiger und ich wollte beispielsweise nicht durch ein Board eingeschränkt werden. Also haben wir die Investoren abends angerufen und gesagt: »Hört mal, Jungs, der Deal ist off. Wir machen das nicht. Wenn ein Abschluss überhaupt noch infrage kommt, dann hat sich der Preis gerade verdoppelt.« Statt 80 Millionen Euro waren es nun also 160 Millionen Euro Bewertung. Außerdem sollte es nur Plain Equity geben, also keine tausend Klauseln, keine Liquidation Preference, sondern Equity ohne große Rechte. Unsere Ansprechpartner waren verständlicherweise ziemlich geschockt und mussten sich erst mal mit ihrem Board besprechen. Ein oder zwei Tage später riefen sie dann aber an und haben es gemacht. Das war natürlich eine geile Geschichte. Einerseits für mich selbst, denn es gab mehr Kohle und es gab kein Board. Am Ende war es aber auch eine geile Geschichte für Insight Ventures, weil sie später noch mal deutlich mehr an uns verdienen konnten. Trotzdem kann man natürlich auch sagen: Wie doof war ich eigentlich vorher? In einen Deal reinzugehen, bei dem die andere Seite bereit gewesen wäre, das Doppelte zu bezahlen?

Das passiert einem leider viel zu schnell. Oft auch deshalb, weil für viele Gründer existenzielle Gründe im Vordergrund stehen und sie deshalb Dollarzeichen in den Augen haben. Ihr kennt sicher die Maslowsche Bedürfnishierarchie: Wenn Deine Grundbedürfnisse nicht gedeckt sind, kommst Du nie auf die kreative Ebene. Ich hatte damals wirklich kein Geld. Wir haben uns wenig Gehalt ausgezahlt und ich hatte anfangs überall Schulden. Solche Situationen führen im Zweifel aber dazu, dass Du falsche Entscheidungen triffst. Deswegen ist es nie ein guter

Ratschlag, Gründer mit Angst zu motivieren. Wenn Du nur noch denkst »Wie kann ich mich und meine Familie über Wasser halten?«, hast du weder den Kopf frei noch die Energie für Höchstleistungen. Ich denke daher, dass es in vielen Fällen Sinn machen kann, wenn sich auch Gründer im Rahmen eines Secondaries schon mal etwas vom Tisch nehmen. Ich finde, das sprechen viel zu wenig Gründer und Investoren aus, aber: Ich finde Secondaries super.

Nach dem Secondary wollten wir Trivago noch erfolgreicher machen und waren viel mehr aligned mit den Investoren. Denn die wollen im Zweifel nicht nur ein Multiple von eins oder zwei ihres eingesetzten Kapitals zurückhaben, sondern eher das Fünf- oder Zehnfache. Alle Parteien wollten also ein super geiles Produkt bauen, einen IPO erreichen oder eine Unicorn-Bewertung erhalten. Also hatten wir 2010/2011 und 2013 ein klein wenig unserer Anteile verkauft. Beim IPO in 2016 dann ebenfalls. So hat sich jedes Mal unser Blickfeld erweitert. Und alle, die in jeder Stage einen Wert geschaffen haben, konnten auch finanziell partizipieren. Wenn es also die Chance gibt, in einer erfolgreichen Firma einen Secondary zu machen, finde ich das extrem positiv und auch als Investor überhaupt nicht schlimm.

Sven Rittau ist langjähriger E-Commerce Unternehmer und hat unter anderem die *zooplus AG* mitgegründet und zum Europäischen Online-Marktführer aufgebaut. Nach dem Gründen und erfolgreichen Aufbau von *shirtinator* ist Sven seit 2014 Macher der K5 Plattform, Veranstalter der K5 Future Retail Conference und Initiator des Global Online Retail Fonds, des ersten Aktienfonds des globalen Online-Handels. Sven hat seit über 20 Jahren exklusive Einblicke in die Welt des Online-Handels und spricht hierüber in seinem Interview-Podcast ChefTreff sowie seinem Vlog K5 Masterminds.

Schon kurz nach dem Start von zooplus im Jahr 1999 sind wir mit Investorengeldern die Internationalisierung angegangen. Mit Headhuntern wollten wir in zig Ländern gleichzeitig loslegen. Aus heutiger Sicht war das der totale Irrsinn: Es gab viele TelKos mit irgendwelchen Bewerbern in Südafrika, gleichzeitig haben wir in Frankreich ein Team aufgebaut. So sind wir schnell auf über 50 Mitarbeiter gewachsen. Der deutsche Markt war im E-Commerce aber schon weiter als in vielen anderen europäischen Ländern. Wir waren einfach zu früh dran und mit den Big Shot Headhuntern hatten wir den völlig falschen Ansatz gewählt. Zum Glück konnten wir kurzfristig wieder auf 20 Leute runterfahren. Beim zweiten Anlauf 2005 startete die Internationalisierung als zentraler Rollout aus eigener Kraft heraus. Unser internationales Team in München bestand aus dynamischen Werkstudenten zum Beispiel aus Frankreich, Holland und Polen, die zum Teil noch heute im Unternehmen in führenden Positionen sind. Das Timing spielt einfach immer eine große Rolle.

Diese Erfahrung hat mich gelehrt, dass man bei vielen Entscheidungen auf sein Bauchgefühl hören sollte. Wir wussten eigentlich damals schon, dass eine Internationalisierung mit Headhuntern völlig over the top ist. Stattdessen haben wir auf andere Leute gehört, die uns einflüsterten, was sie für richtig hielten. Die Bewerber, die über die Headhunter kamen, passten gar nicht zu unserer Unternehmenskultur und ihre Gehaltsvorstellungen hätten unser Gefüge total in Schieflage gebracht. Mein wichtigstes Learning ist deshalb: Treibt Themen mit strategischer Tragweite immer direkt aus dem Gründer- oder Führungsteam heraus. Im besten Fall seid Ihr sogar mehrere Gründer, sodass eine(r) für eine längere Zeit die Aufbauleistung im Ausland vor Ort steuern kann, um dort die DNA des Unternehmens einzupflanzen.

Bei der Skalierung Deines Unternehmens solltest Du Dich als Gründer immer wieder selbst überprüfen. Zum Beispiel, ob und wann es sinnvoll ist, das Gründungsteam durch externe Manager gezielt zu verstärken. Das war bei uns in den ersten Jahren nicht so das Problem, weil wir relativ gut mit dem Unternehmen mitgewachsen sind. Schwieriger war es, die zweite Führungsebene aufzubauen. Dabei lernt man das Delegieren und Loslassen, natürlich mit viel Trial and Error. Für mich war die Zeit mit sehr viel persönlichem Wachstum verbunden. Im Nachhinein hätte ich mir gewünscht, mit Experten zusammenzuarbeiten, die so etwas schon öfter erlebt haben. Ich ermutige seitdem jede Gründerin und jeden Gründer darin, sich so früh wie möglich einen unabhängigen Experten-Beirat zusammenzustellen; ein Gremium mit erfahrenen Menschen, die keine eigene Agenda verfolgen, außer Dir und Deinem Team mit Rat und Tat zur Seite zu stehen.

In so einem Set-up – ein starkes Gründerteam, eine tolle zweite Führungsebene und ein guter Berater-Beirat – bekommt man fast jedes Unternehmen auf Erfolg getrimmt. Und dann heißt es managen, umsetzen, optimieren. Bei zooplus wurde an jedem noch so kleinen Rädchen gedreht, um profitabel zu werden. Zum Beispiel die Optimierung des Sortiments nach DB3 auf Ebene der einzelnen Geschmacksvarianten und Versandeinheiten. Wir haben dann die Produktvarianten in Punktwolken dargestellt, um zu zeigen, wie sich die Deckungsbeiträge entwickeln. Ich glaube, das waren die schlimmsten Aufsichtsratssitzungen, die die Typen je erlebt hatten!

Persönlich habe ich über die Jahre gemerkt, dass das reine Managen und Optimieren nichts für mich ist. Tony Robbins, ein US-amerikanischer Erfolgscoach, den ich sehr schätze, unterscheidet zwischen dem Artist, dem Entrepreneur und dem Manager. Ich persönlich bin definitiv der Entrepreneur. Als Unternehmer brauche ich immer eine neue Challenge, möchte neue Themen vorantreiben, neue Strukturen bauen. Und das deckt sich nicht immer unbedingt mit den Anforderungen in einem sogenannten Grown-up-Unternehmen. Meine Leidenschaft ist es, Unternehmen aufzubauen.

Im Jahr 2006 erfuhr ich das erste Mal vom S-Curve-Modell oder auch Sigmoid Curve Theory genannt. Demnach erreicht man alle fünf bis sieben Jahre ein Plateau (privat wie beruflich) und man wundert sich dann, warum das, was man die letzten Jahre so geliebt hat, sich nicht mehr so anfühlt. Warum sich der Erfolg nicht mehr so einstellt wie früher? Bei mir trifft dieses Sieben-Jahre-Raster ziemlich genau zu: Bei zooplus habe ich es ein Jahr zu spät gemerkt, dass meine produktive Aufbauphase vorbei war. Ich bin dann ausgestiegen und habe mein erstes eigenes Baby mit Gesamtverantwortung gemacht – Shirtinator. Auch wieder für sieben Jahre.

Mittlerweile versuche ich immer, vor dem Ende der Sieben-Jahres-Kurve schon abzubremsen beziehungsweise die nächste S-Kurve zu finden. Das habe ich früher nicht gemacht. Da konnte ich nicht früh genug loslassen. Es ist ja auch sehr emotional. Dir bleibt zwar die Gründerrolle, aber Du gibst auch viel auf, wenn Du aus Deiner eigenen Firma rausgehst. Und das eigene Ego spielt hier eine große Rolle. Aber irgendwann kommt der Punkt, wo sich der Wertbeitrag verringert, den man als Gründer leisten kann. Zumindest in meinem Fall war das so, wie bei zooplus, das mittlerweile als milliardenschweres Unternehmen an der Börse ist. Jetzt bauen wir seit etwas mehr als fünf Jahren an der K5, der Lern- und Expertenplattform für den E-Commerce und Future Retail. Ich habe hier so etwas wie meinen Purpose gefunden. Und zum ersten Mal baue ich meine neue S-Kurve innerhalb meines eigenen Unternehmens. Spannende Zeiten – stay tuned …!

Mark Miller ist Mitgründer der unabhängigen und partnergeführten Investmentbank Carlsquare. Damit ist er Ansprechpartner und Partner für Unternehmer, die mit einer strategischen Kapitalmaßnahme – M&A, Growth Equity oder einem IPO – einen wichtigen Schritt in ihrer Unternehmensentwicklung gehen wollen. In seinen über 20 Jahren Transaktionspraxis war er insgesamt an über 100 erfolgreichen Transaktionen beteiligt.

Es ist spannend zu beobachten, wann sich Gründer für einen Verkauf entscheiden. Die Fragen »Bin ich noch der richtige Gesellschafter?« oder »Sind wir unabhängig am erfolgreichsten?« gehen Unternehmern ab einem bestimmten Zeitpunkt immer wieder durch den Kopf. Die Zeitfenster werden in dynamischen Märkten aber immer enger. Das ist ähnlich wie beim aus dem Personalbereich bekannten Peter-Prinzip: Jeder Beschäftigte neigt dazu, bis zur Stufe seiner Unfähigkeit aufzusteigen. Das kann Unternehmen ein Stück weit auch passieren. Sie wachsen und wachsen, aber gleichzeitig wird der Markt komplexer. Es kommen neue Themen wie Digitalisierung, Cloud-Dienste oder Internationalisierung hinzu, die das Unternehmen nicht mehr selbstständig bewältigen kann. Oder positiv formuliert: mit dem richtigen Neugesellschafter kann die nächste Stufe erfolgreich genommen werden, indem die Stärken beider Unternehmen verknüpft werden. Das ist dann der Zeitpunkt, an dem es schlau sein kann abzugeben oder sich einen strategischen Partner reinzuholen. Gerade wenn dieser einen hohen Bedarf an M&A im Segment des Unternehmens sieht und bereit ist, dafür einen strategischen Preis zu bezahlen. Timing und Gespür sind für M&A-Märkte also enorm wichtig.

Im Verkaufsprozess ist das Vertrauen zwischen Gründern und Käufern am allerwichtigsten. Wenn es da ruckelt, kann der Deal ziemlich schnell scheitern. Das größte Problem ist aus meiner Erfahrung, dass nicht alle Unternehmer ihre Zahlen gut im Griff haben. Bei Wachstumsfirmen sehe ich oft sehr erfolgreiche und charismatische Gründer, die sich damit schwertun. Das Vertrauen ist aber schnell weg, wenn zum Beispiel der Business-Plan nicht eingehalten wird. »Der Unternehmer kann ein Jahr nicht durchplanen? Wie soll er dann eine Fünf-Jahres-Planung stemmen?« Ich stelle auch gern die Frage, wie die Kohorten-Entwicklung aussieht. Sind Kunden, die vor vier Jahren gewonnen wurden, auch heute noch an Bord? Das können viele nicht beantworten. Ein Käufer muss sicher über solche Zahlen aber die gesamte Unternehmensentwicklung erschließen, weil er das Wissen über die Firma nicht wie die Gründer schon jahrelang aufgesaugt hat.

Mitunter gibt es Schwächen in der Buchhaltung und Bilanzierung. Im Exitprozess merkt man dann zum Beispiel, dass Wertansätze und Abgrenzungen nicht angemessen waren. War die Unternehmensbewertung auf ein sehr hohes Ergebnis ausgerichtet und der Käufer muss es wieder nach unten verhandeln, kippt dann aber schnell die Stimmung. Einen Exit kann und sollte man deshalb nicht übers Knie brechen. Tatsächlich scheitern wenige Deals, wenn sie gut vorbereitet sind und Einigkeit über den Kaufpreis besteht. Sonst würden wir auch gar nicht intensiv in den Prozess gehen. Denn im M&A-Prozess ist man immer auf hoher See und es können Überraschungen vorkommen.

Viele Gründer haben übrigens die Vorstellung, dass ein M&A-Prozess sehr technisch abläuft. Man macht eine Auktion und dann gibt es irgendwelche Kaufangebote für die Firma. In Wahrheit ist es aber eine höchstpersönliche Entscheidung, ob Menschen zusammenarbeiten wollen. Käufer und Verkäufer lernen sich meistens schon lange vorher kennen. Bei Messen, gemeinsamen Aufträgen oder einem Wettbewerb. Ich rate allen Gründern, sich auf eventuelle Anfragen einzulassen, ohne direkt in einen starren M&A-Prozess zu verfallen. Das ist eine gute Übung, um zu prüfen, ob man überhaupt schon bereit ist zu verkaufen. Wenn die richtigen Parteien zusammenkommen, gibt es dann oft einen regelrechten Aha-Effekt. Dann guckt man beim Käufer in leuchtende Augen und kann die Begeisterung förmlich spüren. Wenn diese Begeisterung da ist, kann der M&A-Prozess starten. Aber bitte nicht zu früh den Berater vorschicken. Der M&A-Berater ist zwar auf jeden Fall unabdingbar für die erfolgreiche Vorbereitung und Steuerung des M&A-Prozesses bis zum Abschluss. Der Käufer kauft aber nicht den Berater, sondern den Unternehmer.

Weiterführende Literatur

Reid Hoffmann u. Chris Yeh: *Blitzscaling: The Lightning-Fast Path to Building Massively Valuable Companies*

P. Amman, R. Lehmann, S. v. d. Bergh: *Going International: Konzepte und Methoden zur Erschliessung ausländischer Märkte*

Michael Neubert: *Globale Marktstrategien: Das Handbuch für risikofreie Internationalisierung*

EPILOG

Prof. Sebastian Pioch: Ihr habt es geschafft, uns bis hierhin zu folgen, Gratulation! Hinter Euch liegen sieben Kapitel voll geballtem Start-up-Wissen, Methoden und illustren Anekdoten. Allerdings, das ist euch vermutlich bereits klar – jetzt fängt die eigentliche Arbeit erst an. Den größten Nutzen solltet Ihr haben, wenn Ihr nun damit beginnt, die einzelnen Modelle und Empfehlungen Stück für Stück umzusetzen, je nachdem, in welchem Stadium Ihr Euch befindet. Zu nahezu jedem Unterkapitel wurde mindestens ein eigenes Buch geschrieben, weshalb wir nur die wichtigsten Dinge zusammengefasst haben. Lest daher bitte an den genannten Stellen in anderen Quellen weiter, die wir euch vorgeschlagen haben.

Vor Euch liegt eine Menge Arbeit, da wollen wir Euch nichts vormachen. Es wird Phasen des Zweifelns und des Scheiterns geben, auch das ist relativ sicher. Aber ebenso wahrscheinlich ist es, dass Ihr eine Menge Spaß haben werdet, unglaublich viel lernt und am Ende ganz gewiss die positiven Momente in der Überzahl sein werden. Ich wünsche Euch ganz viel Erfolg beim Erlernen der Start-up-Skills und würde mich sehr freuen, davon zu erfahren, wie es Euch mit unseren Ratschlägen ergangen ist. Gebt uns bitte Feedback auf unserer Website www.startup-skills.com.

Zum Schluss möchte ich mich kurz bedanken. Zum einen bei Euch Lesern, die Ihr Euch so tapfer durch die zum Teil recht komplexe Materie gekämpft habt! Herzlichen Dank, dass Ihr uns Eure Aufmerksamkeit geschenkt habt! Mein Dank gilt außerdem den tollen Gründerinnen und Gründern, die uns mit ihren inspirierenden Geschichten dazu verholfen haben, dass dieses Buch so vielseitige Aspekte widerspiegelt, Dankeschön! Mein ausdrücklicher Dank gilt aber auch meinem Co-Autor Hauke Windmüller, dessen überaus spannenden Einblicke und sein außerordentliches Engagement dieses Buch überhaupt erst möglich gemacht haben! Last, but keineswegs least, danke ich Tina Sternberg für die redaktionelle und stilistische Überarbeitung, die unzähligen extrem wertvollen Hinweise und ihre hartnäckigen Vorschläge, diverse Stellen zu ändern – danke, Tina!

Hauke Windmüller: Mir lag die Umsetzung dieses Buchprojekts sehr am Herzen, weil ich selbst am meisten von anderen Gründerinnen und Gründern gelernt habe, die mich auf dem Weg als Unternehmer begleitet haben. Auf diese Weise möchte ich Euch als Gründungsinteressierte und angehende Entrepreneure dabei unterstützen, Euren Traum zu verwirklichen. Es steht Euch die aufregendste und lehrreichste Zeit eures Lebens bevor! Und wenn ihr einmal auf den Geschmack gekommen seid, wird Euer Herz sehr wahrscheinlich immer für ein Leben als Unternehmerin oder Unternehmer schlagen.

Natürlich geht's nicht nur bergauf. Ihr werdet auch extrem viele unschöne und herausfordernde Zeiten erleben. Diese Tiefphasen werden Euch aber stärker machen. Deshalb kommt es am Ende vor allem auf eins an: Durchhaltevermögen. Ein Quäntchen Glück für den Erfolg gehört dann auch dazu. Ihr müsst es nur lange genug herausfordern, dann wird es klappen, da bin ich mir ganz sicher.

Ich habe über die Zeit so viele inspirierende Menschen kennengelernt, die eine Eigenschaft eint: die Leidenschaft für ihr Vorhaben. Ich würde mich freuen, Euch und Eure Start-ups auch kennenzulernen. Wir werden sicherlich Wege finden, wie wir oder die Gründer aus unserem Netzwerk Euch unterstützen können, falls Ihr mal eine Frage habt oder Support braucht. Um Euch weiterhin mit Know-how, Anekdoten und Learnings zu versorgen, laden wir Euch herzlich ein, die Start-up-Skills-Insights auf unserer Homepage zu abonnieren.

An dieser Stelle möchte ich mich ebenfalls ganz herzlich bei Euch, liebe Leser, für Euer Interesse und Euer Vertrauen bedanken sowie bei meinem Co-Autor Sebastian Pioch, in dessen Vorlesung die Idee für ein gemeinsames Buch entstanden ist und der auch mir in vielerlei Hinsicht neue spannende Einblicke in die Entrepreneurship-Theorie gegeben hat. Für die großartige redaktionelle Unterstützung durch Tina Sternberg schließe ich mich Sebastians dankenden Worten gern an. In vertrauensvoller Teamarbeit ist auf diese Weise ein Buch entstanden, über das wir sehr glücklich sind – und wir hoffen, Ihr auch!

Und nun wünsche ich viel Erfolg beim Loslegen. Um es mit Steve Jobs Worten zu sagen: Stay hungry. Stay foolish!

GLOSSAR

Air time: Umgangssprachlich für Sendezeit, in der über das eigene Start-up im TV berichtet wird.

Active Sourcing: Als Unternehmen selber aktiv auf Personalsuche gehen und potenzielle Kandidaten beispielsweise bei Xing oder LinkedIn anschreiben und den persönlichen Kontakt suchen.

Advocates: Befürworter, die das eigene Produkt oder Unternehmen weiterempfehlen. Im B2B und B2C werden treue und zufriedene Kunden aktiv als *Testimonials* und *Advocates* eingesetzt, um neue Kunden zu gewinnen.

Affiliate/Affiliate-Marketing: Eine internetbasierte Vertriebsart, bei der Vertriebspartner zum Kauf von Services und Produkten animieren und eine Provision erhalten.

Analytics: Analyse primär von Produktnutzungsdaten und digitalen Marketingkennzahlen mithilfe von Trackingtools zur Optimierung und Umsatzsteigerung.

Bridge-Finanzierung: Brückenfinanzierung zwischen zwei regulären Finanzierungen. Gründe können beispielsweise ein kurzfristiger Bedarf an Liquidität sein oder um die Zeit zu überbrücken, bis eine sich lange hinziehende reguläre Finanzierungsrunde abgeschlossen ist.

Business Angel: Privatinvestor, der neben Kapital (erster Flügel) auch Knowhow und Netzwerk (zweiter Flügel) einbringt.

Business Intelligence: Analyse der gesamtheitlichen Geschäftsprozesse, internen Unternehmensdaten und Datenströme zum Controlling sowie zur Optimierung und Umsatzsteigerung.

Cap Table (Capitalization Table): Kapitalisierungstabelle, die die Gesellschafterstruktur und die Verwässerung des Eigenkapitals durch jede Finanzierung aufzeigt.

Case Studies: Anwenderbericht aus Sicht des Kunden, der ein Produkt erfolgreich einsetzt. Sie werden als Marketingmittel im Sales eingesetzt.

Click Dummy: Interaktiver Prototyp beispielsweise einer Website oder App, der die wichtigsten Benutzeroberflächen anzeigt und die Interaktionen des Produkts simuliert.

Closing Dinner: Gemeinsames Geschäftsessen der Gründer und Investoren nach dem erfolgreichen Abschluss einer Finanzierungsrunde.

Coding/Coden: Softwarecode *schreiben*, also Softwareentwicklung.

Consumer-fitting: Ermittlung der Bedürfnisse zur Wahrnehmung des Produktwertes durch den Kunden.

Conversion: Beschreibt die Umwandlung eines Status der Zielgruppe in einen neuen Status. Beispielsweise vom Lead zum Kunden.

Content-Marketing: Verbreitung von beratenden, informierenden oder unterhaltenden Inhalten nach der Pull-Marketing-Logik, um auf das eigene Produkt aufmerksam zu machen.

Copycats: Kopieren von Geschäftsmodellen und ganzen Produkten und Firmen. Beliebt ist das Entdecken von neuartigen Geschäftsmodellen aus dem Silicon Valley, die dann in den Heimatmarkt überführt werden.

Corporate Identity (CI): Das Erscheinungsbild eines Unternehmens. Darin enthalten sind unter anderem Elemente der Unternehmenskultur, Unternehmenskommunikation, visuelle Identität und das Verhalten gegenüber Kunden und Stakeholdern.

CPIs (Cost Per Install): Die Marketingkosten für einen Download einer App.

Credibility: In diesem Kontext die Glaubwürdigkeit der Gründer.

Crossfunktionales, interdisziplinäres Team: Besteht aus Personen, die über unterschiedliche Kompetenzen und Funktionen beziehungsweise Positionen verfügen, die notwendig sind, um ein Projekt erfolgreich umzusetzen.

Crowdfunding, Crowdinvesting, Crowdlending: Schwarm- beziehungsweise Gruppenfinanzierungen, die es auch Privatleuten ermöglicht, in ein Unternehmen zu investieren beziehungsweise ein Produkt zu finanzieren.

Deinvestitionen: Verkauf von Unternehmensanteilen, sodass das in diesen Unternehmensanteilen gebundene Kapital freigesetzt wird.

Driver Seat: Song der britischen Band Sniff 'n' the Tears … und die Kontrolle über das Unternehmen besitzen. Etwa wenn die Gründer noch über 50 Prozent der Unternehmensanteile besitzen und über vieles entscheiden können.

Due Diligence: Eine sorgfältige Unternehmensprüfung, die meist vom potenziellen Käufer initiiert und durchgeführt wird. Das Ziel ist, etwaige Risiken zu identifizieren und den Käufer dadurch so weit wie möglich abzusichern.

Earn-Out: Um eine gute *Post-Merger-Integration* und Wissenstransfer zu gewährleisten, werden Gründer häufig nach der Übernahme noch für eine längere Zeit an das Unternehmen gebunden. Die Kaufpreiszahlung erfolgt je nach Modell zum Beispiel in Raten über mehrere Monate oder Jahre hinweg.

EBIT-Multiple: Beschreibt das Verhältnis von Gewinn (earnings before interest and taxes) zur Unternehmensbewertung. Je nach Branche und einer Vielzahl weiterer Faktoren, kann mit einem Faktor X des Gewinns die Unternehmensbewertung errechnet werden.

Family, Friends & Fools: Redewendung, die zum Ausdruck bringt, dass man sich von seinem engsten Umfeld Geld leiht, um die ersten Schritte mit seinem Startup zu gehen.

First-Time-Gründer: So werden im Investorenjargon Gründer bezeichnet, die das erste Mal gründen.

Flip: Das Umwandeln einer deutschen UG/GmbH in eine US-amerikanische Gesellschaft, (üblicherweise in eine Delaware Corporation, da in diesem US-Bundesstaat ein sehr liberales Gesellschaftsrecht gilt).

Freemium-Modell: Das Wort setzt sich aus *Free* und *Premium* zusammen. Geschäftsmodellmuster, bei dem ein Teil des Produkts/Services kostenlos und ein erweiterter Teil kostenpflichtig ist.

Intellectual Property: Geistiges Eigentum ist ein ausschließliches Recht an einem immateriellen Gut, wie zum Beispiel Urheberrechte, Marken oder Patente.

IPO (Initial Public Offering): Umgangssprachlich auch Börsengang genannt, bei dem erstmalig Aktien interessierten Anlegern öffentlich zum Kauf angeboten werden.

KPIs: Key Performance Indicators sind Kennzahlen, mit denen die Leistung und der Fortschritt des Unternehmens gemessen und ermittelt werden können. Die Kennzahlen werden vom Unternehmen selbst bestimmt.

Landingpage: Einfache Form einer Website zu Marketingzwecken, die meist auf das Produkt und die Zielgruppe optimiert ist.

Lead: Ist in der Sales-Sprache ein Kontakt beziehungsweise Interessent, der für das Produkt/Service infrage kommt.

Marktplatz: Virtueller Marktplatz, auf dem online Waren und Dienstleitungen angeboten werden. Bekanntester Marktplatz ist Amazon.

Milestones: Meilensteine, die zum Beispiel von Investoren bei Finanzierungen festgelegt werden, um bei Erreichung weitere Geldtranchen freizugeben.

Monetariserung: Vorgang, bei dem versucht wird, für eine Leistung, die vorher kostenfrei war, Erlöse zu erzielen.

Multiple: Investorenjargon, mit dem ausgedrückt wird, zu welchem Faktor die Investoren ihr eingesetztes Kapitel zurückerhalten haben oder zurückerhalten möchten.

NDA: Abkürzung für non-disclosure agreement. Dabei handelt es sich um eine Geheimhaltungsvereinbarung.

Netzwerkeffekte: Beschreibt, wie sich der Nutzen des Produkts verändert, je mehr Konsumenten das Produkt nutzen. Ein Telefon ist beispielsweise immer nützlicher, je mehr Menschen ein Telefon besitzen.

Onboarden: Wortwörtlich das »An-Bord-Nehmen« von neuen Mitarbeitern oder neuen Kunden. Dazu gehört zum Beispiel das Einarbeiten und Vertrautmachen mit dem Produkten/Services und des Unternehmens.

One Pager/Two Pager: Kurze Übersicht der Produkte, Services und des Unternehmens für Verkaufszwecke oder zur Vorstellung.

Out-of-Home-Kampagnen: Außenwerbung, also Werbung im öffentlichen Raum.

Outgesourced: Outsourcing beziehungsweise Auslagerung bedeutet die Abgabe von Unternehmensleistungen an externe Dienstleister.

Peer-to-Peer-Modell: Hierbei wird versucht, auf einer Plattform Informationen zwischen zwei Gruppen auszutauschen. Bei Airbnb bestehen die Peers zum einen aus den Leuten, die eine Immobilie anbieten, und zum anderen aus den Nutzern, die eine Wohnung mieten möchten.

Performance Marketing (PFX MKT): Online-Marketing-Maßnahmen, bei denen die Reaktionen/Ergebnisse gemessen werden können. Dadurch kann beispielsweise pro Click auf eine Werbeanzeige oder pro Download einer App bezahlt werden.

Post Merger Integration (PMI): Integrationsphase nach der rechtlichen Zusammenlegung von zwei Unternehmen. Damit können beispielsweise Prozesse und Strukturen vereinheitlicht werden. Die PMI ist ein kritischer Erfolgsfaktor von M&A-Transaktionen.

Pricing: Ist die Preisgestaltung eines Produkts/Services und somit ein wichtiges Managementinstrument, mit dem die Profitabilität beeinflusst werden kann.

Prospect: Ist im Gegensatz zum Lead ein interessierter potenzieller Kunde, der (teilweise je nach Auslegung) bereits vorqualifiziert wurde.

Retention: In diesem Fall auf die Kunden/Nutzer bezogen misst die Retention die Treue, also wie lange (Dauer) ein Nutzer das Produkt nutzt oder wie lange (Dauer) ein Kunde bereits Kunde ist.

Roadshows: Auch Finanz-Roadshow genannt: ist eine Reihe von Meetings, in denen das eigene Unternehmen potenziellen Investoren vorgestellt wird.

ROI (Return on Investment): Misst die Rendite einer unternehmerischen Tätigkeit, zum Beispiel den Erfolg von Werbung.

Scoring-Modell: Hier führt man eine Nutzwertanalyse als Punktbewertungsmodell durch, die eine Entscheidungsfindung beziehungsweise Bewertung bei mehreren Objekten (zum Beispiel Gründungsideen) ermöglicht.

Secondaries: Verkauf von Unternehmensanteilen eines Investors oder Gründers an andere Investoren.

Skaleneffekte: Kostenvorteile, die ein Unternehmen im Rahmen der Skalierung erzielen kann, weil bestimmte Kosten nicht proportional zu den erhöhten Einnahmen wachsen. Beispielsweise weil Einkaufspreise von Waren bei größerer Abnahmemenge geringer werden.

Sprints: Auch SCRUM-Sprints genannt, sind kurze Zeitintervalle (zum Beispiel 14 Tage) im Rahmen eines agilen Projektmanagements, in denen ein Team an einem vorher definierten Ziel (meist eine Shippable-Software-Version) arbeitet.

Touchpoints: Wörtlich *Berührungspunkt*, bezeichnet eine Schnittstelle zwischen dem Unternehmen oder einer Marke mit einem (potenziellen/ehemaligen) Kunden.

Traction: Wörtlich Traktion, bezeichnet umgangssprachlich den Erfolg eines Start-ups. Das muss nicht unbedingt monetär sein, es kann auch eine starke Nutzung des Services oder die steigende Zunahme von Neukunden sein.

Unicorn: Ein Start-up mit einer Unternehmensbewertung von über eine Milliarde US-Dollar.

Verwässern (diluten): Unter »Verwässerung« von Geschäftsanteilen wird die Veränderung der prozentualen Verteilung der Geschäftsanteile im Rahmen einer Kapitalerhöhung verstanden. Werden beispielsweise im Rahmen einer Kapitalerhöhungen neue Geschäftsanteile emittiert, sinkt der prozentuale Anteil der Geschäftsanteile der Altgesellschafter.

Virtueller Stock Option Plan (ESOP); Phantom Shares: Virtuelle Unternehmensanteile die zum Beispiel an Mitarbeiter, Mentoren oder Beiräte ausgegeben werden können, um diese im Falle eines Exits am Verkaufserlös partizipieren zu lassen. Es ist eine beliebte Motivation für Mitarbeiter.

Whitepaper: Ist ein Content-Marketing-Instrument in Form von Öffentlichkeitsarbeit, um verschiedene Inhalte und Informationen zum Beispiel in Form einer Fallstudie an Unternehmen/Personen heranzutragen.

LITERATUR

Ammann, P., Lehmann, R., & v. d. Bergh, S. (2012). *Going international. Konzepte und Methoden zur Erschließung ausländischer Märkte.* Versus.

Ammann, P., Lehmann, R., v. d. Bergh, S., & Hauser, C. (2012). *Going international. Konzepte und Methoden zur Erschließung ausländischer Märkte.* Versus.

Beck, R. (2014). *Crowdinvesting – Die Investition der Vielen.* Börsenbuchverlag.

Bock, A., & George, G. (2019). *Das Business Model Buch – Wie Sie innovative Geschäftsideen entwerfen und erfolgreich in die Tat umsetzen.* Pearson Studium.

Boué, A. (2008). *Wie komme ich zu Venture Capital? Praxisratgeber mit Insidertipps für die erfolgreiche Kapitalakquise.* Linde.

Boyd, D., & Goldenberg, J. (2019). *Inside the Box : Warum die besten Innovationen im Geschäftsleben direkt vor Ihren Füßen liegen.* Springer.

Bundesverband Deutsche Start-ups e. V.; PwC Deutschland; Kollman, Tobias. (2019). *Deutscher Start-up Monitor.* Von https://deutscherStart-upmonitor.de

CBInsights. (2019). *The Top 20 Reasons Start-ups Fail* . Von https://www.cbinsights.com/research/Start-up-failure-reasons-top

Chan Kim, W., & Mauborgne, R. (2007). *Blue Ocean Strategy. How to Create Uncontested Market Space and Make the Competition Irrelevant.* Ingram Publisher Services.

Dark Horse Innovation. (2016). *DIGITAL INNOVATION PLAYBOOK – Das unverzichtbare Arbeitsbuch für Gründer, Macher und Manager.* Murmann Publishing GmbH.

Doerr, J. (2018). *OKR Objectives & Key Results: Wie Sie Ziele, auf die es wirklich ankommt, entwickeln, messen und umsetzen.* Vahlen.

Duda, T. (o. J.). *Advidera GmbH & Co. KG.* Von https://www.advidera.com/glossar/guerilla-marketing/

Erbeldinger, J., & Ramge, T. (2013).). *Recherchehandbuch Wirtschaftsinformationen: Vorgehen, Quellen und Praxisbeispiele.* Redline Verlag.

Fueglistaller, U., Mülller, S., & Volery, T. (2012). *Entrepreneurship. Modelle – Umsetzung – Perspektiven Mit Fallbeispielen aus Deutschland, Österreich und der Schweiz.* Springer .

Gassmann, O., Frankenberger, K., & Csik, M. (2017). *Geschäftsmodelle entwickeln. 55 innovative Konzepte mit dem St. Galler Business Model Navigator.* Hanser.

Gemünden, H., & Lechler, T. (2003). *Gründerteams: Chancen und Risiken für den Unternehmenserfolg. Heidelberg.* Physica Verlag.

Gladwell, M. (2002). *Tipping Point – Wie kleine Dinge Großes bewirken können.* Goldmann Verlag.

Goermann-Singer, A., & Weissenberger,R. (2013). *Recherchehandbuch Wirtschaftsinformationen: Vorgehen, Quellen und Praxisbeispiele.* Springer.

Grabs, A., Bannour, K., & Vogl, E. (2018). *Follow me!. Erfolgreiches Social Media Marketing mit Facebook, Instagram und Co.* Rheinwerk Computing.

Gratton, L., & Erickson, T. (2007). *Eight Ways to build collaborative Teams.* Harvard Business Review.

Grichnik, D., Brettel, M., Koropp, C., & Mauer, R. (2010). *Entrepreneurship. Unternehmerisches Denken, Entscheidungen und Handeln in innovativen und technologieorientierten Unternehmen.* Schäffer Poeschel.

Griesbach, D. (2018). *Lean Innovation Guide: Mit dem Lean Progress Model zum Start-up- und Innovationserfolg.* Vahlen.

Halligan, B., & Shah, D. (2018). *Inbound Marketing – Wie Sie Kunden online anziehen, abholen und begeistern.* Wiley-VCH.

Häusel, H., & Henzler, H. (2018). *Buyer Personas – Wie man seine Zielgruppen erkennt und begeistert.* Haufe.

Hering, T., Vincenti, A., Gerbaulet, D. (2018). *Unternehmensgründung.* De Gruyter Oldenbourg.

Hoffmann, R., & Yeh, C. (2018). *Blitzcaling. The Lightning-Fast Path to Building Massively Valueable Companies.* Harper Collins.

Hölzle, A., Spieß, A., & Weitnauer, W. (2018). Der »US-Flip«. Die Umstrukturierung einer deutschen GmbH in eine Delaware Corp. Aus gesellschaftlicher und steuerlicher Sicht. *Gesellschafts- und Wirtschaftsrecht*, S. 147 – 168.

Hutter, K., & Hoffmann, S. (2014). *Professionelles Guerilla-Marketing. Grundlagen – Instrumente – Controlling.* Springer Gabler.

Jenny, S., & Herzberger, T. (2019). *Growth Hacking: Mehr Wachstum, mehr Kunden, mehr Erfolg. Der Praxisratgeber für Durchstarter im Online-Marketing!* Rheinwerk Computing.

Knapp, J. (2016). *Sprint: Wie man in nur fünf Tagen neue Ideen testet und Probleme löst.* Redline.

Kollmann, T. (2019). *E-Entrepreneurship: Grundlagen der Unternehmensgründung in der Digitalen Wirtschaft.* Springer Gabler.

Kollmann, T., & Christofor, J. (2004). Die Internationalisierung von jungen Unternehmen im elektronischen Handel. In D. Ahlert, R. Olbrich, & H. Schröder, *Jahrbuch Vertriebs- und Handelsmanagement* (S. 99–120). Frankfurt: Deutscher Fachverlag.

Krogerus, M., & Tschäppeler, R. (2017). *The Decision Book: Fifty Models for Strategic Thinking.* Profile Books.

Kupor, S. (2019). *Secrets of Sand Hill Road: Venture Capital and How to get It.* Penguin Random House.

Maurya, A. (2013). *Running Lean. Das How-to für erfolgreiche Innovationen.* O´Reilly Verlag.

Moore, G. (2014). *Crossing the Chasm – Marketing and Selling Disruptive Products to Mainstream Customers.* Harper Business.

Neubert, M. (2013). *Globale Marktstrategien. Das Handbuch für risikofreie Internationalisierung* . Campus.

Osterwalder, A., & Pigneur, Y. (2011). *Business Model Generation. Ein Handbuch für Visionäre, Spielveränderer und Herausforderer.* Campus Verlag.

Osterwalder, A., Bemarda, G., & Pigneur, Y. (2015). *Value Prosposition Design. Entwickeln Sie Produkte und Services, die Ihre Kunden wirklich wollen.* Campus Verlag GmbH.

Pioch, S. (2016). *Start-up-Intelligence – Entscheidungsfindung in der frühen Gründungsphase.* Verlag Dr. Kovač.

Pioch, S. (2019). *Digital Entrepreneurship. Ein Praxisleitfaden für die Entwicklung eines digitalen Produkts von der Idee bis zur Markteinführung.* Springer Gabler.

Porter, E. (2013). *Wettbewerbsstrategie. Methoden zur Analyse von Branchen und Konkurrenten.* Campus Verlag .

Pyczak, T. (2018). *Tell me!. Wie Sie mit Storytelling überzeugen. Inkl. Praxisbeispiele. Für alle, die erfolgreich sein wollen in Beruf, PR und Online-Marketing.* Rheinwerk Computing.

Quade, S., & Schülter, O. (2017). *DesignAgility – Toolbox Media Prototyping: Medienprodukte mit Design Thinking agil entwickeln.* Schäffer- Poeschel.

Read, S., Sarasvathy, S., Dew, N., Wiltbank, R., & Ohlsson, A.-V. (2016). *Effectual Entrepreneurship.* Taylor & Francis Ltd.

Reh, S. (2020). *Effectuation als Start-up-Entscheidungslogik – Einflussfaktoren auf die Entscheidungsfindung in jungen Unternehmen.* Springer Gabler.

Ries, A., & Trout, J. (2012). *Positioning – Wie Marken und Unternehmen in übersättigten Märkten überleben.* Vahlen.

Ries, E. (2012). *Lean Start-up – Schnell, risikolos und erfolgreich Unternehmen gründen.* Redline Verlag.

Schmelter, C. (2010). *Teamkomposition und ihr Einfluss auf den Erfolg von Gründerteams.* Aachen: Rheinisch-Westfälische Technische Hochschule Aachen.

Schmidlin, N. (2013). *Unternehmensbewertung & Kennzahlenanalyse. Praxisnahe Einführung mit zahlreichen Fallbeispielen börsennotierter Unternehmen.* Vahlen.

Schultz, C. (2016). *HWTK Discussion Paper Series. Teammatching für Gründerteams.* Berlin: Hochschule für Wirtschaft, Technik und Kultur.

Thomsen, I. (2018). *Crashkurs Buchführung für Selbstständige – inkl. Arbeitshilfen online.* Haufe Lexware.

Thum, O., Timmreck, C., & Keul, T. (2008). *Private Equity – Leitfaden zur erfolgreichen Unternehmensfinanzierung.* Vahlen.

Wasserman, N. (2012). *Assembling the Start-up Team.* Boston: Harvard Business School.

Witt, P. (2018). Gründerteams. In G. Faltin, *Handbuch Entrepreneurship.* Wiesbaden: Springer Gabler.

REGISTER